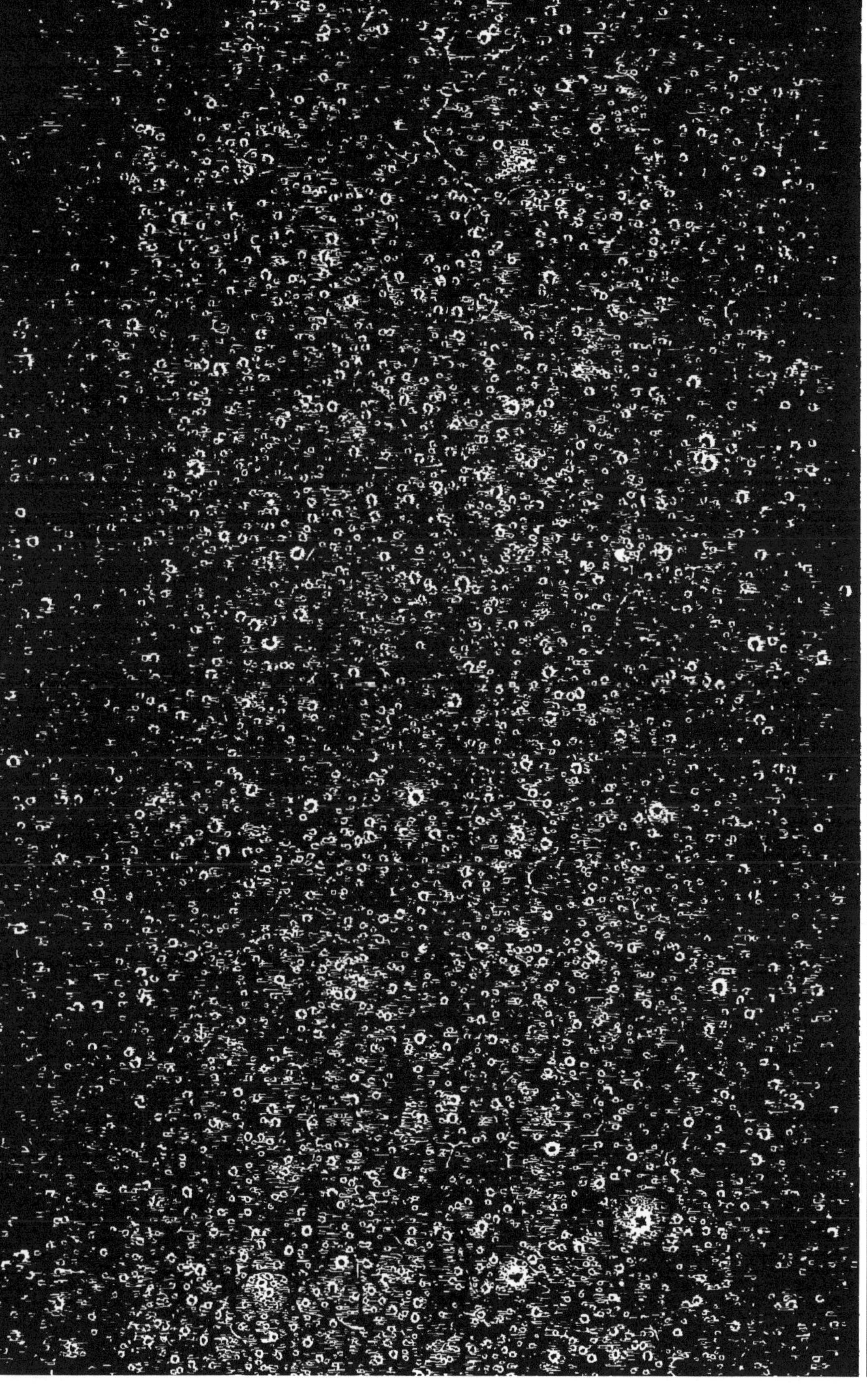

LEÇONS ÉLÉMENTAIRES DE MATHEMATIQUES;

OU

ÉLÉMENS D'ALGEBRE ET DE GÉOMÉTRIE.

A PARIS.

Chez HIPPOLYTE-LOUIS GUERIN & JACQUES GUERIN, rue S. Jacques, à S. Thomas d'Aquin.

M. DCC. XLVII.

Avec Approbation & Privilége du Roi.

AVERTISSEMENT.

EN écrivant ces Elémens, je ne me ſuis pas propoſé de développer, & d'expliquer en détail, les premiers principes des Mathématiques. Ce deſſein a déja été exécuté avec ſuccès par des Auteurs connus, & dont les Livres ſont entre les mains de tout le monde. Mon but a été de renfermer en très-peu de paroles, le plus clairement cependant qu'il m'a été poſſible, tout ce qu'il eſt néceſſaire de ſçavoir d'Elémens des Mathématiques.

Ceux qui ſont profeſſion d'enſeigner les Principes de ces ſciences, conviendront ſans peine, que lorſqu'un Eleve joint à des diſpoſitions favorables, une envie marquée d'étudier plus que ſuperficiellement, il ſeroit néceſſaire de mettre entre ſes mains un livre, qui contînt en une ou deux pages, tout ce qu'on lui auroit expliqué au long dans chaque Leçon ; afin qu'en voyant d'un coup d'œil ce qu'il vient d'entendre, & ce qu'il a à apprendre, il ne tombe pas dans l'ennui & le découragement que cauſe infailliblement la vûe d'une longue ſuite de raiſonnemens abſtraits & chargés de détail, dont on peut ſuivre le fil en les écoutant, & en ſe faiſant expliquer ſur le champ ce qu'on ne comprend pas d'abord, mais dont on auroit bien de la peine à entreprendre la lecture entiere. Au lieu que rien ne soulage tant l'esprit, & même la mémoire, que d'avoir seulement à relire un abrégé, dont chaque mot rappelle tous les raisonnemens & toutes les démonstrations qu'on a entendues. Par-là on acquiert l'habitude d'étudier avec attention, & d'exercer beaucoup plus son jugement que sa mémoire.

Mais si un tel Livre est sans contredit le plus utile de tous ceux qu'un Maître puisse donner à ses Eléves, il est aussi le plus difficile à bien faire. A moins que d'avoir un talent tout particulier, il est presque impossible d'être en même tems, dans des matieres si abstraites, méthodique, concis, clair & exact.

Pour satisfaire aux devoirs de la place que j'occupe, je fis sur ce plan un Essai de Leçons. Cette premiere ébauche, quoique grossiere, m'ayant confirmé dans mes idées, je me hâtai de la retoucher, en attendant qu'une plus longue expérience me mît en état de la perfectionner. Je ne me flatte pas encore d'avoir parfaitement rempli mon projet, mais je crois avoir mis ces Elémens en état d'être entendus sans le secours d'un Maître, par toute personne capable d'une attention raisonnable. C'est tout ce qu'on peut exiger d'un Livre destiné à être expliqué.

J'y ai mis beaucoup moins de propositions, mais beaucoup plus de choses qu'on n'a coutume d'en mettre dans ceux de cette espece, quoique pour éviter l'obſcurité j'aye été obligé d'étendre la plûpart de mes démonſtrations. J'ai mis en gros caractere les connoiſſances purement élémentaires, & que j'ai cru les plus néceſſaires, pour les diſtinguer de celles qui le ſont un peu moins. Ainſi ceux qui voudront s'en tenir aux premiers principes des Mathématiques, pourront paſſer tout ce qui eſt en petit caractere; mais ceux qui voudront ſe mettre en état de lire les Livres où les choſes ne ſont pas traitées d'une façon élémentaire, doivent tout étudier avec ſoin. Il faut cependant bien remarquer que ce qui eſt en petit caractere ſuppoſe une connoiſſance parfaite de tous les principes qui ſont en gros caractere, & qu'ainſi ce n'eſt qu'après les avoir conçus parfaitement, qu'on doit apprendre le reſte dans une ſeconde lecture.

J'ai inſéré ici (depuis le nº 244 juſques au nº 257) la traduction d'un excellent morceau de M. s'Graveſande ſur les Equations du premier & ſecond degré. Ce fameux Profeſſeur convaincu par une longue expérience de la néceſſité de donner à ſes Eleves l'abregé ſeulement des Leçons qu'il leur expliquoit, en a publié un à Leyde en 1727. Ce petit Livre eſt dans ce qu'il contient, parfaitement tel qu'on le peut ſouhaiter, & j'en aurois peut-être fait une traduction entiere pour mon uſage, ſi l'Auteur y avoit mis des Elémens de Géométrie & de Trigonométrie.

TABLE DES SOMMAIRES.

Fin de la Table des Sommaires.

LEÇONS

FAUTES A CORRIGER,

Outre celles qui sont marquées à la fin du Livre.

PAge 30, ligne 1, *lisez* la $\frac{46}{10000}$, *au lieu de* la $\frac{47}{10000}$

Page 72, ligne 7, $\frac{b}{6a}$ *au lieu de* $\frac{b}{3a}$

Page 87, ligne 39, *lisez* $-7xx$ *au lieu de* $-7x$

Page 88 ligne 30, *lisez* azz, *au lieu de* $aazz$

Page 104 ligne 18, *lisez* $\frac{bq \pm dp}{b \pm d}$ *au lieu de* $\frac{bq \pm dq}{b \pm d}$

Page 125 ligne 17, *lisez* plus *au lieu de* moins. Ligne 19, *lisez* $\frac{xx}{aa}$) multipliés consécutivement par $-\frac{1}{2}$, $-\frac{1}{8}$, $-\frac{1}{16}$, $-\frac{5}{128}$, $-\frac{7}{256}$, &c. *au lieu de* $\frac{-xx}{aa}$) multipliez, &c. Ligne 21, *lisez* laquelle est $\frac{-1}{2}$, $\frac{-1.1}{2.4}$, $\frac{-1.1.3}{2.4.6}$, $\frac{-1.1.3.5}{2.4.6.8}$, $\frac{-1.1.3.5.7}{2.4.6.8.10}$, &c. *au lieu de* laquelle est $1 \times \frac{+1}{2}$, &c. Ligne 24, *lisez* croissans *au lieu de* décroissans.

Page 145, ligne 29, *lisez* PM *au lieu de* PE

Page 171, ligne 8, *lisez* 556 *au lieu de* 511

Page 213, ligne 35, *lisez* 302 *au lieu de* 309

Page 215, ligne 9, *lisez* CBD, (Fig. 61); & KOL, KMQ, CQL; CBD, (Fig. 62) dans les triangles KOL, CBD (Fig. 61 & 62), on a *au lieu de* CBD, on a

Page 217, *ligne* 15, *lisez* GCD *au lieu de* CHD

Page 222, ligne 1, *lisez* (Fig. 64) 865 pieds, CB *au lieu de* (Fig. 60) 865 pieds, DB. Ligne 6, *lisez* 254158 *au lieu de* 254144; & ligne 10, *lisez* 935093 *au lieu de* 935893

Page 228, ligne 1, *lisez* $\infty \frac{x}{\infty}$ *au lieu de* $\infty \frac{x}{x}$

Page 230, ligne 3, *lisez* ou P‴D‴ *au lieu de* ou P‴d‴. Ligne 42, *lis.* qu'en prenant deux PD également éloignées des sommets S, *s*, on a S*s*=PD±PD, *au lieu de* qu'à égale distance des deux sommets S,*s*, on a S*s*=PD±P*d*.

Page 231, ligne 11, *à la place de* à la P*d* qui est, &c. *substituez* à la PD qui est autant éloignée du sommet S, que la PD sur laquelle le point M est placé, est éloignée du sommet *s*. Or (792) dans ce cas PD±PD=S*s*: Donc MF±M*f*=S*s*.

Page 234, ligne 2, *lisez* on a M*f*—Mφ ou *f*M—FM (2*a*): *f*φ *au lieu de* on a *f*M—FM (2*a*): φF.

Page 235, ligne 31, *lisez* PN$=$FN$-$FP, & FP$=x-c$ *au lieu de* PN$=$FN$\mp$FP & FP$=\pm x\mp c$

Page 238, ligne 1, *lisez* $=px\mp$ *au lieu de* $=px\pm$

Page 239, ligne 27, *lisez* dLD, N*ln*, *au lieu de* dlD, NL*n*.

Page 240, ligne 40, *lisez* on a (Fig. 75) SQ$=a-u$, & *s*Q$=a+u$ *au lieu de* on a SQ$=a+u$, & *s*Q$=a-u$.

Page 241, ligne 2, *lisez* $(\pm aa\mp xx)^2$ *au lieu de* $(\pm aa\pm xx)^2$. Ligne 20, lisez *la différence des quarrés de* au lieu de *la différence de*. Ligne 24 & 25, lisez *demi-diametre* au lieu de *diametre*.

Page 242, ligne 3, *lisez* : IG² *au lieu de* : : IG².

Page 243, ligne 28, *lisez* $yy=-aa+xx$, *au lieu de* $yy=aa+xx$.

Page 245, ligne 16, *lisez* en *t*, on aura ft^2 *au lieu de* en T on aura fT^2. Ligne 40, *lisez* $\frac{Fm\times m\mu}{F\mu-Fm}$ *au lieu de* $\frac{Fm\times m\mu}{Fm-F\mu}$

Page 247, ligne 24, *lisez* $y=\frac{1}{2}p$, & $x=\frac{1}{4}p$, *au lieu de* $y=\frac{1}{4}p$, & $x=\frac{1}{2}p$.

Page 251, ligne 35, *lisez* ABC, qu'on ſuppoſe être celui d'entre tous les plans triangulaires qui traverſent le cone le long de ſon axe, qui ſoit perpendiculaire au plan coupant : *au lieu de* ABC qui paſſe par le ſommet A, & par les apothêmes oppoſés AB, AC. Ligne 37, *liſez* or à cauſe que le plan ABC eſt perpendiculaire au plan coupant, *mm* eſt *au lieu de*, or on a ſuppoſé *mm*.

LEÇONS

LEÇONS ÉLÉMENTAIRES DE MATHÉMATIQUES.

Idée générale des Mathématiques, & définitions des principaux termes.

1. N appelle *Mathématiques* toutes les Sciences qui ont pour objet la grandeur ou la quantité.

2. Par ces mots, *quantité* ou *grandeur*, on entend tout ce qui se peut concevoir composé de parties; tout ce qui est susceptible d'augmentation & de diminution.

3. On peut concevoir la quantité ou comme composée de parties séparées les unes des autres, ou comme composée de parties unies & liées entr'elles. Par exemple, un tas de Sable est une quantité qu'on conçoit composée de parties séparées entr'elles; un Bâton, est une grandeur qu'on conçoit composée de parties unies ou continues.

4. La Quantité composée de parties séparées, s'exprime par des Nombres, & c'est l'objet de l'*Arithmétique*.

5. La Quantité dont les parties sont continues, est ce qu'on appelle l'*Etenduë*, & c'est l'objet de la *Géométrie*.

6. De sorte que l'Arithmétique & la Géométrie renferment toutes les Sciences Mathématiques; & que celles qu'on appelle par exemple l'Astronomie, la Méchanique, l'Optique,

&c. ne ſont qu'une application de l'Arithmétique & de la Géométrie à des objets particuliers, tels que les mouvemens des Aſtres, les loix du choc & de l'Equilibre, les propriétés de la Lumiere, &c. On ne peut donc poſſéder ces Sciences ſans ſçavoir l'Arithmétique & la Géométrie.

7. Les Mathématiques s'étendent ſur preſque toutes les connoiſſances humaines; elles ſervent à diſtinguer les fauſſes d'avec les vraies; à convaincre l'eſprit des vérités déja connues, à en découvrir de nouvelles, & à porter avec une entiere certitude la perfection dans toutes les Sciences que l'homme peut acquérir par ſa raiſon ſeule.

8. Pour parvenir à cette perfection, les Mathématiciens ſe ſervent d'abord de *définitions*, c'eſt-à-dire, ils déterminent par une explication nette & préciſe la ſignification des mots, & la nature des choſes dont ils parlent; puis ils poſent des *Axiomes*, c'eſt-à-dire, des principes ſi clairs que l'on en ſent tout d'un coup l'évidence, ſans pouvoir raiſonnablement former aucun doute ſur leur certitude; quelquefois ils y joignent des *demandes*, c'eſt-à-dire, ils demandent qu'on leur paſſe la ſuppoſition d'une choſe ſi facile, qu'on ne puiſſe la leur refuſer. Enſuite ils déduiſent de ces Principes & de ces demandes, des *Propoſitions* dont ils font voir la connexion néceſſaire avec les Axiomes, par un raiſonnement qu'ils appellent *Démonſtration;* enfin ils tirent de ces propoſitions démontrées des *Corollaires*, qui ſont des vérités qui en coulent ſi naturellement, qu'elles n'ont pas beſoin d'autre preuve.

Procéder de cette maniere en traitant une matiere, cela s'appelle *ſuivre la Méthode des Géométres.*

9. Il y a deux ſortes de Propoſitions; les unes, qu'on appelle *Théorêmes*, font connoître les propriétés de la grandeur; les autres, qu'on nomme *Problêmes*, propoſent la maniere de réduire en pratique les propriétés démontrées par les Théorêmes, ou d'en inventer de nouvelles.

10. Pour préparer, ou pour éclaircir une démonſtration, on ſe ſert quelquefois de *Conſtruction*, de *Lemmes*, & de *Scholies*.

11. La Conſtruction eſt un arrangement des parties qui doivent ſervir à la démonſtration d'un Théorême, ou bien c'eſt

l'ordre qu'il faut ſuivre pour réſoudre un Problême.

12. Un Lemme eſt une vérité qu'on ne démontre que pour ſervir aux démonſtrations des Propoſitions ſuivantes.

13. Une Scholie eſt ſouvent une remarque ſur quelque choſe ; quelquefois c'eſt une autre démonſtration de la même propoſition ; quelquefois auſſi c'eſt un réſumé général d'une Théorie qu'on vient d'expliquer au long.

Principaux Axiomes.

14. I. Le tout eſt plus grand que ſa partie.

15. II. Le tout eſt égal à toutes ſes parties priſes enſemble.

16. III. Les Quantités qui ſont chacunes égales à une même quantité, ſont égales entre elles.

17. IV. Les quantités égales entr'elles qui ont reçû des augmentations, ou ſouffert des diminutions égales, reſtent toujours égales.

18. V. Des quantités qui étant d'abord égales entr'elles, ont eu des augmentations, ou des diminutions inégales, ſont devenues inégales entr'elles.

19. VI. Des quantités qui étant inégales entr'elles, ont eu des augmentations ou des diminutions égales, reſtent toujours inégales.

PREMIERE PARTIE.

DE L'ARITHMÉTIQUE.

De la nature des Nombres, de leur formation, & de leur valeur.

20. UNE quantité exprimée par des Nombres, eſt une quantité qu'on a conçue partagée en pluſieurs Parties égales ; une de ces Parties conſiderée ſeule, s'appelle l'*Unité*. Un nombre eſt donc un aſſemblage d'unités ; ainſi ſi à une

unité on en ajoute une autre, leur ſomme formera le nombre *deux*; ſi on lui en ajoute encore une autre, on aura le nombre *trois*, & ainſi de ſuite.

21. Une quantité quelconque eſt réellement composée d'une infinité de parties égales. Mais on ne peut exprimer cette quantité par un nombre fini, à moins qu'on ne ſuppoſe toutes ces parties partagées en pluſieurs tas finis égaux; un nombre qui exprime une quantité ou grandeur, exprime en combien de tas égaux on conçoit ſes parties partagées, & un de ces tas, eſt ce qu'on appelle ici l'unité. L'unité n'eſt donc pas un indiviſible, elle eſt composée elle-même de parties, & elle eſt nombre à leur égard. C'eſt-là l'origine des fractions.

22. Pour exprimer toutes ſortes de nombres, on ſe ſert de ces dix caracteres ou Chiffres.

Zero	0	Cinq	5
Un	1	Six	6
Deux	2	Sept	7
Trois	3	Huit	8
Quatre	4	Neuf	9

Enſorte que pour ſignifier *dix*, on écrit 10, ce qui exprime une dixaine; pour marquer *onze*, on écrit 11, c'eſt-à-dire, une dixaine avec une unité; pour marquer *douze*, on écrit 12, c'eſt-à-dire, une dixaine avec deux unités, &c. pour marquer *cent*, on écrit 100, c'eſt-à-dire, une dixaine de dixaine; pour marquer *cent-un*, on écrit 101, c'eſt-à-dire, une dixaine de dixaine avec une unité, &c.

23. On voit donc que les chiffres étant ſeuls, ne valent pas plus qu'on ne l'a exprimé dans la Table précédente; mais que quand ils ſont pluſieurs rangés de ſuite ſur une même ligne, ils prennent différentes valeurs ſuivant le rang qu'ils occupent. On compte ces rangs de droite à gauche, & chaque chiffre exprime des dixaines à l'égard de celui qui le ſuit ſur la droite. Ainſi les valeurs ſucceſſives des nombres ſuivent cet ordre. Nombre ſimple ou *unité, dixaine*, *centaine*, *mille*, *dixaine de mille*, *centaine de mille*, *million*, *dixaine de millions*, *centaine de millions*, *billions*, *dixaine de billions*, *centaine de billions*, *trillions*, *&c.*

24. Pour énoncer la valeur d'un nombre écrit, par exemple, de 2639, il faut remarquer que le caractere 9, qui eſt le pre-

mier sur la droite, est un nombre simple de neuf unités; que le caractere suivant 3, marque 3 dixaines ou trente; que le suivant 6, marque 6 centaines ou six cens; qu'enfin le dernier 2, marque deux mille, ainsi en résumant ces valeurs par ordre renversé, on voit que ce nombre 2639, vaut deux mille six cens trente-neuf.

25. L'usage du caractere o est, ou de signifier absolument rien, sçavoir quand il ne suit aucun nombre, ou d'occuper une place vuide pour faire garder aux dixaines leur rang de valeur; ainsi quand pour exprimer *dix* ou *une dixaine*, on écrit 10, c'est afin que 1 soit au second rang, où il marque une dixaine. Pour exprimer deux cens sept, on écrit 207, afin qu'en mettant o entre 2 & 7, on connoisse que 2 est au rang des centaines.

26. Pour exprimer par des nombres une grandeur donnée, comme soixante-trois mille quatre cens trois: on doit remarquer que ce nombre est composé de *six* dixaines de mille, de *trois* mille, de *quatre* centaines, de *zero* de dixaines, & de *trois* unités. Il faut donc d'abord poser 6 pour les six dixaines de mille, puis à droite 3 pour les trois mille, ensuite 4 pour les centaines, zero pour les dixaines, enfin 3 pour les unités. L'expression demandée est donc 63403.

27. J'appellerai dans la suite *Nombre simple* ou seulement *unités* tout nombre qui vaut moins que dix, c'est-à-dire, depuis 1 jusqu'à 9 inclusivement; & *Nombres composés* tous ceux qui s'expriment par plusieurs chiffres; c'est-à-dire, depuis 10 jusqu'à l'infini.

Des Opérations de l'Arithmétique.

28. PUISQUE les Mathématiciens ne considerent la quantité qu'entant qu'elle est susceptible d'augmentation ou de diminution, il suit qu'*on peut faire deux sortes d'opérations sur les nombres; l'une par laquelle on augmente une ou plusieurs quantités données, ce qu'on appelle faire une* Addition;

l'autre par laquelle on diminue une grandeur donnée d'une certaine quantité, ce qu'on appelle Soustraction.

Tant qu'on n'a qu'à opérer sur des nombres simples, on n'a pas besoin de Regles, parce que nous combinons ces nombres très-facilement, mais lorsqu'on a des nombres composés, il faut avoir recours à des Regles, qui ne sont autre chose que l'art de faire par parties ce que nous ne pouvons faire tout d'un coup, à cause du peu d'étendue de notre esprit.

Des Regles de l'Addition.

29. L'Addition sert à composer un tout de plusieurs grandeurs données, & ce tout s'appelle le *Total* ou la *Somme* de ces grandeurs.

30. I°. Si les grandeurs données sont des nombres simples, on n'a pas besoin de Regle pour en avoir la somme; ainsi il est clair, & on sçait tout d'abord, que la somme de 2 ajoutés à 2, est 4; ce qui s'exprime ainsi pour abréger $2+2=4$ (ce signe $+$ signifie *plus*, & ce signe $=$ signifie *égal*). On sçait de même que 3, 6 & 8 ajoutez ensemble, sont 17 ou $3+6+8=17$, &c.

31. II°. Si les grandeurs données sont des nombres composés, comme si on demandoit la somme de ces grandeurs 432 & 363, voici la Regle qu'il faut suivre. *Ecrivez ces grandeurs l'une au-dessous de l'autre, ensorte que les unités soient sous les unités, les dixaines sous les dixaines, les centaines sous les centaines, en colomne, &c. tirez un trait au-dessous; & allant de droite à gauche, prenez la somme des unités, ensuite celle des dixaines, puis celle des centaines, &c. écrivez ces sommes successivement au-dessous du trait dans les colomnes correspondantes.* Ainsi dans la premiere colomne je dis, $2+3=5$, j'écris 5 au-dessous; dans la seconde, $3+6=9$, je pose 9; dans la troisieme, $4+3=7$, j'écris 7, & j'ai la somme cherchée 795.

$$\begin{array}{r} 432 \\ 363 \\ \hline 795 \end{array}$$

La raison de cette opération est tirée de l'Axiome II. Que le tout est égal à toutes ses parties prises ensemble.

32. REMARQUE. *Lorsque la somme d'une des colomnes sur-*

passe 9, c'est-à-dire, *lorsqu'elle est composée de dixaines & d'unités, il faut écrire seulement les unités au-dessous de la colomne, & ajouter à la colomne suivante un nombre égal à celui des dixaines.* Les exemples suivans éclairciront ceci.

Qu'il faille ajouter ensemble ces trois nombres 6078, 9198, 483, je les écris en colomne suivant la Regle, & je dis 8+8=16, +3=19; c'est-à-dire, la somme de la premiere colomne est 19, ou 1 dixaine & 9 unités, je n'écris que 9 au-dessous de la colomne des unités, & je tiendrai compte de la dixaine dans la somme de la colomne suivante. Je dis donc 1+7=8, +9=17, +8=25, par la même méthode je n'écris que 5 sous la seconde colomne, & je retiens les 2 dixaines pour la colomne suivante. Je dis donc 2+0=2, +1=3, +4=7, je pose 7; enfin je dis 6+9=15; & parce que c'est la derniere colomne, j'écris 15 tout de suite. Ainsi la somme cherchée est 15759.

6078
9198
483
15759

Voici des Additions toutes faites pour servir d'autres Exemples.

		147	40000
4950	101740	45	59697
5050	270	312	190
10000	21909	56	1009
	123919	200	9897
		760	110793

33. II. Pour connoître si on ne s'est pas trompé dans l'Addition, il faut recommencer l'opération, en prenant la somme des colomnes de bas en haut; car il est évident qu'elle doit être la même que celle qu'on aura prise de haut en bas.

34. III. S'il falloit ajouter un nombre à lui-même plusieurs fois, comme 6, 8, 20 ou 100 fois, &c. alors on se serviroit d'une Addition abrégée, qu'on appelle *la Multiplication*: nous en parlerons bientôt.

De la Soustraction.

35. LA Soustraction sert à diminuer une grandeur donnée d'une certaine quantité aussi donnée : elle sert à connoître de combien une grandeur est plus grande ou plus petite qu'une autre ; quel est *l'excès* de la plus grande sur la plus petite, ou quelle est *la différence* entre les deux.

36. La Soustraction est facile dans les nombres simples. On voit aisément que *si on ôte 2 de 5, il reste 3*, & qu'ainsi 3 est l'excès de 5 sur 2, ou bien la différence qu'il y a entre 2 & 5. Cette opération s'exprime ainsi en abrégé, $5-2=3$; (ce signe $-$ signifie *moins* ;) de même $9-4=5$; & $8-7=1$.

37. Voici la Regle des nombres composés. *Pour soustraire un nombre d'un autre, il faut qu'il soit plus petit ; mettez donc le plus petit au-dessous du plus grand comme dans l'Addition ; puis écrivez sous chaque colomne successivement les excès des unités, dixaines, centaines, &c. du nombre supérieur, sur les unités, dixaines, centaines, &c. du nombre inférieur, & vous aurez l'excès total ou la différence entre ces deux nombres.*

EXEMPLE. Qu'il faille ôter 243 de 795, les ayant écrits comme on voit ici, je dis $5-3=2$, je pose 2 au-dessous ; ensuite $9-4=5$, j'écris 5 ; enfin $7-2=5$, je pose 5. La différence, ou le reste cherché, est donc 552.

$$\begin{array}{r} 795 \\ \underline{243} \\ 552 \end{array}$$

38. La raison est, qu'ayant ôté de 795 autant d'unités, autant de dixaines, autant de centaines, &c. que 243 en contient, il doit rester un nombre d'unités, de dixaines, de centaines, &c. égal à l'excès de 795 sur 243.

39. REMARQUES. I. *Lorsque dans une colomne le chiffre inférieur surpasse le supérieur, il faut ajouter une dixaine à ce supérieur, écrire au-dessous l'excès du supérieur ainsi augmenté sur l'inférieur, & pour compenser cette dixaine, il faut diminuer d'une unité le chiffre supérieur qui suit à la gauche.*

EXEMPLE. Il faut ôter 38 de 64 ; les ayant écrits suivant la Regle, je dis $4-8$ ne se peut, mais $14-8=6$; j'écris 6 au-dessous dans sa colomne, & à cause de la dixaine que j'ai ajoutée à 4, au lieu de dire

$$\begin{array}{r} 64 \\ \underline{38} \\ 26 \end{array}$$

dans la seconde colomne, comme à l'ordinaire, 6—3, je dis seulement 5—3=2, je pose 2, & j'ai pour différence 26.

Autres exemples.	48500	50000	56078	489249
	402	30000	1003	299999
	48098	20000	55075	189250

40. II. *Pour voir si la soustraction est bien faite, il faut ajouter l'excès trouvé au plus petit nombre ;* car il est clair que la somme doit être égale au plus grand.

41. III. Si d'un nombre donné il en falloit retrancher un autre plusieurs fois, comme 6, 20, 100 fois, &c. pour sçavoir combien de fois le plus grand excede le plus petit, alors on se doit servir d'une soustraction abrégée, qu'on appelle *la Division.*

Des autres Opérations de l'Arithmétique.

QUOIQUE suivant l'idée qu'on a donnée de l'Arithmétique (28), elle ne consiste qu'en deux opérations ; cependant comme il y a des cas (indiqués n° 34 & 41) où ces opérations seroient trop longues, on a inventé les abrégés suivans.

De la Multiplication.

42. ON se sert de la Multiplication pour trouver sans beaucoup de calcul la somme d'un nombre qu'il faut ajouter plusieurs fois à lui-même ; ainsi si l'on vouloit sçavoir la somme de 12 ajouté neuf fois, il faudroit (31) faire une colomne de neuf 12, & en prendre la somme 108 ; par la Multiplication on trouve tout de suite cette même somme 108.

43. Dans cet Exemple on appelle 12 *le Multiplicande*, 9 *le Multiplicateur*, & 108 *le Produit ;* en général le multiplicande & le multiplicateur s'appellent les *racines* d'un produit.

On voit donc que *le produit eſt la ſomme du multiplicande pris autant de fois qu'il y a d'unités dans le multiplicateur* : ou, ce qui eſt le même : le produit contient autant de fois le multiplicande, que le multiplicateur contient de fois l'unité.

44. Toute multiplication donne donc cette Proportion. L'unité eſt au multiplicande, comme le multiplicateur eſt au produit.

45. Si au lieu d'écrire neuf 12 en colomne pour en prendre la ſomme, on écrivoit douze 9, il eſt clair qu'on trouveroit la même ſomme 108; d'où il ſuit que *lorſqu'on a deux nombres à multiplier, on peut indifféremment prendre celui qu'on voudra pour multiplicande, & l'autre ſera le multiplicateur.*

46. Il n'y a pas de Regle pour la Multiplication des nombres ſimples; on voit tout de ſuite que le produit de 2 multiplié par 3, eſt 6; ce qui s'exprime en abregé $2 \times 3 = 6$, (le ſigne $\times$ ſignifie *multiplié par;*) de même $3 \times 4 = 12$, $7 \times 5 = 35$. &c. Il faut même ſçavoir par mémoire le produit des nombres ſimples, pour pratiquer facilement les Regles de la Multiplication. Voici une Table du produit des nombres ſimples un peu grands.

$3 \times 3 = 9$	$4 \times 3 = 12$	$5 \times 3 = 15$	$6 \times 3 = 18$
$3 \times 4 = 12$	$4 \times 4 = 16$	$5 \times 4 = 20$	$6 \times 4 = 24$
$3 \times 5 = 15$	$4 \times 5 = 20$	$5 \times 5 = 25$	$6 \times 5 = 30$
$3 \times 6 = 18$	$4 \times 6 = 24$	$5 \times 6 = 30$	$6 \times 6 = 36$
$3 \times 7 = 21$	$4 \times 7 = 28$	$5 \times 7 = 35$	$6 \times 7 = 42$
$3 \times 8 = 24$	$4 \times 8 = 32$	$5 \times 8 = 40$	$6 \times 8 = 48$
$3 \times 9 = 27$	$4 \times 9 = 36$	$5 \times 9 = 45$	$6 \times 9 = 54$

$7 \times 3 = 21$	$8 \times 3 = 24$	$9 \times 3 = 27$
$7 \times 4 = 28$	$8 \times 4 = 32$	$9 \times 4 = 36$
$7 \times 5 = 35$	$8 \times 5 = 40$	$9 \times 5 = 45$
$7 \times 6 = 42$	$8 \times 6 = 48$	$9 \times 6 = 54$
$7 \times 7 = 49$	$8 \times 7 = 56$	$9 \times 7 = 63$
$7 \times 8 = 56$	$8 \times 8 = 64$	$9 \times 8 = 72$
$7 \times 9 = 63$	$8 \times 9 = 72$	$9 \times 9 = 81$

47. Etant donnés deux nombres compoſés, comme 32 & 24, pour en avoir le produit, *il faut poſer celui qu'on a choiſi*

pour multiplicateur, (c'eſt ordinairement le plus petit) *au-deſſous du multiplicande*, comme dans l'Addition, ainſi je poſe 24 ſous 32; il faut *enſuite écrire au-deſſous, en allant de droite à gauche, le produit de chaque chiffre du multiplicande par les unités du multiplicateur*, en diſant, par exemple, 4×2=8, je poſe 8, 4×3=12, je poſe 12, après cela *il faut écrire auſſi de droite à gauche, en commençant par la colomne des dixaines, le produit des chiffres du multiplicande par les dixaines du multiplicateur*, en diſant, 2×2=4, je poſe 4 au-deſſous du multiplicateur 2; 2×3=6, je poſe 6 à gauche. *Enfin il faut prendre la ſomme de ces* deux *produits*, & j'ai 768 pour produit total.

$$\begin{array}{r} 32 \\ 24 \\ \hline 128 \\ 64 \\ \hline 768 \end{array}$$

48. Pour concevoir cette opération, on peut, en la faiſant, raiſonner de la ſorte. Le produit de 32 par 24 eſt évidemment égal (43) aux dixaines & aux unités de 32, priſes autant de fois qu'il y a d'unités dans 24, c'eſt-à-dire, priſes 4 fois, & 2 dixaines de fois. Il faut donc dire d'abord, les 2 unités du multiplicande priſes 4 fois produiſent 8 unités que j'écris. Enſuite les 3 dixaines du multiplicande priſes 4 fois, produiſent 12 dixaines; j'écris 12 à gauche de 8, afin qu'il ſoit au rang des dixaines. Ainſi les 3 dixaines & les 2 unités de 32 priſes 4 fois, produiſent 128.

Je viens maintenant aux 2 dixaines du multiplicateur, & je dis, les 2 unités du multiplicande priſes 2 dixaines de fois, produiſent 4 dixaines. J'écris 4 dans la ſeconde colomne à gauche, ou, ce qui revient au même, j'écris 4 dans la colomne de ſon multiplicateur, parce que 4 exprime des dixaines, & qu'ainſi il doit être dans la colomne des dixaines. Enfin je dis, les 3 dixaines du multiplicande priſes 2 dixaines de fois, produiſent 6 dixaines de dixaines, c'eſt-à-dire, 6 centaines: j'écris 6 à gauche de 4, afin qu'il ſe trouve dans le rang des centaines. Donc les 3 dixaines & les 2 unités du multiplicande priſes 2 dixaines de fois, produiſent 6 centaines & 4 dixaines. Il faut ajouter ce produit à celui qu'on a trouvé plus haut, afin d'avoir le produit de toutes les parties du multiplicande par toutes celles du multiplicateur. Ce produit total eſt donc 768.

AUTRE EXEMPLE de la Multiplication des nombres un peu plus composés. On cherche le produit de 564 par 249; ayant disposé ces nombres suivant la Regle, je multiplie d'abord 564 par les 9 unités du multiplicateur, en disant 4×9=36, je pose 6, & retiens 3; 6×9=54, mais à cause de 3 que je viens de retenir, je dis 54+3=57, je pose 7, & retiens 5. 5×9=45; or 45+5 que j'ai retenus=50, je pose 50 de suite, parce qu'il n'y a plus rien à multiplier par 9.

```
   564
   249
 -----
  5076
 2256
1128
------
140436
```

Je viens ensuite aux 4 dixaines du multiplicateur, par lesquelles je multiplie 564, en disant, 4×4=16, je pose 6 au rang des dixaines, & retiens 1; 6×4=24, +1=25, je pose 5, & retiens 2. 5×4=20, +2=22, j'écris 22.

Enfin je multiplie 564 par les 2 centaines du multiplicateur, en disant, 4×2=8, je pose 8 au rang des centaines. 6×2=12, je pose 2 & retiens 1. 5×2=10, +1=11, je pose 11.

Je prens la somme de ces produits partiaux, & j'ai 140436 pour produit total.

49. REMARQUES. I. Lorsqu'il y a un ou plusieurs zero à la fin de l'un ou des deux nombres donnés, on abrege beaucoup l'opération, en ne multipliant que les chiffres, & mettant à la suite de leur produit autant de zero qu'il y en a au bout des nombres donnés. Par exemple, pour multiplier 406000 par 10700, on multiplie seulement 406 par 107, & on ajoute cinq zero au produit 43442, & le produit total est 4344200000.

La raison en sera évidente à celui qui ayant fait l'opération tout au long, verra ce qu'il y a de zéro inutiles.

Voici des Exemples de Multiplications.

```
   466                          65464
  1002       1000000             4053
------          1000        ---------
   932     ----------          196392
 466       1000000000         327320
------                       261856
466932                     ---------
                            265325592
```

50. II. Pour reconnoître si on ne s'est pas trompé dans la multiplication, il faut changer l'ordre des nombres donnés,

c'eſt-à-dire, du multiplicateur en faire le multiplicande, & réciproquement; car on doit toujours trouver le même produit (45).

De la Diviſion.

51. LA Diviſion eſt une Souſtraction abregée, pour retrancher une grandeur d'une autre autant de fois qu'il eſt poſſible, afin de ſçavoir combien de fois elle y eſt contenue.

Ainſi pour ſçavoir combien 12 contient de fois 4, la maniere la plus naturelle eſt d'ôter 4 de 12 reſte 8, enſuite 4 de 8 reſte 4, enfin 4 de 4 reſte zero: d'où l'on voit que la quantité 12 eſt épuiſée après que 4 en a été retranché 3 fois, & qu'ainſi 12 contient 4 préciſément 3 fois. Mais cette methode ſeroit trop longue ſi les nombres étoient fort grands. La diviſion eſt l'abregé dont on ſe ſert, pour trouver en peu de tems combien de fois une Quantité (qu'on appelle alors *le dividende*), contient une autre quantité (qu'on appelle le *diviſeur*). On appelle auſſi *Quotient* le nombre qui exprime combien de fois le dividende contient le diviſeur.

Dans cet exemple 12 eſt le dividende, 4 le diviſeur, & 3 le quotient.

52. Il ſuit clairement de ces notions, I°. Que *le dividende contient autant de fois le diviſeur, que le quotient contient de fois l'unité.* Car le quotient exprime le nombre de chacune des ſouſtractions qu'il faut faire pour épuiſer le dividende.

53. Et par conſéquent on a toujours *permutando* l'unité eſt au quotient, comme le diviſeur eſt au dividende.

54. II°. Que le diviſeur pris autant de fois que le quotient contient l'unité, doit être égal au dividende, (car alors c'eſt reprendre le diviſeur autant de fois qu'on l'a ôté, ce qui doit rétablir le dividende:) ou ce qui eſt la même choſe, *le produit du diviſeur par le quotient eſt égal au dividende.*

55. Donc, 1°. *pour examiner ſi un quotient eſt exact, il faut le multiplier par le diviſeur, & en comparer le produit au dividende.* Car ſi le produit eſt plus grand, le quotient eſt trop grand, & réciproquement.

56. On peut regarder le dividende comme le produit d'une multiplication, dont le diviſeur & le quotient ſont les racines. Ainſi diviſer le dividende par le diviſeur pour avoir un quotient, eſt la même choſe que de diviſer un produit par une de ſes racines pour trouver l'autre racine. Donc, 2°. *quand on connoît un produit & une racine d'une multiplication, pour trouver l'autre racine, il faut diviſer le produit par la racine connue.*

57. III°. Par l'opération précédente 12 ſe trouve partagé en trois parties égales, dont chacune eſt 4, ou en 4 parties égales dont chacune eſt 3. Donc *pour partager une quantité en autant de parties égales qu'on veut, il faut la diviſer par ce nombre de parties, & le quotient exprime de quelle grandeur eſt chacune de ces parties.*

58. I. CAS. *Lorſque le dividende & le diviſeur ſont des nombres ſimples*, on en connoît le quotient ſans opération. Par exemple, on ſçait que 8 contient 4 préciſément 2 fois, ou que le quotient de 8 diviſé par 4 eſt 2. En effet $2\times4=8$. Pour abréger on ſe ſert de cette expreſſion $\frac{8}{4}=2$. On écrit le diviſeur immédiatement au-deſſous du dividende, & on les ſépare par un trait, qui ſignifie *diviſé par*. Quelques Aureurs écrivent ainſi, $8:4=2$. De même $\frac{9}{3}=3$, puiſque $3\times3=9$. Et $\frac{6}{2}=3$, puiſque $2\times3=6$.

59. *Quand on ne trouve pas un quotient exact;* comme ſi on vouloit diviſer 9 par 4, c'eſt une marque que le diviſeur n'eſt pas contenu juſtement un certain nombre de fois dans le dividende; ce qui arrive très-ſouvent: *alors on prend le quotient le plus approchant, on le multiplie par le diviſeur, on retranche ſon produit du dividende, pour avoir un reſte qu'on écrit à côté du quotient, en mettant le diviſeur au-deſſous de ce reſte dont on le ſépare par un trait.* Par exemple, il faut dire, 9 contient 4 deux fois & plus, le quotient le plus proche eſt donc 2, je fais $2\times4=8$. Enſuite $9-8=1$, & j'ai $\frac{9}{4}=2\frac{1}{4}$; ce qui ſignifie que 9 diviſé par 4, a 2 pour quotient, & qu'il reſte encore une des unités de 9 à partager en quatre parties. De même $\frac{7}{2}=3\frac{1}{2}$. $\frac{8}{3}=2\frac{2}{3}$. $\frac{6}{5}=1\frac{1}{5}$.

60. REMARQUES. I. La diviſion conſiſte donc en trois opérations. 1°. On diviſe le dividende par le diviſeur, pour avoir

un quotient ; 2°. on multiplie le diviseur par le quotient, pour avoir un produit ; 3°. on ôte ce produit du dividende pour avoir un reste.

61. II. Si le diviseur est plus grand que le dividende, comme s'il falloit diviser 4 par 7, alors on se contente d'écrire $\frac{4}{7}$ comme un reste de division, & cette expression représente le quotient.

62. Ces sortes de Quotients, ou ces restes de division, ou même en général toute expression qui indique une division par un trait qui sépare deux quantités écrites l'une au-dessus de l'autre, s'appellent *des fractions* ou des *nombres rompus*. Et par opposition on appelle *des entiers* ou *nombres entiers*, les nombres ou les expressions qui sont sans ce trait.

63. III. Une Quantité qui peut se diviser exactement & sans reste par un nombre, s'appelle un *multiple* de ce nombre, parce qu'elle est égale au produit de ce nombre par le Quotient de la division. Ainsi 8 est un multiple de 4 & de 2; & 12 est un multiple de 6, de 4, de 3, & de 2 : tout nombre est un multiple de l'unité : mais 8 n'est pas un multiple de 7, ni de 6, ni de 5, ni de 3. De même 11, n'est multiple d'aucun nombre entier plus grand que 1.

64. IV. La Quantité dont un autre est multiple, s'appelle *une aliquote* ou une *partie aliquote* de ce multiple : ainsi 4 & 2 sont les aliquotes de 8.

65. V. Tout nombre entier qui n'est multiple d'aucun nombre entier plus grand que l'unité, s'appelle *nombre premier*. On trouve dans différens Auteurs d'amples Tables de tous ces nombres. Voici ceux qui sont moindres que 100.

1, 2, 3, 5, 7, 11, 13, 17, 19, 23, 29, 31, 37, 41, 43, 47, 53, 59, 61, 67, 71, 73, 79, 83, 89, 97.

66. II. CAS. *Si le dividende & le diviseur sont des nombres composés*. Par exemple, s'il faut diviser 147475 par 362. *Je considere d'abord en combien des premiers chiffres du dividende qui sont sur la gauche (car la division se fait toujours de gauche à droite,) le diviseur peut être contenu* ; & parce que 362 ne peuvent être contenus dans les trois premiers chiffres 147, mais seulement dans les quatre premiers 1474, *je*

les sépare des deux autres chiffres 75 par un point, j'écris le diviseur 362 au-dessous de 1474, & le premier membre de la division consiste à diviser 1474 par 362. Comme cette division ne se peut faire tout d'un coup, je divise seulement les centaines de 1474 par les centaines de 362, en disant en 14 combien de fois 3? 4 fois & plus, je pose seulement 4 au quotient, je multiplie le diviseur 362 par le quotient trouvé 4, & j'en ôte le produit 1448 du dividende 1474, restent 26, & la premiere partie de la division est faite.

$$\frac{1474.75}{362} = 407\tfrac{141}{362}$$

1448
267
362
0
2675
362
2534
141

J'abaisse à côté du reste 26 le premier chiffre 7 que j'avois séparé; & le second membre de la division consiste à diviser 267 par 362 : je divise de même les centaines de 267 par celles de 362, en disant en 2 combien de fois 3? il n'y est pas contenu même une fois, je pose donc 0 au quotient, je multiplie 362 par 0, & j'ôte le produit, qui est aussi 0, du dividende 267, restent 267 : & la seconde partie est finie.

J'abaisse à côté de ce reste le second chiffre 5 que j'avois séparé, & le troisieme membre de la division consiste à diviser 2675 par 362. Je dis donc en 26 combien de fois 3? 8 fois, je multiplie 362 par 8, & je trouve le produit 2896, lequel étant plus grand que le dividende 2675, me fait connoître que le quotient 8 que j'ai trouvé est trop grand. Je l'efface, & mets 7 à la place. Je multiplie 362 par 7, j'ôte le produit 2534 de 2675, restent 141 : Et parce qu'il n'y a plus de chiffres à abaisser, toute la division est faite : le quotient cherché est 407, & restent 141 que je mets à côté en fraction.

67. *La preuve de l'exactitude de ces opérations se fait en ajoutant en une somme les produits des multiplications, avec le reste, dans l'ordre où ils se trouvent* Dans cet exemple les produits sont 1448, 0, 2534 & le reste 141, j'efface tous les autres chiffres, excepté ceux-ci que j'ajoute ensemble, tels qu'ils sont disposés dans la figure; & je trouve leur somme 147475 égale

égale au dividende proposé. J'en conclus que la division est bien faite : car si cette somme ne se trouvoit pas égale au dividende, ce seroit une marque infaillible d'erreur. La raison en est, que la somme des produits de chaque chiffre du quotient par le diviseur, est égale au produit du quotient entier par le diviseur entier : & que (54) le produit du diviseur par le quotient, doit être égal au dividende.

68. REMARQUES. 1°. C'est toujours par le premier chiffre (qui est sur la gauche) du diviseur, qu'on fait la division de chaque membre. Ainsi si ce premier chiffre est suivi de deux autres, il faut négliger les deux derniers chiffres à droite du dividende de ce membre, & diviser les autres par le premier chiffre du diviseur. Si ce premier chiffre est suivi de trois, de quatre autres, &c. il faut négliger les trois, les quatre, &c. derniers chiffres à droite du dividende, & diviser ceux qui restent à gauche, par le premier chiffre du diviseur.

69. 2°. En opérant sur un membre on trouve souvent un quotient trop grand, c'est principalement lorsque le chiffre qui suit le premier chiffre du diviseur est un peu grand, comme 6, 7, 8 & 9.

70. 3°. Quand ayant abaissé un chiffre, on voit que le membre qui en résulte est plus petit que le diviseur, on peut pour abréger, mettre tout de suite 0 au quotient, & abaisser le chiffre suivant, ce qui donnera un nouveau membre.

71. 4°. Pour abréger encore, on n'écrit pas le diviseur à chaque membre, on se sert de celui qu'on a écrit sous le dividende, mais il faut garder exactement l'ordre des colonnes des chiffres. Suivant cet abrégé la figure de l'Exemple précédent prendra la forme suivante.

$$
\begin{array}{r}
1474,75 \\
\hline
362 \\
1448 \\
\hline
267 \\
0 \\
\hline
2675 \\
2534 \\
\hline
141
\end{array}
= 407\tfrac{141}{362}.
$$

Voici d'autres Exemples ; dans le premier on se propose de diviser 473645 par 1002, dans le second 200000 par 191, & dans le troisieme 790758 par 394.

$\frac{4736{,}45}{1002} = 472\frac{701}{1002}$	$\frac{200{,}000}{191} = 1047\frac{23}{191}$	$\frac{790{,}758}{394} = 2007$
4008	900	788
7284	764	2758
7014	1360	2758
2705	1337	0
2004	23	
701		

72. 5°. Quand le diviseur est terminé par des zero, on abrege la division en séparant à la fin du dividende autant de chiffres qu'il y a de zero à la fin du diviseur ; on divise ensuite les autres par les chiffres seuls du diviseur : on joint le reste de la division, s'il s'en trouve, à la gauche des chiffres qu'on a séparés, & on en fait la fraction : Par exemple, ayant à diviser 238873 par 3600, je divise 2388 par 36, je trouve le quotient 66 & un reste 12 : je dis donc que le quotient cherché est $66\frac{1273}{3600}$. Le quotient de 324755 divisé par 300, est $1082\frac{155}{300}$. Le quotient de 843554 divisés par 1000, est $843\frac{554}{1000}$.

73. 6°. Enfin quand le dividende & le diviseur sont terminés par des zero, on peut absolument effacer le même nombre de zero dans l'un & dans l'autre, & faire le reste de la division suivant les Regles & les Remarques précédentes. Ainsi ayant à diviser 417000 par 2500, je divise seulement 4170 par 25, & le quotient est $166\frac{20}{25}$. Pour diviser 43495000 par 2850000, je divise seulement 43495 par 2850, & j'ai $15\frac{745}{2850}$. De même le quotient de 100000 divisés par 1700 est $58\frac{14}{17}$.

OBSERVATION. Lorsqu'on se sera rendu familieres les opérations & les Remarques précédentes, en y faisant attention, on s'appercevra aisément qu'elles se réduisent toutes aux opérations de l'article 59, un peu plus compliquées. L'intelligence de la derniere Remarque dépend aussi de la connoissance des fractions décimales, dont on parlera dans la suite.

DES FRACTIONS.

De la nature des Fractions en général, de leurs valeurs, & de leurs comparaisons.

74. ON a vû (62) que les Fractions sont des quantités divisées par de plus grandes, ce sont ordinairement des restes de divisions.

Pour s'en former une idée claire, il faut se rappeller que tout nombre exprime combien une quantité contient de parties égales, dont chacune est appellée une unité ; or il n'y a pas d'unité, c'est-à-dire, il n'y a pas de partie déterminée de la quantité, qu'on ne puisse concevoir composée elle-même d'un certain nombre de parties égales plus petites, chacune ou quelques-unes de ces parties, forment une portion ou une fraction de cette unité.

Par exemple, le nombre de 100 pieds est composé d'une certaine quantité déterminée, dont on a appellé la longueur un pied, & qui est répétée cent fois : le pied est donc l'unité par rapport au nombre 100; mais comme le pied se divise en 12 pouces, chaque pouce est une douziéme partie du pied ; de sorte qu'en mesurant un espace, on ne le trouvera peut-être pas de 100 pieds justes, mais peut-être y aura-t-il un pouce ou deux de plus ou de moins ; en ce cas ce pouce ou ces deux pouces sont les fractions d'un pied, & on les exprime ainsi $\frac{1}{12}$, $\frac{2}{12}$, &c. c'est-à-dire, une des douze parties du pied, deux des douze parties du pied, &c.

75. Donc en général, l'unité étant supposée divisée en un certain nombre de parties égales, une fraction exprime combien on a pris de ces parties ; ainsi la fraction $\frac{1}{3}$ signifie que l'unité étant divisée en 3 parties égales, on en a pris 1 : la fraction $\frac{4}{5}$ exprime que l'unité étant divisée en 5 parties égales, on en a pris 4, &c.

Le nombre ou terme supérieur s'appelle *le numérateur* de

la fraction, & l'inférieur s'appelle *le dénominateur ;* ainsi dans la fraction $\frac{4}{5}$, le numérateur est 4, & le dénominateur est 5.

76. Une fraction proprement dite est donc une quantité moindre que l'unité, parce que son numérateur est plus petit que son dénominateur. Cependant il arrive souvent qu'on rencontre des expressions en forme de fractions, dont le numérateur est égal, ou même plus grand que le dénominateur. Or quand le numérateur est égal au dénominateur, la fraction est égale à l'unité ; car $\frac{4}{4}$ signifiant que d'une unité divisée en 4 parties égales, on en a pris 4, il est clair qu'on a pris l'unité entiere, & qu'ainsi $\frac{4}{4}=1$. Et quand le numérateur surpasse le dénominateur, la valeur de la fraction surpasse l'unité : ainsi $\frac{12}{4}=3$ (58).

77. *On ne peut distinguer facilement quelle est la plus grande de deux fractions, à moins qu'elles n'ayent ou un même numérateur, ou un même dénominateur ;* ainsi on ne voit pas d'abord quelle est la plus grande de ces deux fractions $\frac{3}{4}$, $\frac{5}{7}$. Mais, 1°. si elles ont un même numérateur, celle qui a un dénominateur plus petit est la plus grande ; ainsi il est clair que la fraction $\frac{1}{2}$ est plus grande que la fraction $\frac{1}{4}$; la fraction $\frac{3}{5}$ est plus grande que $\frac{3}{7}$, &c.

2°. Si deux fractions ont le même dénominateur, alors la plus grande est celle qui a le plus grand numérateur. Ainsi il est clair que $\frac{2}{3}$ sont plus que $\frac{1}{3}$, la fraction $\frac{3}{4}$ est plus grande que $\frac{1}{4}$.

Les valeurs des fractions qui ont un même numérateur, sont entre elles réciproquement comme les dénominateurs ; & celles des fractions qui ont un même dénominateur, sont entre elles directement comme leurs numérateurs.

78. *La valeur d'une fraction ne change pas, soit qu'on multiplie, soit qu'on divise ses deux termes par une même quantité.* Car il est évident que celui qui a $\frac{1}{2}$, a autant que celui qui a $\frac{2}{4}$, ou que celui qui a $\frac{3}{6}$ ou $\frac{4}{8}$, &c. Or $\frac{2}{4}=\frac{1\times 2}{2\times 2}$, $\frac{3}{6}=\frac{1\times 3}{2\times 3}$, $\frac{4}{8}=\frac{1\times 4}{2\times 4}$, &c. De même celui qui a $\frac{4}{8}$ n'a pas plus que celui qui a $\frac{3}{6}$ ou $\frac{2}{4}$, ou $\frac{1}{2}$, &c. Si donc on divise les deux termes de la fraction $\frac{4}{8}$ par 2 ou par 3 ou par 4, on a des fractions de même valeur que $\frac{4}{8}$. On trouvera une démonstration générale de cette propriété,

dans l'article des raisons Géométriques.

Il suit de-là qu'*il y a une infinité de fractions de même valeur, quoique exprimées en termes différens.*

Des opérations Arithmétiques, qu'on peut faire sur les Fractions en général.

LES opérations Arithmétiques sur les Fractions sont de deux espéces; les unes s'appellent *Réductions*, les autres sont les quatre Regles ordinaires.

Des réductions des Fractions.

79. LES réductions des Fractions sont différentes transformations qu'on leur fait subir, sans changer leur valeur, pour rendre les autres opérations plus commodes.

80. I. *Pour réduire les entiers en Fractions.*

1°. On peut réduire en général tout nombre en forme de fraction, en lui mettant 1 pour dénominateur; ainsi 6 mis en forme de fraction, est $\frac{6}{1}$.

2°. Pour réduire un nombre entier en une fraction qui ait un dénominateur à volonté, on multiplie le nombre entier par le dénominateur qu'on a choisi, le produit est le numérateur de la fraction; ainsi pour réduire 6 à une fraction dont le dénominateur soit 7, on a $\frac{42}{7}$: car en faisant la division de 42 par 7, on a 6 au quotient, donc $\frac{42}{7}$ & 6 sont deux expressions équivalentes.

3°. Pour réduire en une fraction seule un nombre entier joint à une fraction, il faut multiplier le nombre entier par le dénominateur de la fraction, en ajouter le numérateur à ce produit, & de la somme faire le numérateur de la fraction cherchée; ainsi $6\frac{3}{4}$ se réduit à la fraction $\frac{27}{4}$, $3\frac{1}{2}$ se réduit à $\frac{7}{2}$.

81. II. *Pour réduire plusieurs Fractions au même dénominateur.*

Multipliez le numérateur & le dénominateur de chaque fraction par chacun des dénominateurs de toutes les autres fractions.

Par exemple, pour réduire $\frac{1}{2}$ & $\frac{3}{4}$ au même dénominateur, je multiplie les deux termes de $\frac{1}{2}$ par 4, & j'ai $\frac{4}{8}$, je multiplie ensuite les deux termes de $\frac{3}{4}$ par 2, & j'ai $\frac{6}{8}$: les deux fractions réduites sont donc $\frac{4}{8}$ & $\frac{6}{8}$.

Pour réduire les fractions $\frac{2}{3}$, $\frac{5}{7}$, $\frac{3}{4}$, au même dénominateur, je multiplie les deux termes de $\frac{2}{3}$ par 7, puis par 4, & j'ai $\frac{2\times7\times4}{3\times7\times4}=\frac{56}{84}$. Je multiplie de même $\frac{5}{7}$ par 3, puis par 4, & j'ai $\frac{5\times3\times4}{7\times3\times4}=\frac{60}{84}$. Je multiplie enfin $\frac{3}{4}$ par 3, puis par 7, & j'ai $\frac{3\times3\times7}{4\times3\times7}=\frac{63}{84}$; & les trois fractions réduites sont $\frac{56}{84}$, $\frac{60}{84}$, $\frac{63}{84}$ qui sont égales aux trois proposées (78) puisque chacun de leurs deux termes a été multiplié par les mêmes quantités.

82. On pourroit réduire par la même méthode tant de fractions qu'on voudra au même Numérateur, en multipliant les deux termes de chacune par chaque Numérateur des autres. Ainsi les trois fractions $\frac{2}{3}$, $\frac{5}{7}$, $\frac{3}{4}$, se réduisent à celles-ci, $\frac{30}{45}$, $\frac{30}{42}$, $\frac{30}{40}$.

83. III. *Pour réduire une fraction donnée à un Numérateur, ou à un Dénominateur quelconque.*

Puisque des fractions sont des rapports géométriques, on peut quelquefois changer une fraction donnée, en une autre dont le Numérateur ou le Dénominateur soit donné, & cela par une simple regle de trois. Par exemple la fraction $\frac{3}{5}$ se peut réduire à une fraction dont le Dénominateur soit 20, en disant, si 5 ont 3 pour numérateur, qu'auront 20 pour numérateur? on trouvera 12. Donc $\frac{3}{5}=\frac{12}{20}$. De même on peut réduire cette fraction en une autre qui ait, par exemple, 18 pour numérateur, en disant, si 3 ont 5 pour dénominateur, qu'auront 18? on trouve 30. Donc $\frac{3}{5}=\frac{18}{30}$. Cette réduction n'est possible que quand le nombre donné est un multiple de son homologue dans la fraction donnée.

C'est par ces sortes de réductions qu'on évalue les fractions, par exemple, celles des livres en sols, ou en parties vingtiémes; celles des sols en deniers ou en douziémes, &c.

84. IV. *Pour réduire une fraction à l'expression la plus simple.*

Il faut examiner d'abord si le numérateur est plus grand que le dénominateur; car alors il faut diviser le numérateur par le dénominateur; ainsi $\frac{12}{4}$ se réduit à 3, ou $\frac{12}{4}=3$; $\frac{8}{3}$ se réduit à $2\frac{2}{3}$.

85. Il faut voir ensuite si le numérateur & le dénominateur

ne pourroient pas être divisés tous deux sans reste par un même nombre, car alors l'expression deviendroit plus simple sans changer de valeur (78). Elle deviendra d'autant plus simple, que ses deux termes seront divisés par un plus grand nombre.

L'essai de cette réduction se fait ordinairement par la connoissance de certaines propriétés des nombres.

1°. *Tout nombre pair est un multiple de 2, ou est divisible par 2 :* donc tant que les termes d'une fraction seront des nombres pairs, ils pourront toujours être réduits à leur moitié. Par exemple, la fraction $\frac{128}{432}$ se réduit à $\frac{8}{27}$ en divisant toujours par 2, & faisant $\frac{128}{432} = \frac{64}{216} = \frac{32}{108} = \frac{16}{54} = \frac{8}{27}$.

2°. *Tout nombre terminé par 0, est divisible par 5 & par 10.* Ainsi la fraction $\frac{20}{30}$ se réduit à $\frac{2}{3}$.

3°. *Tout nombre terminé par 5, est un multiple de 5.* Ainsi $\frac{15}{85}$ se réduit à $\frac{3}{17}$. De même $\frac{120}{215}$ se réduit à $\frac{24}{43}$.

4°. *Tout nombre tel que la somme de ses chiffres est 3, 6, 9, 12, 15, 18, 21, 24, 27, 30, &c. est un multiple de 3.* Ainsi la fraction $\frac{288}{351}$ est divisible par 3, & se réduit d'abord à $\frac{96}{117}$, puis à $\frac{32}{39}$, parce que la somme des chiffres du numérateur est 18, & celle des chiffres du dénominateur est 9; & qu'après la premiere division, la somme des chiffres 96 du numérateur étoit 15, & celle des chiffres du dénominateur 117 étoit 9.

86. Voici la Méthode générale pour trouver le plus grand commun diviseur possible de deux quantités quelconques, *divisez la plus grande par la plus petite ; & si la division se fait sans reste, la plus petite quantité est le plus grand diviseur cherché.*

Si après la division il se trouve un reste, divisez la plus petite quantité donnée par ce reste ; & si la division se fait sans un nouveau reste, le premier reste est le plus grand diviseur cherché.

S'il se trouve un second reste, divisez le premier reste par ce second reste ; & si la division se fait sans troisieme reste, le second reste est le plus grand commun diviseur cherché.

En général, le reste qui divise justement le reste précédent, est le plus grand commun diviseur cherché.

Exemple. On veut réduire la fraction $\frac{91}{294}$ à l'expression la plus simple qu'il est possible. Pour cela il faut chercher le plus grand commun diviseur de 294 & de 91; divisez 294 par 91, & négligeant le quotient 3, le reste est 21; divisez 91 par 21, négligeant le quotient 4, le reste est

7 ; divisez le premier reste 21 par le second reste 7, & le quotient 3 se trouvant sans reste, je conclus que 7 est le plus grand commun diviseur de 294 & de 91 ; ainsi la fraction $\frac{91}{294}$, se peut réduire à $\frac{13}{42}$, en divisant chaque terme par 7. Et $\frac{13}{42}$ est l'expression la plus simple qui ait la même valeur que $\frac{91}{294}$.

Quand la fraction ne se peut réduire à une expression plus simple, ces divisions viennent enfin à avoir l'unité pour dernier reste. Car l'unité est un diviseur commun à tous les nombres.

Pour concevoir la raison de cette regle, il faut observer que deux quantités ne sont divisibles sans reste par un même nombre, que quand elles sont des produits exacts de ce nombre. La plus grande quantité est produite par ce nombre répété plus de fois que dans la plus petite quantité. Or deux quantités A & B étant ainsi composées, si ayant ôté la plus petite B de la plus grande A, autant de fois qu'il est possible, par exemple 3 fois, il n'y a pas de reste, il est clair que A est composé de B pris trois fois, & B est composé de B pris une fois, & que par conséquent B est dans ce cas le plus grand commun diviseur des quantités A & B.

2°. Mais si ayant retranché B de A autant de fois qu'il est possible, (c'est-à-dire, trois fois dans cet exemple) il se trouve un reste C. Alors A—C est une quantité composée de B pris 3 fois justes ; ou $A-C=3B$; par conséquent si C est contenu un certain nombre de fois juste, par exemple, 4 fois dans B, il sera aussi contenu un nombre juste de fois dans A—C. Il est clair en effet qu'on aura $B=4C$, & $A-C=3B$ deviendra $A-C=3\times4C$, d'où on tire $A=13C$. Il faut donc ôter C de B autant de fois qu'il est possible, & si cela se fait sans reste, C est la quantité qui a servi à composer les quantités A & B.

3°. Mais si ayant ôté C de B autant de fois qu'il est possible, par exemple 4 fois, il se trouve un reste D : Alors B—D est une quantité composée de C pris juste 4 fois, ou $B-D=4C$. Donc si D est contenu un certain nombre de fois juste, par exemple 3 fois dans C, il sera justement aussi dans A & dans B, il sera le nombre qui aura servi à composer les quantités A & B. Car on aura $C=3D$: donc dans l'équation $B-D=4C$, on aura $B-D=4\times3D$, & par conséquent $B=13D$; & l'équation $A-C=3B$, deviendra $A-3D=3\times13D$; donc $A=42D$.

En continuant ce raisonnement, on verra que le dernier reste qui se peut retrancher un certain nombre de fois justes du reste précédent, est la quantité qui a servi à former les deux quantités A & B, & par conséquent qu'il est leur plus grand commun diviseur.

Il est évident aussi (51) que c'est la même chose de diviser une quantité par une autre, que d'en retrancher cette autre, autant de fois qu'il est possible.

De l'Addition des Fractions.

87. POUR ajouter enſemble des fractions, *réduiſez-les au même dénominateur, & de la ſomme de tous les numérateurs des fractions réduites, faites-en le numérateur d'une nouvelle fraction qui ait le dénominateur commun.*

Ainſi pour ajouter les fractions $\frac{1}{2}$ & $\frac{1}{3}$, réduiſez-les (81) à celles-ci $\frac{3}{6}$ & $\frac{2}{6}$, leur ſomme eſt $\frac{5}{6}$.

Pour ajouter enſemble les fractions $\frac{2}{3}$, $\frac{1}{2}$, $\frac{3}{4}$, je les réduits à celles-ci (81) $\frac{16}{24}$, $\frac{12}{24}$, $\frac{18}{24}$, la ſomme des numérateurs eſt 46, j'ai donc $\frac{46}{24}$, & en réduiſant à l'expreſſion la plus ſimple, $1\frac{11}{12}$.

88. S'il y a des nombres entiers joints aux fractions, il faut mettre leur ſomme avec celles des fractions, ainſi $4\frac{1}{2}+2\frac{1}{3}=6\frac{5}{6}$; de même $3\frac{2}{3}+4\frac{3}{4}=8\frac{5}{12}$.

De la Souſtraction.

89. POUR ſouſtraire une fraction d'une autre, *réduiſez-les au même dénominateur, prenez la différence entre les deux numérateurs, & faites-en le numérateur d'une nouvelle fraction, qui ait le dénominateur commun.*

EXEMPLE. Il faut ſouſtraire $\frac{1}{4}$ de $\frac{2}{3}$; réduiſez ces fractions (81) à celles-ci $\frac{3}{12}$, $\frac{8}{12}$, il eſt clair que la différence eſt $\frac{5}{12}$.

90. S'il y a des nombres entiers à la tête des fractions, il faut les ſouſtraire à l'ordinaire, & mettre leur différence à la tête de la nouvelle fraction; ainſi pour ôter $3\frac{1}{2}$ de $4\frac{3}{4}$, il faut écrire $1\frac{2}{8}$, ou (85) $1\frac{1}{4}$.

91. Mais ſi la fraction de la quantité à ſouſtraire eſt plus grande, ou s'il falloit ôter une fraction d'un nombre entier, alors il faut réduire en fraction une unité de ce nombre entier (80) : Par exemple, pour ôter $3\frac{2}{3}$ de $6\frac{1}{4}$, je réduis la quantité $6\frac{1}{4}$ à $5\frac{5}{4}$, & réduiſant $\frac{2}{3}$ & $\frac{5}{4}$ au même dénominateur, j'ai $\frac{8}{12}$ & $\frac{15}{12}$, j'ôte $\frac{8}{12}$ de $\frac{15}{12}$, reſtent $\frac{7}{12}$, j'ôte 3 de 5, reſtent 2; enſorte que la différence cherchée eſt $2\frac{7}{12}$.

De même, pour ôter $\frac{2}{3}$ de 4, je réduis 4 à cette expreſſion $3\frac{3}{3}$, de ſorte que retranchant $\frac{2}{3}$ de $3\frac{3}{3}$, reſtent $3\frac{1}{3}$. Pour ôter $\frac{4}{5}$ de 2, je réduis 2 à $1\frac{5}{5}$, & la différence eſt $1\frac{1}{5}$.

De la Multiplication.

92. POUR multiplier deux termes, ou tous deux fractionnaires, ou en parties fractionnaires, il faut suivre cette regle générale. *Si quelque terme n'est pas purement fractionnaire, réduisez-le (80) tout en fraction ou en forme de fraction. Faites ensuite une nouvelle fraction dont le numérateur soit le produit des numérateurs du multiplicande & du multiplicateur, & dont le dénominateur soit le produit de leurs dénominateurs. Enfin réduisez cette fraction à l'expression la plus simple.* Par exemple. . . . . .

Pour multiplier	par	Ecrivez	produit	Expression la plus simple.
$\frac{2}{3}$	$\frac{1}{2}$	$\frac{2}{3}\times\frac{1}{2}$	$\frac{2}{6}$	$\frac{1}{3}$
$\frac{7}{12}$	4	$\frac{7}{12}\times\frac{4}{1}$	$\frac{28}{12}$	$2\frac{1}{3}$
$\frac{2}{3}$	$4\frac{5}{7}$	$\frac{2}{3}\times\frac{33}{7}$	$\frac{66}{21}$	$3\frac{1}{7}$
$3\frac{3}{4}$	$5\frac{1}{2}$	$\frac{15}{4}\times\frac{11}{2}$	$\frac{165}{8}$	$20\frac{5}{8}$

Pour concevoir la raison de cette Regle, il faut se ressouvenir que multiplier $\frac{2}{3}$ par $\frac{1}{2}$, par exemple, n'est autre chose que de prendre $\frac{2}{3}$ autant de fois que l'unité est contenue dans $\frac{1}{2}$; (43) or l'unité n'est qu'une demi-fois dans $\frac{1}{2}$, donc il ne faut prendre $\frac{2}{3}$ qu'une demi-fois, donc $\frac{2}{3}\times\frac{1}{2}=\frac{1}{3}$.

93. COROLL. Par le second Exemple on voit que *lorsqu'on doit multiplier un entier par une fraction, ou réciproquement, il faut ou multiplier le Numérateur de la fraction, ou diviser son dénominateur par cet entier*; car on a le même résultat $2\frac{1}{3}$, soit qu'on dise $4\times7=28$, & qu'on écrive $\frac{28}{12}$, ou qu'on dise $\frac{12}{4}=3$, & qu'on écrive $\frac{7}{3}$. Mais cette seconde maniere n'est pas toujours possible comme l'autre.

94. II. On pourroit faire cette difficulté, $\frac{2}{3}$ de sol font 8 deniers, & $\frac{1}{2}$ sol vaut 6 deniers: or $\frac{2}{3}\times\frac{1}{2}$ ont pour produit $\frac{1}{3}$ de sol, tandis que 8 deniers multipliés par 6 deniers, ont pour produit 48 deniers. Comment accorder cela?

Pour la résoudre, il faut remarquer que les mesures changent de nature par la multiplication; leurs parties s'élevent au quarré, quand les mesures viennent à être multipliées, ou à avoir deux dimensions; elles s'élevent aux cubes, quand les mesures viennent à avoir trois dimensions. Ainsi une mesure simple, faite en pieds, ne peut avoir des pouces en fraction, qu'à raison de 12 pouces par pied. Mais une mesure de pieds, par exemple une longueur, multipliée par une autre mesure faite en pieds, comme une largeur, a pour produit une surface d'un certain nombre de pieds quarrés composés de 144 pouces chacun. Une dimension seule en toises a 6 pieds par toise; mais un corps de trois dimensions a 216 pieds cubiques à la toise. C'est par cette raison que $\frac{2}{3}$ de sols multipliés par $\frac{1}{2}$ sol, a pour produit $\frac{1}{3}$ de sols (non à 12 deniers le sol, mais) à raison de 144 deniers chacun. Or il est évident que $\frac{1}{3}$ de sol, à raison de 144 deniers pour chacun, est la même chose que 48 deniers, qui est le produit de 8×6 deniers.

De la Division.

95. LA division des fractions se pratique précisément de même que la Multiplication, excepté qu'il faut renverser les termes du diviseur, en mettant son numérateur en-bas, & son dénominateur en-haut. Par exemple....

Pour diviser	par	Ecrivez d'abord	ensuite	Quotient.	Expression la plus simple.
$\frac{3}{4}$	$\frac{1}{2}$	$\frac{3}{4} : \frac{1}{2}$	$\frac{3}{4} : \frac{2}{1}$	$\frac{6}{4}$	$1\frac{1}{2}$
$\frac{2}{3}$	5	$\frac{2}{3} : \frac{5}{1}$	$\frac{2}{3} : \frac{1}{5}$	$\frac{2}{15}$	$\frac{2}{15}$
$\frac{4}{5}$	$2\frac{1}{2}$	$\frac{4}{5} : \frac{5}{2}$	$\frac{4}{5} : \frac{2}{5}$	$\frac{8}{25}$	$\frac{8}{25}$
3	$2\frac{1}{3}$	$\frac{3}{1} : \frac{7}{3}$	$\frac{3}{1} : \frac{3}{7}$	$\frac{9}{7}$	$1\frac{2}{7}$

Pour concevoir cette Regle, ou par exemple, pourquoi $\frac{3}{4}$ divisés par $\frac{1}{2}$ ont $1\frac{1}{2}$ pour quotient, il faut se rappeller que le quotient doit être contenu autant de fois dans le dividende que l'unité l'est dans le diviseur. Or l'unité n'est contenue qu'une demi-fois dans $\frac{1}{2}$, donc le quotient de $\frac{3}{4}$ divisés par $\frac{1}{2}$ ne doit être contenu qu'une demi-fois dans $\frac{3}{4}$. Mais une quantité qui n'est contenue qu'une demi-fois dans une autre, est double de cette autre, donc le quotient de $\frac{3}{4}$ par $\frac{1}{2}$ est double de $\frac{3}{4}$, c'est-à-dire, est $\frac{6}{4}$ ou $1\frac{1}{2}$.

D'ailleurs si on multiplie chacun de ces quotients par le diviseur, on aura le dividende. Ainsi $1\frac{1}{2} \times \frac{1}{2}$, ou $\frac{3}{2} \times \frac{1}{2} = \frac{3}{4}$. Il en est ainsi des autres.

DES FRACTIONS DÉCIMALES.

De la nature des Fractions décimales.

96. OUTRE les fractions précédentes, les Mathématiciens se servent de celles qu'ils appellent *Décimales*; ce sont des fractions qui ont toujours pour dénominateur l'unité suivie d'autant de zero qu'il y a de chiffres dans le numérateur; c'est pour cela qu'on n'écrit pas ce dénominateur, mais seulement le numérateur dont les chiffres sont précédés d'une virgule, pour les distinguer des nombres entiers. Par exemple, au lieu de $19\frac{4}{10}$, on écrit 19,4; au lieu de $19\frac{4}{100}$, on écrit 19,04; afin que par le zero mis devant le 4, on connoisse que le dénominateur est 100: au lieu de $19\frac{4}{1000}$, on écrit 19,004; de même $49{,}01742 = 49\frac{1742}{100000}$. $0{,}035 = \frac{35}{1000}$.

97. Il y a des Auteurs qui se servent d'un point au lieu d'une virgule. La plûpart ne mettent pas de zero avant le point ou la virgule, pour exprimer une fraction seule: mais pour marquer, par exemple, $\frac{35}{1000}$, ils écrivent,035, ou .035 pour écrire $\frac{4}{10000}$, ils mettent ,0004, ou bien .0004.

98. De-là on voit que la premiere des décimales, c'est-à-dire, le premier chiffre à droite après la virgule, exprime des dixiemes; la seconde décimale exprime des centiemes; la troisieme, des milliemes, &c. Ainsi 4,217 est la même chose que $4 + \frac{2}{10} + \frac{1}{100} + \frac{7}{1000}$.

99. Puisque (78) en multipliant les deux termes d'une fraction par un nombre on n'en change pas la valeur, il suit que les fractions 0,1 par exemple, 0,100; 0,1000, &c. sont égales, de même $4{,}7 = 4{,}7000$, &c. & qu'ainsi on n'augmente pas la valeur d'une fraction décimale en y ajoutant des zero sur la droite. Il est clair aussi que 4,7 est plus grand que 4,69, ou même que 4,699999, &c. car $4{,}7 = 4\frac{7}{10} = 4\frac{70}{100} = 4\frac{700000}{1000000}$, & $4{,}69 = 4\frac{69}{100}$, $4{,}699999 = 4\frac{699999}{1000000}$; or $\frac{70}{100}$ est

plus grand que $\frac{69}{100}$ (77) & $\frac{700000}{1000000}$ eſt plus grand que $\frac{699999}{1000000}$, donc 4,7 eſt plus grand que 4,69 ou que 4,699999, ou enfin que 4 ſuivi d'une fraction d'autant de chiffres qu'on voudra, dont le premier ſera moindre que 7.

100. Mais on voit que 4,699999 approche plus d'être égal à 4,7 que 4,69, ou que 4,6999; que 4,6999 approche plus de la valeur de 4,7 que 4,69; parce qu'il ne s'en faut que de $\frac{1}{1000000}$, que 4,699999 ne ſoit=4,700000=4,7, au lieu qu'il s'en faut de $\frac{1}{10000}$ que 4,6999 ne ſoit=4,7000=4,7, & qu'il s'en faut de $\frac{1}{100}$ que 4,69 ne ſoit=4,70=4,7; or (77) $\frac{1}{1000000}$ eſt beaucoup plus petit que $\frac{1}{10000}$, & $\frac{1}{10000}$ eſt beaucoup plus petit que $\frac{1}{100}$; donc la différence entre 4,7 & 4,699999 eſt beaucoup plus petite que la différence entre 4,7 & 4,6999; & celle qui eſt entre 4,6999 & 4,7, eſt beaucoup plus petite que celle qui eſt entre 4,69 & 4,7; donc 4,699999 approche beaucoup plus d'être égal à 4,7 que 4,6999, & 4,6999 approche beaucoup plus de la valeur de 4,7 que 4,69.

101. D'où il ſuit, I. qu'*une fraction décimale eſt plus grande qu'une autre, ſi ſes premiers chiffres ſont préciſément les mêmes que tous ceux de cette autre, & ſi elle a outre cela quelques autres chiffres qui ne ſoient pas tous des zero.*

102. II. Que *lorſqu'on a une fraction décimale compoſée de pluſieurs chiffres, on en peut retrancher quelques-uns ſur la droite, ſans beaucoup diminuer la valeur de la fraction* : par exemple, le réſultat d'un calcul donnant 2,4546 toiſes, ſi je retranche le dernier chiffre, en n'écrivant que 2,454, je diminue la valeur de la fraction de $\frac{6}{10000}$ d'une toiſe, ce qui vaut environ une demi-ligne; ſi j'en retranche les deux derniers, en n'écrivant que 2,45, je diminue la valeur de la fraction de $\frac{46}{10000}$ d'une toiſe, ce qui vaut environ 4 lignes.

103. III. Qu'*il ne faut employer beaucoup de chiffres dans le calcul des décimales*, comme, par exemple, cinq ou ſix, *que lorſqu'on a beſoin d'une grande préciſion; mais qu'il ſuffit ordinairement d'en employer un ou deux, ou tout au plus trois;* car par exemple, ſi l'on ne payoit que 3 livres la toiſe d'ou-

vrage, il est clair que la $\frac{6}{10000}$, ou même la $\frac{46}{10000}$ partie d'une toise, seroient de peu de conséquence, puisque la $\frac{46}{10000}$ partie ne vaudroit qu'environ 3 deniers $\frac{1}{3}$, & que par conséquent dans ce cas on peut négliger les deux derniers chiffres de la fraction 2,4546 : mais si on payoit 10000 l. la toise, alors la $\frac{6}{10000}$ vaudroit 6 l. & la $\frac{46}{10000}$ vaudroit 46 l. ce qui pourroit être de conséquence ; donc en ce cas il faut se servir de plusieurs chiffres.

104. Mais en retranchant les derniers chiffres d'une fraction décimale, *il faut ajouter une unité au chiffre qui reste le dernier, lorsque le premier des chiffres qu'on néglige surpasse* 5. Par exemple, si dans la fraction 0,4864 je néglige les deux derniers chiffres, je dois écrire 0,49, & non pas 0,48 ; car 0,49=0,4900 (99) & 0,48=0,4800 : or 0,4900 approche plus de la valeur de 0,4864, que 0,4800 n'en approche ; donc il faut écrire 0,49, & non pas 0,48 : de même ayant à retrancher les deux derniers chiffres de 0,1953, je dois écrire 0,20, & non pas 0,19 ; mais si j'ai, par exemple, 0,455, je peux écrire à mon gré 0,45 ou 0,46.

105. Comme les fractions (62) ne sont souvent que des restes de divisions, lorsque le diviseur n'est pas contenu un nombre exact de fois dans le dividende, si après avoir fait une division on veut avoir au quotient une fraction décimale, au lieu d'une fraction ordinaire, il faut ajouter 0 au reste, & continuer la division par le même diviseur, le nombre qu'on trouvera au quotient sera la premiere décimale ; s'il y a encore un reste, on y ajoutera encore 0, & continuant la division on aura une seconde décimale, & ainsi de suite jusqu'à ce qu'il n'y ait plus de reste, ou qu'on ait suffisamment de décimales.

Par exemple, ayant divisé (66) 147475 par 362, & trouvé le quotient 407 avec le reste 141, j'ajoute 0 à ce reste, & je divise 1410 par 362, j'ai 3 au quotient & un nouveau reste 324, j'y ajoute 0, & divisant 3240 par 362, j'ai au quotient 8 & un reste 344 ; j'y ajoute encore 0, & j'ai au quotient 9, & le reste 182 que je néglige, parce que j'ai trois décimales qui me suffisent. Ainsi le quotient de 147475 divisé par 362, est 407,389.

106. Par la même méthode on réduit une fraction ordinaire en fraction décimale. Par exemple, pour y réduire $\frac{3}{4}$, j'ajoute 0 au numérateur 3, & je divise 30 par 4, le quotient est 7 & le reste 2; j'y ajoute 0, je divise 20 par 4, le quotient est 5 sans reste, d'où je conclus que $\frac{3}{4}=0,75$. Il est évident en effet que 25 étant le quart de 100, les trois quarts sont 75.

107. Il y a un grand nombre de fractions qui ne se peuvent réduire exactement en décimales, quelque nombre de fois qu'on ajoute 0 aux restes successifs des divisions. Cela se reconnoît facilement, ou lorsqu'on parvient a avoir toujours un même reste, ou lorsqu'on voit revenir les mêmes chiffres dans le même ordre. Par exemple si on vouloit reduire $\frac{4}{7}$ en fraction décimale, on trouveroit 0,571428571428571428 &c. sans pouvoir parvenir à n'avoir plus de reste. De même pour réduire $\frac{5}{12}$ en fraction décimale, on trouve 0,416666, &c. Dans ces cas on se contente des deux ou trois premieres décimales, & on neglige le reste. Ainsi on peut supposer $\frac{4}{7}=0,57$. Et $\frac{5}{12}=0,417$.

108. REM. I. Les chiffres qui reviennent dans le même ordre, y reviennent au plus tard au rang exprimé par le dénominateur de la fraction.

109. II. Les fractions qui se réduisent exactement en décimales, sont celles qui étant réduites aux termes les plus simples, ont pour dénominateur ou un multiple de 5, ou un des termes de la progression géométrique double 2, 4, 8, 16, 32, 64, &c.

Des opérations sur les Fractions décimales.

LEs opérations de l'Arithmétique sur les fractions décimales, sont précisément les mêmes que celles qui se font sur les nombres entiers; il y a seulement quelques précautions à prendre, pour placer la virgule qui sépare les nombres entiers des décimales, lorsqu'on a achevé une opération.

110. I. Pour ajouter ensemble ces quantités 4852,791; 4,00745; 2,7; 0,0049, il faut écrire en colomne les nombres entiers suivant leur valeur, & comme à l'ordinaire, ensorte que les virgules soient aussi en colomne; il faut écrire tout de suite leurs fractions, & prendre la somme du tout, comme on voit ici.

4852,791		4852,79100
4,00745	car ces quantités équivalent	4,00745
2,7	à celles-ci.	2,70000
0,0049		0,00490
4859,50335		4859,50335

111. II. La Soustraction se fait en arrangeant les quantités données de la même maniere, & en opérant à l'ordinaire.

57,02	4,8274	6,00435	3,842
48,1	2,0139	0,17	1,004554
8,92	2,8135	5,83435	2,837446

112. III. La Multiplication se fait précisément comme celle des nombres entiers, sans prendre garde d'abord à la position des virgules; mais lorsqu'on a pris la somme de chaque produit pour avoir un produit total, *il faut séparer par une virgule autant de chiffres sur la droite, qu'il y a de décimales dans les fractions, tant du multiplicande que du multiplicateur*; ensorte que si cette somme n'étoit pas exprimée par autant de chiffres qu'il y a de décimales dans le multiplicande & dans le multiplicateur, il faudroit mettre sur la gauche un nombre suffisant de zero: voyez le troisiéme Exemple.

43,7	33,23	2,4542	3,7	21,32
13.	12,134	0,0053	4,12	0,100103
1311	13292	73626	74	6396
437	9969	122710	37	2132
568,1	3323	0,01300726	148	2132
	6646		15,244	2,13419596
	3323			
	403,21282			

Pour rendre une raison de cette Regle, nous prendrons le quatriéme exemple, ou $3,7 = (96)\ 3\frac{7}{10} = (80)\ \frac{37}{10}$. Par les mêmes raisons $4,12 = 4\frac{12}{100} = \frac{412}{100}$; si donc on multiplie (92) $\frac{37}{10}$ par $\frac{412}{100}$, le produit sera $\frac{15244}{1000}$, qui se réduit (84) à $15\frac{244}{1000} =$ (96) 15,244.

113.

113. IV. La Division est aussi la même que celle des nombres entiers ; mais *ayant trouvé le quotient, il en faut séparer par une virgule autant de chiffres sur la droite, qu'il y a plus de décimales dans le dividende que dans le diviseur.* Ainsi dans le premier exemple, où on a divisé 8,445 par 3,22, après avoir trouvé (66) le quotient à l'ordinaire 26, on a séparé par une virgule le dernier chiffre 6, parcequ'il n'y a qu'une décimale de plus dans le dividende, que dans le diviseur.

114. Mais s'il se trouve plus de décimales dans le diviseur que dans le dividende, (voyez Exemple 3) alors il faut ajouter aux décimales du dividende autant de zero qu'on voudra ; ensorte cependant que cela rende le nombre des décimales du dividende un peu plus grand que celui des décimales du diviseur, afin d'en avoir quelques-unes au quotient.

EXEMPLES.

1	2	3
$\frac{8,445}{3,22} = 2,6$	$\frac{9,83542}{0,326} = 30,17$	$\frac{49,1}{20,074} = 2,44$
6 44	978	40 148
2 005	55	89520
1 932	0	80296
73	554	92240
	326	80296
	2282	11944
	2282	
	0	

Car si on multiplie 30,17 par 0,326, on trouvera le produit 9,83542.

Dans le troisiéme Exemple on a ajouté quatre zero au dividende, car si on divise 49,10000 par 20,074, on trouvera le quotient 2,44.

Si on veut encore avoir égard aux restes de ces sortes de divisions, il faut leur ajouter autant de zero qu'on voudra, & les quotients qu'on en tirera, en continuant la division par le même diviseur, feront autant de décimales; ainsi dans le premier Exemple, ajoutant trois zero au reste 73, on aura le quotient 2,6226, avec un autre reste 228, qu'on peut négliger.

Des autres especes de Fractions.

COMME on est obligé d'employer dans les différentes parties des Mathématiques & dans le Commerce diverses sortes de mesures, les parties de ces mesures sont autant d'especes de fractions. Voici les mesures les plus en usage.

115. Le Cercle se divise en 360 parties égales, qu'on appelle *degrés*; le degré se divise en 60 minutes, & chaque minute en 60 secondes; chaque seconde en 60 tierces, &c. de sorte qu'un degré, 10 degrés, 20 degrés, &c. sont $\frac{1}{360}$, $\frac{10}{360}$, $\frac{120}{360}$ d'un cercle; une minute, 15 minutes, &c. sont $\frac{1}{60}$, $\frac{15}{60}$, &c. d'un degré; une seconde, dix secondes, &c. sont $\frac{1}{60}$, $\frac{10}{60}$ d'une minute, &c. ces parties s'expriment ainsi: 1°, 10°, 20°; 1', 15'; 1", 10", &c.

Un cercle est donc de 21600', de 1296000", de 77760000‴, &c. un degré est de 3600", de 216000‴, &c.

Le Tems se divise en jours, chaque jour en 24 parties égales appellées *heures*; chaque heure en 60 minutes, chaque minute en 60 secondes, &c. un espace de tems, par exemple, de 10 heures 17 minutes 44 secondes, est égal à $\frac{10}{24}$ d'un jour, $+\frac{17}{60}$ d'une heure $+\frac{44}{60}$ d'une minute; on l'exprime ainsi, 10^h 17' 44".

Un jour est de 1440', de 86400", de 5184000‴, &c. une heure est de 3600", de 216000 tierces, &c. une minute est de 3600‴, &c.

Les distances se mesurent sur terre en toises; chaque toise a 6 pieds, chaque pied a 12 pouces, chaque pouce a 12 lignes, & chaque ligne a 12 points; de sorte qu'un espace de 4 toises 2 pieds 4 pouces 6 lignes 3 points, se peut exprimer par 4 toises $+\frac{2}{6}$ de toise, $+\frac{4}{12}$ de pied, $+\frac{6}{12}$ de pouce, $+\frac{3}{12}$ de ligne.

Une toise contient 72 pouces, ou 864 lignes, ou 10368

points : un pied eſt de 144 lignes, de 1728 points : un pouce eſt de 144 points, &c.

La Monnoye ſe diviſe chez nous en livres, ſols & deniers ; la livre contient 20 ſols, le ſol 12 deniers ; enſorte qu'une ſomme de 19 l. 15 ſ. 10 d. eſt égale à 19 l. $+ \frac{15}{20}$ de livre, $+ \frac{10}{12}$ de ſol.

Une livre de monnoye eſt donc de 240 deniers.

Les poids s'expriment par des livres ; la livre contient 16 onces, l'once 8 gros, le gros 72 grains. Un poids de 15 livres 4 onces 7 gros 60 grains, eſt donc égal à 15 l. $+ \frac{4}{16}$ de livre $+ \frac{7}{8}$ d'once $+ \frac{60}{72}$ de gros, &c.

Le poids d'une livre eſt de 128 gros, de 9216 grains. Celui d'une once eſt de 576 grains.

116. D'où on peut conclure en général, 1°. que *d'une meſure quelconque les parties qui ont un même nom, ſont des fractions qui ont un même dénominateur.* 2°. *Que ce dénominateur eſt égal au nombre des parties égales que contient la partie ou la meſure qui précéde immédiatement ;* ainſi toutes les onces ſont des fractions dont le dénominateur eſt toujours 16, & eſt égal au nombre des parties que contient la livre qui précéde immédiatement l'once. Tous les pouces ſont des fractions dont le dénominateur eſt 12 ; parce que le pied qui eſt la meſure qui précéde immédiatement le pouce, eſt diviſé en 12 parties égales ; il en eſt ainſi des autres meſures.

117. I. Pour ajouter ces fractions, il les faut diſpoſer en colomnes chacune ſelon leur dénomination, prendre la ſomme de chaque colomne, en allant de droite à gauche ; diviſer cette ſomme par le dénominateur commun, lorſqu'elle eſt plus grande que ce dénominateur ; écrire le reſte de la diviſion au-deſſous de cette colomne, & garder le quotient pour l'ajouter à la colomne ſuivante.

36°	25'	47"
49	33	28
55	31	49
141	31	4

3^j	17^h	42'	16"
9	13	25	33
11	23	17	42
	12	0	0
25	18	25	31

toises.	pieds.	pouces.	lignes.	points.
9	3	11	2	7
100	0	0	0	0
47	5	3	8	0
11	0	10	8	4
168	4	1	6	11

℔	onces.	gros.	grains
10	15	7	70
9	10	4	18
47	3	6	40
	13	0	55
68	11	3	39

livres.	sols.	den.
325	17	4
15	11	6
25	1	8
4	10	0
371	0	6

Cette division n'est autre chose que la quatrieme réduction des fractions (84).

118. Pour soustraire une de ces fractions d'une autre, il faut l'écrire sous celle-ci en colomne, suivant les noms de chaque partie. Il faut faire ensuite la soustraction de chaque colomne à l'ordinaire ; mais il faut remarquer que quand un terme inférieur surpasse son supérieur, il faut ajouter à ce supérieur son dénominateur, puis faire la soustraction, & alors il faut retrancher une unité du nombre supérieur de la colomne qui suit à gauche. Ainsi dans le second Exemple, pour ôter 43 minutes de 19 minutes, j'ajoute 60 minutes à 19 minutes, & j'ôte 43 minutes de la somme 79 minutes; j'écris au-dessous le reste 36 minutes; mais dans la colomne suivante, au lieu de 14 heures je ne compte plus que 13 heures. La raison en est, que retrancher 11 heures 43 minutes de 14 heures 19 minutes, c'est la même chose que d'ôter 11 heures 43 minutes de 13 heures 79 minutes; ceci revient à ce qui a été dit ci-dessus (91). Voici les exemples.

48°	16′	17″
25	3	12
23	13	5

19ʲ	14ʰ	19′	40″
3	11	43	30
16	2	36	10

17^j	11^h	47'	5''
13	18	55	40
3	16	51	25

toises.	pieds.	pouces.	lignes.	points.
100	0	0	0	0
17	4	5	11	8
82	1	6	0	4

	onces.	gros.	grains.
47	10	2	55
12	12	5	12
34	13	5	43

livres.	sols.	deniers.
655	3	4
30	0	0
625	3	4

119. La multiplication & la division de ces sortes de fractions, n'ont guéres lieu dans les Mathématiques.

Ces deux opérations sont longues & d'une nature différente de celle es autres nombres, parce que les parties d'une mesure multipliée ou ivisée sont différentes (94) de celle d'une mesure simple.

Pour les abréger on a inventé pour chacune de ces sortes de fractions, es regles particulieres; qui dépendent des propriétés des nombres, ui en sont les dénominateurs. Voici une méthode générale pour les aire.

120. III. Pour trouver le produit de deux de ces fractions, il faut, °. faire cette regle de trois; comme l'unité est au multiplicande, ainsi : multiplicateur est au produit. 2°. Il faut réduire les termes donnés à eur plus petite espece, c'est-à-dire, il faut réduire tout en deniers, s'il agit de livres, sols & deniers; tout en grains, s'il s'agit de livres, on-es, gros & grains, &c. Les exemples éclairciront ceci.

Pour multiplier 4 l. 7 s. 6 d. par 2 l. 9 s. 7 d. je fais comme 1 l. est 4 l. 7 s. 6 d. ainsi 2 l. 9 s. 7 d. sont au produit cherché. Je réduis tout n deniers; une l. vaut 240 d. & 4 l. 7 s. 6 d. ou 87 s. 6 d. valent 1050 d. e qu'on connoît en multipliant 87 s. par 12 pour avoir 1044 d. qui va-ent 87 s. & en y ajoutant 6 d. Par la même réduction, 2 l. 9 s. 7 d. va-ent 595 d. j'ai donc cette regle de trois à faire 240. 1050 : : 595. x. Je rouve $x = 2603\frac{1}{8}$, je les réduis en livres, sols & deniers, en divisant, ° par 240, j'ai le quotient 10 l. & le reste 203 d. $\frac{1}{8}$. 2°. Je divise $203\frac{1}{8}$ par 2, & j'ai le quotient 16 s. & le reste 11 d. $\frac{1}{8}$. Donc le produit cherché st de 10 l. 16 s. 11 d. $\frac{1}{8}$.

Pour multiplier 2 l. 7 onces 5 gros par 3 l. 7 s. je dis: comme 1 l. est 2 l. 7 onces 5 gros 0 grains; ainsi 3 l. 7 s. 0 d. sont au produit cherché, c'eſt-à-dire, comme 9216 grains ſont à 22824 grains; ainſi 804 deniers, ſont à $1991\frac{5}{32}$ deniers. Le produit eſt donc de 8 l. 5 ſ. 11 d. $\frac{5}{32}$.

121. IV. Pour trouver le quotient de deux de ces fractions, il faut réduire de même tout à la plus petite eſpece, & faire cette regle de trois; (53) comme le diviſeur eſt à l'unité, ainſi le dividende eſt au quotient.

Par exemple, pour diviſer 8° 9' 48" par 3 jours 2h 5' 19", je dis comme 3 jours 2h 5' 19", ou comme 266719" de tems, ſont à 1 jour ou à 86400" de tems, ainſi 8° 9' 48" ou 29388" de degré, ſont à $9519''\frac{215039}{266719}$ qui valent 2° 38' 39", ou preſque 40".

122. REMARQUES. I. Quand on a à opérer ſur des quantités hétérogenes, l'unité qu'on prend doit être hétérogene au produit ou au quotient cherché.

123. II. Quand un des termes donnés homogéne à l'unité qu'on a priſe, ne va pas juſqu'à la plus petite eſpece, il ſuffit de réduire l'unité & ce terme à la derniere eſpece de ce même terme, mais il faut toujours réduire le terme hétérogene à l'unité, à ſa plus petite eſpece. Ainſi dans le ſecond exemple de la multiplication, le terme 2 l. 7 onces 5 gros n'allant pas juſqu'aux grains, il ſuffit de réduire en gros l'unité & les 2 l. 7 onces 5 gros, & de faire comme 128 gros ſont à 317 gros, ainſi 804 d. ſont à $1991\frac{5}{32}$d.

Elémens d'Algébre.

L'ALGEBRE eſt une Arithmétique univerſelle, c'eſt la ſcience de la grandeur en général, comme l'Arithmétique eſt la ſcience des nombres.

Définitions de quelques termes uſités en Algebre.

124. UNE expreſſion Algébrique, ou une quantité Algébrique, eſt une ou pluſieurs grandeurs déſignées par une ou pluſieurs Lettres de l'Alphabeth; ce ſont ordinairement des Lettres minuſcules.

125. Une quantité algébrique peut être *complexe* ou *incomplexe*.

Une quantité incomplexe, eſt celle qui eſt ſeule, c'eſt-à-dire, qui n'eſt ni précédée ni ſuivie de quelqu'autre quantité jointe par le ſigne +, ou ſéparée par le ſigne —, ainſi, *a*, *ab*, *acd*, —*b*, —*aab*, 3*abc*, font des quantités incomplexes.

126. Une quantité complexe, eſt celle qui eſt compoſée de pluſieurs quantités jointes ou ſéparées par ces ſignes + ou —. Par exemple, *a*+*b*, *aa*—*b*+*cdd*, &c. font des quantités complexes.

127. Une quantité incomplexe s'appelle un *Monome*. Une quantité complexe s'appelle un *Polynome*; elle s'appelle *Binome*, *Trinome*, *Quadrinome*, &c. ſuivant le nombre de ſes termes.

128. On appelle *termes* les parties compriſes entre les ſignes d'un Polynome: & on appelle *terme poſitif* celui qui eſt précédé du ſigne +, & *terme négatif* celui qui eſt précédé du ſigne —; ainſi la quantité +*a*—*b*+*c*—*dd* eſt un quadrinome dont deux termes ſont poſitifs, ſçavoir, +*a*, & +*c*; & deux ſont négatifs, —*b*, & —*dd*.

129. Le premier terme d'une quantité complexe, ou le terme d'une quantité incomplexe, n'étant précédé d'aucun ſigne, eſt cenſé poſitif, ainſi *a*+*b* ſont deux termes poſitifs: c'eſt la même choſe que +*a*+*b*.

130. Un chiffre qui précéde un terme quelconque, par exemple, 3 dans cette quantité 3*abc*, s'appelle *le coefficient* de ce terme, & ſignifie que le terme *abc* eſt répété trois fois, ou multiplié par 3. La quantité *ab*—3*cc*+2*dd* a deux coefficients, ſçavoir, 3 & 2; —3*cc* ſignifie que le ſecond terme —*cc* eſt multiplié par 3, & +2*dd* ſignifie que le troiſiéme terme +*dd* eſt double ou multiplié par 2.

131. *Un terme qui n'eſt précédé d'aucun coefficient, eſt ſuppoſé avoir l'unité pour coefficient*; par exemple, *aa*=1*aa*.

132. Un chiffre mis au-deſſus d'une lettre, comme 3 dans cette expreſſion a^3, s'appelle un *Expoſant*, il ſignifie que cette lettre devroit être écrite autant de fois de ſuite que cet expoſant contient d'unités. Ainſi a^3 eſt mis au lieu de *aaa*, de même $a^4 b^3 c^2$ eſt mis pour *aaaabbbcc*.

Une lettre qui n'a pas d'expoſant, eſt ſuppoſée avoir l'unité pour expoſant. Par exemple, *ab* eſt la même choſe que $a^1 b^1$; de même a^3bcc eſt la même choſe que $a^3 b^1 c^2$.

La différence qu'il y a entre un exposant & un coefficient est sensible; $4a$ est mis pour $a+a+a+a$, mais a^4 est mis pour $aaaa$.

133. Les termes d'une quantité complexe formés précisément des mêmes lettres, s'appellent *termes semblables*, de quelques coefficients & de quelques signes qu'ils soient précédés. Par exemple, la quantité $2ab+bd-2bd+bdd$ a deux termes semblables, sçavoir, $+bd$, & $-2bd$.

Des Opérations Algébriques.

LES opérations Algébriques sont, la Réduction, l'Addition, la Soustraction, la Multiplication, & la Division.

De la Réduction.

134. LA Réduction est l'art d'arranger les termes des quantités Algébriques, & de les exprimer le plus simplement qu'il est possible, ce qu'il faut toujours faire après quelque opération.

135. I. REGLE. *Il faut que les termes & les lettres de chaque terme gardent, autant qu'il est possible, l'ordre alphabétique*; ainsi la quantité complexe $ab+c-b+cd+db-cba$ doit être arrangée de cette sorte, $ab-abc-b+bd+c+de$.

136. II. REGLE. *Quand il y a plusieurs termes semblables dans une expression, il faut les réduire à un seul terme, ou les effacer s'ils se détruisent.* Cette Regle renferme trois cas.

I. *Tous les termes semblables précédés du même signe se réduisent à un seul précédé aussi du même signe & d'un coefficient égal à la somme des coefficients de tous ces termes.* Ainsi au lieu de $ab+ab-cd$, on écrira $2ab-cd$. Au lieu de $aa+2ac+3ac$, on écrira $aa+5ac$; au lieu de $bb-3bc-bc+bd$, on écrira $bb-4bc+bd$.

137. II. *Quand des termes semblables sont précédés de différens signes, alors il faut soustraire le plus petit coefficient du plus grand, & écrire la différence avec le même signe du plus*

grand coefficient. Par exemple, la quantité $3ab+2abb-ab$ se réduit à $2ab+2abb$. La quantité $7bb-3bb+8bb-18bb$ se réduit à $-6bb$. La quantité $ab+4ad-add+2ad+3add-4ad$ se réduit à celle-ci, $ab+2ad+2add$; de même on réduira la quantité $bd-2bd+bdd-3bdd$ à celle-ci $-bd-2bdd$.

138. III. *Quand des termes semblables précédés de signes contraires, ont des coefficients égaux, on efface entierement ces termes;* ainsi la quantité $aa+2ab-2ab+bb$, se réduit à celle-ci $aa+bb$. De même $bd-bdf+2bd+2bdf-3bd$ devient seulement bdf.

De l'Addition.

139. *POUR ajouter les quantités Algébriques, on les écrit toutes de suite avec leurs mêmes signes, & on fait ensuite les réductions nécessaires.*

Ainsi pour ajouter ab à bc, on écrit $ab+bc$.

La somme de $ab+c$, & de $b-c$, est $ab+c+b-c$, & en réduisant (138) $ab+b$.

La somme de $-b$, & de a, est $a-b$.

Pour ajouter $ab-ad+3bd$ à $ad-bd$, & à $ab-ad+dd$, on écrit $ab-ad+3bd+ad-bd+ab-ad+dd$, ce qui se réduit à $2ab-ad+2bd+dd$.

De la Soustraction.

140. *LA Soustraction se fait en écrivant à la suite de la quantité donnée, celle qu'on veut soustraire, après en avoir changé les signes + en —, & les signes — en +.*

Par exemple, pour ôter b de a, écrivez $a-b$.

Pour ôter $b-c$ de $a+c$, on écrit $a+c-b+c$, & en réduisant (136) $a-b+2c$.

Pour ôter $ab-bc+dd$ de $ab+abb-dd$, il faut écrire $ab+abb-dd-ab+bc-dd$, & en réduisant, la différence est $abb+bc-2dd$.

141. C'est par une compensation nécessaire, qu'on change — en + dans la quantité qu'on soustrait. Quand pour retrancher $b-d$ de a, on écrit d'abord $a-b$, on retranche trop; car b n'est pas une quantité entiere, mais diminuée de la quantité d, on ôte trop de toute la quantité d; afin donc que la soustraction soit exacte, il faut ajouter à la différence ce qu'on en a ôté de trop; c'est-à-dire, que à $a-b$ il faut ajouter d, & écrire $a-b+d$.

On peut se convaincre plus aisément de cette verité dans les nombres: Si je veux retrancher $5-3$ de 6, suivant cette Regle je dois écrire $6-5+3$, & en réduisant, la différence est 4, ce qui est évident; car si j'écrivois $6-5-3$, je retrancherois 8 de 6, ce qui n'est pas ce qu'on se propose de faire; car $5-3$ étant $=2$, il ne faut retrancher de 6 que 2.

De la Multiplication.

142. POUR multiplier deux termes Algébriques, il faut opérer sur quatre choses; sur les signes, sur les coefficients, sur les lettres, & sur les exposans.

La Regle des Signes est, que le produit des mêmes signes est positif, & le produit des signes différens est négatif : ainsi $+\times+=+$, $+\times-=-$, $-\times+=-$, & $-\times-=+$.

La Regle des Coefficients est de les multiplier l'un par l'autre.

La Regle des Lettres est de les écrire toutes de suite par ordre alphabétique, sans mettre de signe entre elles.

La Regle des Exposans est que si on a à multiplier une lettre qui ait un Exposant par la même lettre qui en ait aussi, il ne faut écrire au produit cette lettre qu'une seule fois, mais avec un exposant égal à la somme des deux exposans.

EXEMPLES. Pour multiplier $4b^2c$ par $-3dd$, je dis $+\times-=-$, $4\times3=12$, $b^2c\times dd=b^2cdd$. Donc le produit est $-12b^2cdd$.

Pour multiplier $-3bb$ par $-b^3$, je dis $-\times-=+$, $3\times1=3$, (car tout terme qui n'a pas de coefficient exprimé, en a un sous-entendu qui est 1,) $bb \times b^3$ ou $b^2 \times b^3 = b^5$; donc le produit est $+3b^5$, ou simplement $3b^5$.

On trouvera de même que........

$a \times b = ab$.

$-bc^3 \times 3b^3d = -3b^4c^3d$.

$3aac \times -2bc = -6a^2bc^2$.

$a^3 \times a^4 = a^7$. Car $a^3 = aaa$, & $a^4 = aaaa$; donc $a^3 \times a^4 = aaa \times aaaa = aaaaaaa = a^7$. Ce qui démontre la Regle des exposans.

$abc \times 3a^2b^3cd = 3a^3b^4ccd$.

$4a^3b^5 \times -7a^2b^3cd^4 = -28a^5b^8cd^4$.

143. *La multiplication des Polynomes se fait*, comme dans l'Arithmétique ordinaire, *en faisant des produits partiaux de chaque terme*, suivant les regles prescrites ci-dessus (142), *& en prenant la somme de ces produits, pour le produit total.* Toute la différence qu'il y a entre la Multiplication des nombres & celle des Polynomes, c'est que dans celle-ci il n'est pas nécessaire de suivre l'ordre des termes, il suffit qu'on ait la somme des produits de chaque terme du multiplicande par chaque terme du multiplicateur.

Par exemple, pour multiplier $a+3c-d$ par $2a-d$, je dispose ces termes comme dans l'Arithmétique (47), je multiplie d'abord a par $2a$, le produit est $2aa$, ensuite $+3c$ par $2a$, le produit est $+6ac$; puis $-d$ par $2a$, le produit est $-2ad$. Je passe au second terme du multiplicateur, & je multiplie a par $-d$, le produit est $-ad$; je multiplie $+3c$ par $-d$, le produit en est $-3cd$; enfin je multiplie $-d$ par $-d$, le produit est $+dd$; j'ajoute tous ces produits ensemble, & ayant fait la réduction, j'ai le produit total $= 2aa+6ac-3ad-3cd+dd$.

$$\begin{array}{rl} & a+3c-d \\ & 2a-d \\ \hline & 2aa+6ac-2ad \\ & -ad-3cd+dd \\ \hline \text{Red.} & 2aa+6ac-3ad-3cd+dd \end{array}$$

Autres exemples.

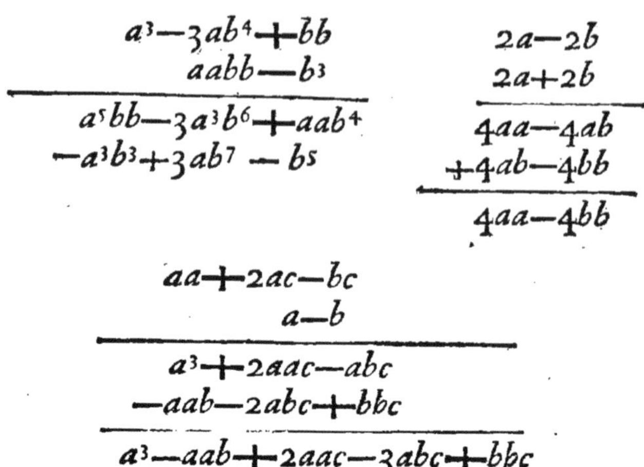

144. REM. I. Il arrive ſouvent que pour éviter la confuſion des lettres dans la multiplication des termes complexes, on ſe contente d'écrire le ſigne × entre le multiplicande & le multiplicateur, qu'on couvre chacun d'un trait. Par exemple, pour exprimer le produit de $a+3c-dd$ par $bb-6dd$, on écrit $\overline{a+3c-dd}\times\overline{bb-6dd}$. D'autres les écrivent ſans les joindre par le ſigne ×, mais renfermés entre deux paranthèſes, de cette ſorte $(a+3c-dd)$ $(bb-6dd.)$ D'autres enfin ſe ſervent d'autres expreſſions qu'on apprendra par l'uſage.

145. II. *Démonſtration de la Regle des ſignes.* Il faut démontrer pourquoi $+\times-=-$, & pourquoi $-\times-=+$.

1°. Quand pour multiplier a par $b-c$, on écrit d'abord le produit de a par b qui eſt ab, il eſt clair que ce produit eſt trop grand; car b n'eſt pas une quantité entiere, mais elle eſt diminuée de la quantité c. Donc la quantité c entre autant de fois de trop dans le produit ab, que la quantité b y entre de fois. Or a exprime combien de fois b entre dans le produit ab, donc il en faut retrancher c autant de fois que a contient d'unités, ou ce qui eſt le même, il en faut retrancher $c\times a$ ou ac. Donc le produit de a par $b-c$ eſt $ab-ac$.

Par les nombres. Quand pour multiplier 5 par 6—4, on dit d'abord 5×6=30, ce produit 30 eſt trop grand; car 6—4 ne vaut que 2, & il eſt trop grand, parce qu'on y a fait entrer 5 fois le nombre 4 qui eſt retranché de 6; pour avoir un produit juſte, il faut donc de 30 ôter 5 fois 4, c'eſt-à-dire 20, & le reste 10 est le vrai produit ; donc pour écrire le produit de 5 par 6—4, il faut mettre 30—20.

2°. Quand on multiplie $a-b$ par $c-d$, il est constant que le premier produit de cette multiplication, sçavoir $ac-bc$, est trop grand, parce que c est diminué de la quantité d ; il faut donc de ce produit $ac-bc$, ôter autant de fois d, que c y entre de fois : or $a-b$ marque combien de fois c est entré dans le produit $ac-bc$; donc il faut en ôter d multiplié par $a-b$; c'est-à-dire, il faut ôter $ad-bd$ de $ac-bc$: or (140) pour ôter $ad-bd$ de $ac-bc$, il faut écrire $ac-bc-ad+bd$; donc dans la multiplication de $a-b$ par $c-d$, le produit de $-b$ par $-d$, doit par compensation, être $+bd$.

Si à la place de a, b, c, d, on met des nombres, comme 6, 4, 7, 3, on fera la même démonstration sur ces nombres.

De la Division.

146. *La division Algébrique se fait en général en mettant le dividende au-dessus du diviseur, & en les séparant par un trait.* Ainsi l'expression $\frac{a-bb+cc}{3ac+dd}$ représente le quotient de $a-bb+cc$ divisé par $3ac+dd$. D'où l'on voit que de diviser deux expressions algébriques, n'est autre chose que de les mettre en fraction ordinaire.

On peut cependant, comme dans la multiplication, réduire la Regle générale de la division de deux termes algébriques quelconques, à quatre Regles particulieres.

I. La Regle des signes est, que *le quotient de deux termes qui ont un même signe est positif* : & que *le quotient de deux termes qui ont différens signes, est négatif.*

II. La Regle des coefficiens est, que *si on peut les diviser sans reste l'un par l'autre, il faut les effacer tous deux, & mettre leur quotient à la place du plus grand coefficient ; s'ils ne sont pas divisibles sans reste, il faut les laisser en fraction tels qu'ils sont ; qu'enfin s'ils sont égaux, il faut les effacer.*

III. La Regle des lettres est, *d'écrire celles du dividende au-dessus de celles du diviseur, en les séparant par un trait.*

IV. La Regle des exposans est, *quand une même lettre se trouve avec des exposans différens dans le dividende & dans le diviseur, on l'efface dans le terme où elle a l'exposant le plus petit, ou bien si elle y est seule, on met 1 à sa place, & dans l'autre terme on ne lui laisse pour exposant que la différence de ces exposans : de sorte que si ces exposans étoient égaux, on effaceroit entiérement ces lettres dans chaque terme, ou bien on mettroit 1 à leur place, s'il n'y avoit pas d'autres lettres dans ces termes.*

Cette Regle a lieu quand même la lettre n'auroit pas d'exposant, puisqu'alors on peut supposer (132) que son exposant est 1.

EXEMPLES. Pour diviser $4ac^3de^5$ par $-2bd^3e^3f$, je dis $\frac{+}{-} = -$, $\frac{4}{2} = 2$, j'écris ensuite $\frac{ac^3de^5}{bd^3e^3f}$, & je vois que selon la Regle des exposans, je dois effacer d dans le dividende, & laisser d^2 dans le diviseur, puis effacer e^3 dans le diviseur, & laisser e^2 dans le dividende ; de sorte que le résultat ou quotient est $-2\frac{ac^3e^2}{bd^2f}$ ou $-\frac{2ac^3ee}{bddf}$.

Pour diviser $3a^3$ par $-12a^4b^3$, je dis $\frac{+}{-} = -$, $\frac{12}{3} = 4$, j'efface 3 dans le dividende, & je mets 4 à la place de 12 dans le diviseur, j'écris $\frac{a^3}{4a^4b^3}$, & je vois que selon la Regle des exposans il faut mettre 1 dans le dividende à la place de a^3, & laisser a^1 ou a seulement dans le diviseur. Ainsi le quotient est $-\frac{1}{4ab^3}$. On trouvera de même que $\frac{3abc}{3abc} = \frac{1}{1} = 1$; que $\frac{-4bd}{2bd} = -\frac{2}{1} = -2$; que $\frac{3aab}{5ac} = \frac{3ab}{5c}$; que $\frac{-12abd}{3a} = -\frac{4bd}{1} = -4bd$; que $\frac{4a^3bbd}{4abd} = \frac{aab}{1} = aab$; &c.

147. La Regle des coefficiens & celle des exposans ne sont que les réductions des fractions aux expressions les plus simples ; celle des exposans est fondée sur ce que quand une même quantité se trouve dans le dividende & dans le diviseur, leur quotient est 1 (76), ou si l'on veut, il peut se réduire

à $\frac{1}{1}$. Ainſi $\frac{a^3}{a^5}$ étant la même choſe que $\frac{aaa}{aaa \times aa}$, il eſt évident (76) que $\frac{aaa}{aaa} = 1$ ou $\frac{1}{1}$, on peut donc écrire $\frac{1}{1 \times aa}$ ou ſimplement $\frac{1}{aa}$ ou $\frac{1}{a^2}$, d'où l'on voit que cette réduction exige qu'on ne laiſſe que la différence des expoſans à la lettre dont l'expoſant eſt le plus grand, & qu'on ſubſtitue 1 à celle dont l'expoſant eſt le plus petit.

148. Ces Regles ou réductions ſe peuvent appliquer aux fractions des Polynomes, lorſqu'il ſe trouve une ou pluſieurs mêmes quantités dans tous les termes tant du dividende que du diviſeur. Ainſi $\frac{ax - 2abx}{ax + axx}$ ſe réduit à $\frac{1 - 2b}{1 + x}$, en effaçant ax dans tous les termes, & mettant 1 à ſa place dans ceux où il ſe trouve ſeul. De même $\frac{3xx}{3axx + 3bbxx}$ ſe réduit à $\frac{1}{a + bb}$. Cette expreſſion $\frac{4a^2xx + 3a^3bbx}{aax - aabx}$ ſe réduit à $\frac{4x + 3abb}{1 - b}$. Celle-ci $\frac{4abxx - 2ab}{2aabb + 4abb}$ ſe réduit à $\frac{2xx - 1}{ab + 2b}$.

149. On diviſe auſſi les Polynomes préciſément comme dans l'Arithmétique ordinaire, & quoiqu'il arrive rarement que cette diviſion ſe puiſſe faire, il faut cependant l'eſſayer avant que de ſe contenter de faire ſeulement quelques-unes des réductions précédentes. L'uſage apprendra à connoître facilement quand eſt-ce qu'un Polynome ſe peut diviſer exactement par un autre. En voici un exemple.

On veut ſçavoir ſi on ne pourroit pas diviſer $aa + ab + ac + bc$ par $a + c$; j'arrange le tout à l'ordinaire, & d'abord je dis aa, premier terme du dividende, diviſé par a, premier terme du diviſeur, a pour quotient a; car (146) $\frac{aa}{a} = a$. je poſe a au quotient : je multiplie le diviſeur $a + c$ par le quotient trouvé a ; & je retranche du dividende le produit

$$\frac{aa + ab + ac + bc}{a + c} = a + b$$

$$\begin{array}{ll} & \underline{aa + ac} \\ \text{reſt.} & \underline{ab + bc} \\ & \underline{ab + bc} \\ \text{reſte} & \quad 0 \end{array}$$

$aa+ac$, la réduction étant faite, reſte $ab+bc$; je dis donc $\frac{+}{+}=+$, enſuite $\frac{ab}{a}=b$, je poſe $+b$ au quotient, je multiplie le diviſeur par $+b$, & j'ôte le produit $ab+bc$ du reſte; la réduction faite, il ne reſte plus rien, ce qui marque que le quotient cherché eſt $a+b$.

De la compoſition & de la décompoſition des quantités.

150. UNE quantité quelconque peut être conſidérée, 1° ou comme exprimant ſimplement la valeur de quelque choſe ſeule; 2°. ou comme la ſomme ou le produit de pluſieurs autres quantités, 3°. ou comme la différence ou le quotient de pluſieurs quantités: ainſi 12 peut être conſidéré ou comme ſignifiant ſimplement 12 choſes, ou comme la ſomme de $3+9$ ou $2+10$ ou $4+8$, &c. ou bien comme le produit de 3×4 ou de 2×6 &c. ou bien comme la différence de 15 à 3 ou de 17 à 5, &c. ou comme le quotient de $\frac{36}{3}$ ou de $\frac{24}{2}$, &c.

Le principal objet des Mathématiques, eſt de comparer les quantités entr'elles, de les compoſer, & de les décompoſer.

Nous parlerons dans la ſuite de la comparaiſon des quantités.

151. Il eſt ordinairement facile de compoſer une quantité de pluſieurs autres, parce que cela ſe fait par l'addition ou par la multiplication, qui ſont deux opérations toujours ſuſceptibles d'exactitude dans leurs réſultats; mais il eſt difficile & ſouvent impoſſible de décompoſer une quantité, ſur-tout lorſqu'on veut l'évaluer en nombres entiers, parce que cela ſe fait principalement par la diviſion, qui donne très-rarement des quotients ſans reſte.

152. Une quantité quelconque a, qu'on regarde comme ſimple & non compoſée, s'appelle une quantité *du premier dégré*, ou qui eſt à ſa *premiere puiſſance*. Mais ſi on multiplie cette quantité par elle-même une fois, deux fois, trois fois, &c. ſon produit devient une quantité du ſecond, troiſiéme, quatriéme,

quatriéme, &c. dégré ; ou bien, on dit qu'elle est élevée à la seconde, troisiéme, quatriéme, &c. puissance. En général le produit devient une quantité d'un dégré ou d'une puissance exprimée par l'exposant, qui résulte de cette multiplication. Ainsi aa ou a^2 considéré comme produit de $a \times a$, s'appelle le second dégré ou la seconde puissance de a. De même a^4 consideré comme le produit de $a \times a \times a \times a$, est la quatriéme puissance de a.

153. La quantité simple, ou censée simple, qu'on a élevée à une puissance, s'appelle *la racine* de cette puissance. Par exemple, a est la racine troisiéme de a^3, la racine septiéme de a^7, &c. De même le nombre 20736 étant la quatriéme puissance de 12, la racine quatriéme de 20736 est 12.

154. Par une analogie aux dimensions des corps, la seconde puissance d'une quantité comme b^2, s'appelle le *quarré* de b ; la troisiéme puissance b^3, s'appelle *le cube* de b ; autrefois b^4 s'appelloit le *quarré-quarré* de b ; b^5, *le quarré-cube*, b^6, *le cube-cube*, &c. réciproquement b s'appelle la racine quarrée de bb ou de b^2, la racine cubique de b^3, la racine quarrée-quarrée de b^4, &c.

155. La composition & la décomposition des quantités, se réduisent à ces quatre choses. 1°. A former une seule quantité de plusieurs autres : c'est la pratique de l'addition & de la multiplication. 2°. A trouver toutes les quantités dont une quantité donnée est le multiple, ou ce qui revient au même, à trouver tous les diviseurs qui peuvent diviser exactement & sans reste, une quantité donnée. 3°. A élever une quantité quelconque à une puissance donnée. 4°. A extraire une racine quelconque d'une quantité donnée, & qu'on regarde comme puissance de cette racine.

Pour trouver tous les diviseurs d'une quantité donnée.

156. I. Si la quantité donnée est un nombre, il faut essayer de la diviser successivement par tous les nombres premiers, &c. jusqu'à ce qu'on trouve un quotient juste ; il faut ensuite essayer de diviser ce premier quotient encore par quelques-uns des nombres premiers, jusqu'à ce qu'on trouve un second quotient juste, qu'on tâchera de diviser par les mêmes nombres, jusqu'à ce qu'enfin on trouve un quotient qui

soit l'unité, c'est-à-dire, jusqu'à ce qu'on ne trouve plus d'autre diviseur plus petit que le dernier quotient. Ayant écrit tous les diviseurs dont on se sera servi, on les multipliera deux à deux, puis trois à trois, puis quatre à quatre, &c. & les produits seront, avec ces diviseurs, tous les diviseurs du nombre proposé.

EXEMPLE. On demande tous les diviseurs du nombre 630. Je le divise par 2, le premier quotient est 315; que je ne puis plus diviser par 2, mais par 3, le second quotient est 105; je le puis encore diviser par 3, le troisiéme quotient est 35; je ne puis le diviser par 2 ni par 3, mais par 5, le quatriéme quotient est 7. Je ne puis diviser ce quatriéme quotient par 2, 3, 5, mais seulement par 7, & le dernier quotient est 1. Les diviseurs dont je me suis servi sont donc 2, 3, 3, 5, 7. Je les multiplie deux à deux, $2\times3=6$, $2\times5=10$, $2\times7=14$; $3\times3=9$, $3\times5=15$, $3\times7=21$; $5\times7=35$. Ensuite trois à trois $2\times3\times3=18$, $2\times3\times5=30$, $2\times3\times7=42$, $2\times5\times7=70$; $3\times3\times5=45$, $3\times3\times7=63$, $3\times5\times7=105$. Ensuite quatre à quatre $2\times3\times3\times5=90$, $2\times3\times3\times7=126$, $2\times3\times5\times7=210$; $3\times3\times5\times7=315$. Enfin cinq à cinq, $2\times3\times3\times5\times7=630$. Tous les diviseurs sont donc 1, 2, 3, 5, 6, 7, 9, 10, 14, 15, 18, 21, 30, 35, 42, 45, 63, 70, 90, 105, 126, 210, 315, 630.

La raison en est simple. Puisque le nombre proposé est égal au produit des cinq diviseurs $2\times3\times3\times5\times7$, il est clair que dans ce nombre sont renfermés tous les produits possibles de deux, trois ou quatre, &c. de ces diviseurs.

II. C'est la même chose pour les quantités algébriques. On demande, par exemple, tous les diviseurs de $bbdd+b^3d$. Je divise d'abord par b, & j'ai le premier quotient $bdd+bbd$, je le divise encore par b, & j'ai le second quotient $dd+bd$, je le divise par $b+d$, & j'ai le troisiéme quotient d, je le divise par d, & j'ai 1 pour le dernier quotient. Les diviseurs dont je me suis servi sont donc b, b, $b+d$, d, je les multiplie deux à deux, & j'ai bb, $bb+bd$, bd, $bd+dd$; puis trois à trois, & j'ai b^3+bbd, $bbd+bdd$, bbd, enfin quatre à quatre, & j'ai $b^3d+bbdd$. Donc tous les diviseurs cherchés sont 1, b, $b+d$, d, bb, bbd, bd, $bb+bd$, $bd+dd$, b^3+bbd, $bbd+bdd$, $b^3d+bbdd$.

Des Puissances & des Racines.

157. LES puissances sont désignées par leurs exposans, sur-tout dans les expressions algébriques, mais les racines se désignent par le signe radical $\sqrt{}$, entre les jambes duquel on écrit l'exposant de la racine lorsque cet exposant surpasse 2 : car on est convenu que le signe radical seul désigneroit la racine quarrée. Ainsi $\sqrt{a}$, $\sqrt[3]{a}$, $\sqrt[5]{a}$, &c. expriment la racine quarrée de a, sa racine cubique, sa racine cinquiéme, &c.

Pour élever des Quantités à des puissances données.

158. PUISQUE la premiere puissance de a est a ou a^1, ou a qui n'est pas multiplié, que la seconde puissance est a^2 ou $a \times a$, que la troisiéme puissance est a^3 ou $a \times a \times a$, que la quatriéme est a^4 ou $a \times a \times a \times a$, &c. on en peut tirer cette Regle générale.

159. *Pour élever une quantité à une puissance donnée, il faut la multiplier par elle-même autant de fois moins une, que l'exposant de la puissance contient d'unités.* Ainsi pour élever 9 à la troisiéme puissance, il le faut multiplier deux fois par lui-même, en disant $9 \times 9 = 81$, $81 \times 9 = 729$.

Mais parce que dans les quantités algébriques il suffit ordinairement d'indiquer ces puissances, sans faire de multiplications actuelles, il faut s'y prendre de la maniere suivante.

160. I°. *Pour élever un monome à une puissance quelconque, il faut mettre l'exposant de cette puissance à toutes ses lettres.* Ainsi la cinquiéme puissance de abc est $a^5b^5c^5$. La puissance m de $\frac{ab}{cd}$ est $\frac{a^mb^m}{c^md^m}$. Le cube de $\frac{2ab}{5fg}$ est $\frac{8a^3b^3}{125f^3g^3}$. Car $\frac{2ab}{5fg} \times \frac{2ab}{5fg} = \frac{4aabb}{25ffgg}$, & $\frac{4aabb}{25ffgg} \times \frac{2ab}{5fg} = \frac{8a^3b^3}{125f^3g^3}$.

161. II°. *S'il se trouve dans la quantité donnée des lettres qui ayent déja des exposans, il faut les multiplier par l'exposant de la puissance à laquelle on veut élever cette quantité.* Ainsi pour élever a^3b^2 à la quatriéme puissance, il faut mettre $a3 \times 4\ b2 \times 4 = a^{12}b^8$. Car $a^3b^2 \times a^3b^2 \times a^3b^2 \times a^3b^2 = a^{12}b^8$. En général la puissance m de $\frac{a^3b^n}{cd^q}$ est $\frac{a^{3m}b^{mn}}{c^md^{mq}}$.

162. III°. Pour indiquer qu'un polynome est élevé à une puissance quelconque, on le couvre d'un trait, au bout duquel on écrit l'exposant. Ainsi cette expression $\overline{aa-bc}^m$ désigne la puissance m du binome $aa-bc$. D'autres l'écrivent ainsi, $(aa-bc)^m$.

Il est cependant nécessaire d'examiner la nature des puissances des polynomes, & sur-tout de leurs quarrés & de leurs cubes.

163. Si donc on éleve au quarré la quantité $a+b$ ou $-a-b$, on trouve $aa+2ab+bb$; & si on y éleve $a-b$ ou $-a+b$, on trouve $aa-2ab+bb$. D'où il suit que *le quarré d'un binome, est composé du quarré du premier terme, du quarré du second terme, & du produit du double du premier terme par le second terme.* Et que si les deux termes ont le même signe, toutes les parties du quarré sont positives ; & si les deux termes ont des signes différens, le produit du double du premier par le second, est négatif.

164. 2°. En élevant un binome quelconque au cube, par exemple, $a+b$, on trouvera $a^3+3aab+3abb+b^3$. Ce qui fait voir que *le cube d'un Binome quelconque, est composé des cubes de ses deux termes, & des produits de trois fois le quarré de chaque terme par l'autre.*

Enfin en élevant de même un Polynome à toutes ses puissances successives, on remarquera facilement de quoi chacune est composée.

Des différentes expressions des puissances & des Racines.

165. ON conçoit facilement qu'une quantité comme a est élevée à autant de ses puissances successives, qu'on ajoute d'unités à son exposant. Ainsi a^1 étant la premiere puissance, a^{1+1} ou a^2 est la seconde, a^{2+1} ou a^3 est la troisieme ; a^{3+1} ou a^4 est la quatriéme, &c. En généralisant cette idée, on voit qu'*une quantité peut avoir autant de puissances possibles, qu'il y a d'exposans possibles, c'est-à-dire, de nombres possibles, soit entiers, soit rompus, soit positifs, soit negatifs.* Et quoiqu'on n'ait d'abord d'idée claire que des puissances dont l'exposant est un nombre entier positif, comme de la puissance a^m, cependant on voit qu'on peut imaginer $a^{\frac{m}{n}}$, a^{-m}, $a^{-\frac{m}{n}}$, & même a^0, ce qui doit former autant de différentes especes de puissances, dont on peut connoître la nature en les rappellant à l'expression a^m.

166. I°. Pour réduire a^0 à l'expression a^m, je vois facilement qu'il faut multiplier a^0 par a^m ; car le produit est (142) $a^{0+m}=a^m$. Donc a^0 est un multiplicateur qui n'augmente ni diminue, ce qui ne convient qu'à l'unité. Donc $a^0=1$. Autrement ; $a^0=a^{m-m}$, or (146) $a^{m-m}=\frac{a^m}{a^m}=1$. Donc $a^0=1$. Donc en général *une quantité quelconque élevée à la puissance zero, n'est autre chose que l'unité.*

167 II°. Pour réduire $a^{\frac{m}{n}}$ à l'expression a^m, je vois qu'il faut élever

l'expression $a^{\frac{m}{n}}$ à la puissance n, ce qui se fait (161) en multipliant l'exposant $\frac{m}{n}$ par n, car alors j'ai $a^{\frac{m \times n}{n}} = a^{\frac{mn}{n}} = a^m$. Donc a^m est la puissance n de $a^{\frac{m}{n}}$, donc $a^{\frac{m}{n}}$ est la racine n de a^m, ou $a^{\frac{m}{n}} = \sqrt[n]{a^m}$. Donc en général *une quantité quelconque élevée à une puissance fractionnaire, n'est autre chose que la racine d'une puissance dont l'exposant est le numérateur de la fraction, & le dénominateur est l'exposant de la racine.* Ainsi $a^{\frac{1}{2}} = \sqrt{a}$, & $a^{\frac{2}{3}} = \sqrt[3]{aa}$, &c.

168. III°. Pour réduire a^{-m} à l'expression a^m, je vois qu'il faut multiplier a^{-m} par a^{2m}, car alors on a $a^{2m-m} = a^m$. Donc (56) $\frac{a^m}{a^{2m}} = a^{-m}$. Or $\frac{a^m}{a^{2m}} = \frac{1}{a^m}$ (146). Donc $a^{-m} = \frac{1}{a^m}$.

Donc en général *une quantité élevée à une puissance dont l'exposant est un nombre entier négatif; n'est autre chose que l'unité divisée par la puissance positive de cette quantité.* Ainsi $a^{-2} = \frac{1}{aa}$, $ab^{-5} = \frac{a}{b^5}$, &c.

169. IV°. Enfin on voit de là que $a^{-\frac{m}{n}} = \frac{1}{a^{\frac{m}{n}}} = \frac{1}{\sqrt[n]{a^m}}$.

170. COROLL. I. Il est facile de convertir des expressions de racines (on appelle ces expressions *des radicaux*) en expressions de puissances, ou même en d'autres expressions radicales équivalentes : par exemple, on voit aisément que $\sqrt[\frac{2}{3}]{\frac{a}{b}}$ est la même chose que $\frac{a^{\frac{3}{2}}}{b^{\frac{3}{2}}}$, ou bien que $\sqrt{\frac{a^3}{b^3}}$, &c.

171. COROLL. II. On peut operer sur des expressions de puissances & de racines, de même que sur des nombres entiers & sur des fractions.

172. Par le terme simple de *puissance*, nous entendrons toujours dans la suite celle dont l'exposant est un nombre entier positif : par celui de *puissance négative*, celle dont l'exposant est un nombre entier négatif ; par celui de *puissance fractionnaire*, celle dont l'exposant est une fraction dont la valeur est positive ; & par celui de *puissance fractionnaire négative*, celle dont l'exposant est une fraction dont la valeur est négative. Par celui de *puissance parfaite*, celle dont la racine peut etre exprimée par un nombre entier ou rompu, positif ou négatif ; & par celui de *puissance imparfaite*, celle dont la racine ne peut être exprimée exactement par aucun nombre assignable : on verra dans la suite que la plûpart des nombres sont des puissances imparfaites.

De l'extraction des Racines.

173. I°. **P**our extraire une racine quelconque d'un monome, *il faut diviser l'exposant de chaque lettre de ce monome par l'exposant de la racine.* Cette opération rend fractionnaire l'exposant de cette lettre; mais si cette fraction se peut réduire à un entier, l'extraction de la racine est parfaite, sinon elle n'est qu'indiquée.

Par exemple, pour avoir la racine quarrée de a^2b^6, il faut écrire $a^{\frac{2}{2}}b^{\frac{6}{2}}$, & en réduisant on a la vraie racine cherchée ab^3. Car $ab^3 \times ab^3 = a^2b^6$ (142).

Pour avoir la racine cubique de a^6b, il faut écrire $a^{\frac{6}{3}}b^{\frac{1}{3}}$, & en réduisant $aab^{\frac{1}{3}}$, ce qui ne donne une extraction parfaite qu'en partie. En général la racine m de $\frac{a^pb^q}{cd^n}$ est $\frac{a^{\frac{p}{m}}b^{\frac{q}{m}}}{c^{\frac{1}{m}}d^{\frac{n}{m}}}$. Car (167) cette expression est la même chose que $\sqrt[m]{\frac{a^pb^q}{cd^n}}$.

174. II°. Si le monome a un coefficient, il en faut extraire la racine suivant les regles qu'on va donner pour les nombres.

175. III°. Pour extraire une racine d'un Polynome, il faut que ce Polynome soit réellement une puissance de cette racine, ce qui est assez rare; c'est pourquoi on se contente souvent d'indiquer cette extraction, en écrivant ce Polynome couvert d'un trait à la suite du signe radical $\sqrt{}$, entre les jambes duquel on met l'exposant de la racine; on bien l'on écrit au bout du trait qui couvre ce Polynome la puissance fractionnaire qui en exprime la racine. Ainsi pour désigner la racine quarrée de $aa-bb$, on écrit $\sqrt{aa-bb}$, ou bien $\overline{aa-bb}^{\frac{1}{2}}$, d'autres écrivent $\sqrt{}(aa-bb)$, ou bien $(aa-bb)^{\frac{1}{2}}$. Pour indiquer la racine cubique du Polynome $\frac{aa-3b+c}{cc-dd}$, on écrit $\sqrt[3]{\frac{aa-3b+c}{cc-dd}}$, ou bien $\frac{\sqrt[3]{aa-3b+c}}{\sqrt[3]{cc-dd}}$, ou bien $\frac{\overline{aa-3b+c}^{\frac{1}{3}}}{\overline{cc-dd}^{\frac{1}{3}}}$, ou bien $\left(\frac{aa-3b+c}{cc-dd}\right)^{\frac{1}{3}}$, ou bien $\frac{(aa-3b+c)^{\frac{1}{3}}}{(cc-dd)^{\frac{1}{3}}}$.

176. Quand on eſt verſé dans les calculs Algébriques, on voit facilement ſi un Polynome eſt une puiſſance parfaite de la racine qu'on veut extraire; & par conſéquent s'il faut réellement extraire cette racine, ou ſe contenter de l'indiquer, voici la méthode qu'il faut ſuivre pour eſſayer d'extraire la racine quarrée d'un Polynome.

177. Soit donné le Polynome $aa+2ax+xx$, voici comme je raiſonne. Puiſque cette quantité eſt un Polynome, ſa racine a plus d'un terme. Suppoſons qu'elle en ait deux, dans cette quantité il doit y avoir (163) le quarré du premier terme, le quarré du ſecond, & le produit du ſecond par le double du premier. J'y remarque d'abord un quarré aa, j'en prends la racine a (173) pour le premier des termes que je cherche, j'écris a à l'écart, & j'ôte ſon quarré aa de la quantité donnée, reſtent $2ax+xx$. Je dis enſuite, dans ce reſte il doit y avoir un produit du double de a par l'autre terme de la racine que je cherche, je ne puis donc avoir cet autre terme qu'en diviſant ce reſte $2ax+xx$ par le double de a ou par $2a$; car (56) la diviſion ſert à trouver le multiplicande d'un produit dont on a le multiplicateur. Je commence donc la diviſion de $2ax+xx$ par $2a$, le quotient eſt $+x$, je le poſe à la racine, & je dis, ſi x eſt le ſecond terme cherché, ſon produit par $2a$, plus ſon quarré doit être égal au reſte $2ax+xx$: je poſe donc $+x$ à côté de $2a$, & je multiplie $2a+x$ par le ſecond terme x, (car le produit eſt alors égal à la ſomme du produit de x par $2a$, & du quarré de x,) j'ai $2ax+xx$ que j'ôte du reſte $2ax+xx$, & comme il ne reſte plus rien, je dis que la racine quarrée de $aa+2ax+xx$ eſt $a+x$, parce que par cette opération on a décompoſé cette quantité, pour en déduire les parties dont elle étoit compoſée.

$$
\begin{array}{l}
aa+2ax+xx\,(a+x \text{ Racine.} \\
-aa \\
\hline
+2ax+xx \\
\hline
\quad 2a \quad +x \\
\qquad\qquad x \\
\hline
\quad 2ax+xx \\
-2ax-xx \\
\hline
\qquad\quad 0
\end{array}
$$

178. On ſe ſert préciſément de la même méthode pour ex-

traire les racines quarrées des nombres ; c'eſt pourquoi puiſqu'en tirant la racine quarrée de $aa+2ax+xx$, on a vu la raiſon de chaque opération, nous ne ferons qu'énoncer le procedé par les nombres.

Il faut d'abord ſçavoir la racine quarrée des nombres qui ſont au-deſſous de 100. Les voici.

Quarrés. . . . . 1, 4, 9, 16, 25, 36, 49, 64, 81, 100.
Racines. . . . . 1, 2, 3, 4, 5, 6, 7, 8, 9, 10.

179. Il ſuit de-là *qu'un nombre ſimple ne peut avoir plus de deux chiffres à ſon quarré ;* puiſque 10, qui eſt le premier nombre compoſé, a pour quarré 100, qui eſt le premier nombre compoſé de trois chiffres. En ſuivant ce raiſonnement, on verra qu'*un nombre compoſé de deux chiffres, n'en peut avoir plus de quatre à ſon quarré ;* car 100 premier des nombres compoſés de trois, a pour quarré 10000, premier des nombres compoſés de cinq chiffres. En général, *un nombre quelconque ne peut avoir à ſon quarré plus que le double de ſes chiffres.*

```
17,64
16    (42
-----
 1,64
  8,2
-----
 164
   0
```

On demande la racine quarrée de 1764 ; je dis puiſque ce nombre a quatre chiffres, ſa racine en doit avoir deux, je ſépare donc ces chiffres de deux en deux par des virgules, en commençant de droite à gauche ; je cherche d'abord un quarré dans la premiere tranche à gauche, en diſant, la racine quarrée de 17 eſt 4 & un peu plus, je poſe 4 à l'écart ; j'ôte de 17 le quarré de 4 qui eſt 16, reſte 1 ; j'abaiſſe à côté de ce reſte la ſeconde tranche 64 ; je double 4, racine trouvée, j'ai 8, je le poſe ſous 6, qui eſt le premier chiffre de la tranche abaiſſée ; je diviſe 16 par 8, le quotient eſt 2, que je poſe à la racine & à côté de 8 ; je multiplie 82 par 2, & j'ôte le produit 164 du premier reſte 164, & comme il ne reſte plus rien, je dis que 42 eſt la racine demandée.

On demande la racine quarrée de 389489, je diviſe ce nombre en tranches de deux à deux, en allant de droite à gauche ; je cherche d'abord la plus proche racine quarrée de la premiere tranche 38, c'eſt 6, je poſe 6 à la racine, & j'ôte ſon quarré 36 de 38, reſtent 2; j'abaiſſe à côté de ce reſte la ſeconde tranche 94; je double la racine trouvée 6, & j'écris 12, en poſant 2 au-deſſous de 9, premier chiffre de la tranche abaiſſée; je diviſe 29 par 12, le quotient eſt 2, je le poſe à la racine, & à côté du diviſeur 12; je multiplie 122 par 2, & j'ôte le produit 244 de 294, reſtent 50; j'abaiſſe la troiſiéme tranche à côté de ce reſte, & regardant 62 que j'ai déja trouvé comme la premiere partie d'une racine compoſée de deux termes, je le double, & j'écris 124, en poſant 4 au deſſous de 8, premier chiffre de la tranche que je viens d'abaiſſer; je diviſe 508 par 124, j'écris le quotient 4 à la racine & à côté de 124; je multiplie 1244 par ce quotient 4, j'en retranche le produit 4976 de 5089, & reſtent encore 113, & comme il n'y a plus de tranches à abaiſſer, je dis que la plus proche racine quarrée de 389489 eſt 624, & que s'il n'y avoit 113 de trop, ce nombre ſeroit un nombre quarré.

```
38,94,89(624
36
------------
 2,94
 1 2,2
 2 44
------------
   50,89
   12 4,4
   49 76
------------
    1 13
```

180. Lorſque le calcul ne demande pas beaucoup d'exactitude, on peut négliger le reſte des extractions de racines; mais lorſqu'on veut tenir compte de ces reſtes, on cherchera les décimales de la racine, en ajoutant aux reſtes autant de fois deux zero qu'on voudra avoir de décimales, & continuant l'extraction, les nombres qui en viendront ſeront autant de décimales.

Par exemple, j'ajoute deux zero au reſte 113, je regarde le nombre trouvé 624, comme la premiere partie d'une racine compoſée de deux termes, je le double, & j'écris 1248 en poſant 8 au-deſſous du premier zero; je diviſe 1130 par 1248, le quotient eſt 0; je poſe 0 à la racine & à côté de 1248; je multiplie 12480 par 0, & j'ôte le produit 0 de 11300, reſtent 11300; je poſe encore deux zero à côté de ce reste, je double la racine 6240, que je ne regarde que comme la premiere partie d'une racine composée de deux termes, & j'écris 12480, en posant o sous le premier des deux zero que je viens d'ajouter; je divise 1130000 par 12480, j'en écris le quotient 9 à la racine & à côté de 12480; je multiplie 124809 par le quotient 9, & j'ôte le produit 1123281 de 1130000, restent encore 6719; je puis négliger ce reste, en me contentant de la racine 624, 09; mais si je veux approcher davantage de la vraie racine, j'ajoute encore deux zero à ce reste 6719, & ainsi de suite en recommençant toujours la même opération, je trouverai tant de décimales que je voudrai.

```
38,94,89.(624,0905,&c.
36
------
 294
 122
 244
------
  5089
  1244
  4976
--------
   11300
   12480
       0
----------
   1130000
    124809
   1123281
------------
     671900
    1248180
          0
------------
    67190000
    12481805
    62409025
------------
     4780975,&c.
```

181. REM. On extrait la racine quarrée d'une fraction, en extrayant celle de chacun de ses termes. Ainsi $\sqrt{\frac{4}{9}} = \frac{2}{3}$, puisque $\frac{2}{3} \times \frac{2}{3} = \frac{4}{9}$. De même $\sqrt{\frac{1}{4}} = \frac{1}{2}$, &c.

Des principales propriétés des puiſſances en nombre.

182. THEOREME I. *LE produit d'une puiſſance parfaite d'un nombre quelconque par une puiſſance imparfaite du même degré, ne peut être une puiſſance parfaite de ce degré.*

DEMONSTRATION. Si a^3 eſt un cube parfait, & b un cube imparfait, je dis que a^3b eſt un cube imparfait. Car ſi c'étoit un cube parfait, ſa racine ſeroit exactement & ſans reſte $= ab^{\frac{1}{3}}$, & en diviſant $ab^{\frac{1}{3}}$ par a, vraie valeur de la racine cubique de a^3, on auroit $b^{\frac{1}{3}}$ vraie valeur & ſans reſte de la racine cubique de b; donc b ne ſeroit pas un cube imparfait, ce qui eſt contre la ſuppoſition.

183. COROLL. *Il n'eſt pas poſſible qu'un nombre quarré ſoit double, triple, quintuple,* &c. d'un autre nombre quarré, puiſque 2, 3, 5, &c. ſont des quarrés imparfaits: de même *un nombre cubique ne peut être double, triple, quadruple, &c. d'un autre nombre cubique,* puiſque 2, 3, 4, &c. ſont des cubes imparfaits. En général *les puiſſances parfaites ne peuvent être multiples de puiſſances du même degré, ſi ce n'eſt de celles qui ſont parfaites.*

184. THEOREME II. *A quelque puiſſance qu'on éleve un nombre qui n'a que certains nombres premiers pour diviſeurs exacts, il n'acquiert pas pour cela d'autres nombres premiers pour diviſeurs.*

DEM. Il eſt clair, par exemple, que ſi abc n'a pour diviſeurs exacts que les nombres premiers a, b, c, il n'en a pas d'autres lorſqu'il eſt élevé au quarré $aabbcc$, ou au cube $a^3b^3c^3$, &c.

185. COROLL. *Deux nombres qui n'ont pas de commun diviſeur,* (on en excepte toujours l'unité, qui eſt contenue dans tous les nombres entiers, ſans être proprement leur diviſeur,) *n'en peuvent acquerir à quelque même puiſſance qu'on les éleve tous deux.* Car des diviſeurs exacts ne peuvent être que des nombres premiers ou des multiples de nombres premiers. Or deux nombres qui n'ont point de commun diviſeur, n'ont point de nombres premiers pour diviſeurs communs, donc ils n'en acquierent pas pour être élevés à la même puiſſance, donc à plus forte raiſon ils n'acquierent pas de multiples de nombres premiers pour commun diviſeur, donc ils n'en ont aucun.

186. THEOREME III. *Un nombre entier joint à une fraction réduite à l'expreſſion la plus ſimple, ne peut devenir nombre entier ſeul, par ſon élévation à une puiſſance.*

DEM. Une fraction réduite à l'expreſſion la plus ſimple, eſt celle dans laquelle les deux termes n'ont pas de commun diviſeur; or le nombre entier joint à une telle fraction étant réduit à une fraction ſeule, cette nouvelle fraction n'a pas pour cela de commun diviſeur, car ſi elle en avoit alors, ſon dénominateur (qui eſt le même qu'avant la réduction) en deviendroit plus petit, & par conſéquent la fraction n'auroit pas réellement été réduite à l'expreſſion la plus ſimple, ce qui eſt contre l'hypotheſe. Donc les deux termes d'une fraction qui réunit un nombre entier & une fraction réduite à l'expression la plus simple, n'ont pas de commun diviseur ; donc ils n'en peuvent acquerir par aucune élevation à une même puissance. Or les fractions ne se réduisent en entier que lorsqu'elles ont un commun diviseur des deux termes égal au dénominateur, donc une fraction qui réunit un nombre entier joint à une fraction réduite à l'expression la plus simple, ne peut jamais se réduire à un nombre entier, à quelque même puissance qu'on éleve ses deux termes.

187. COROLL. *On ne peut assigner aucun nombre pour exprimer exactement la racine d'un nombre qui ne seroit pas une puissance parfaite du même degré que la racine demandée.* Car si ce nombre dont on demande la racine est un nombre entier, supposons que sa racine exacte soit un entier joint à une fraction, il faudroit qu'en élevant cette racine à sa puissance, on retrouvât le nombre entier donné, ce qui vient d'être démontré impossible : c'est la même chose si le nombre dont on demande la racine est une fraction, ou un entier joint à une fraction telle que ce nombre & sa fraction étant réduits à une fraction seule, chaque terme ne soit pas une puissance parfaite du même degré que la racine demandée, car alors on peut considerer chaque terme comme un nombre entier à part, dont on ne peut assigner la racine.

188. Les expressions des racines des nombres qui sont des puissances imparfaites, s'appellent *des incommensurables*. Tels sont $\sqrt{2}$, $\sqrt{3}$, $\sqrt{5}$; $\sqrt[3]{4}$, $\sqrt[3]{5}$, &c.

De l'extraction de la racine cubique.

189. L'EXTRACTION de la racine cubique, & même celle des autres puissances, se fait en raisonnant sur la nature des Polynomes élevés à ces puissances, comme nous avons fait pour la racine quarrée.

Soit proposé d'extraire la Racine cubique de $a^3+6aab+12abb+8b^3$. Je dis, la racine de cette quantité est un Polynome. Supposons que ce soit un binome, son cube doit être composé (164) du cube de chaque terme, & du triple produit de chaque terme par le quarré de l'autre.

Cela posé, je vois que le premier terme a^3 est un cube, j'en écris la racine a à l'écart, j'en prends le cube a^3, & je l'ôte de la quantité proposée, restent $6aab+12abb+8b^3$.

Je dis ensuite, dans ce reste il y a un produit du triple du quarré du premier terme a que je viens de trouver, par le second terme que je cherche : j'éleve donc a au quarré aa, je le triple, & j'ai $3aa$, par lesquels je commence à diviser le reste, en disant $\frac{6aab}{3aa}=2b$, je pose $+2b$ à la racine, & je dis : si $+2b$ est le second terme, la somme de son produit par $3aa$, plus le produit de son quarré par $3a$, plus son cube doit être égal au reste. Or cette somme est $6aab+12abb+8b^3$ précisément égale au reste : donc la racine cubique cherchée est $a+2b$.

190. Pour les nombres, il faut d'abord connoître les dix premiers cubes parfaits.

Cubes.	1.	8.	27.	64.	125.	216.	343.	512.	729.	1000.
Racines. . . .	1.	2.	3.	4.	5.	6.	7.	8.	9.	10.

D'où on peut remarquer qu'une racine cubique ne peut avoir à ſa puiſſance plus de chiffres que le triple des ſiens ; car 10 premier des nombres compoſés de deux chiffres, a pour cube 1000 premier des nombres compoſés de 4 chiffres. 100 premier des nombres de 3 chiffres, a pour cube 1000000 premiers des nombres de 7 chiffres, &c. On peut même, par une ſemblable induction, conclure en général :

Que la $\sqrt[p]{\ }$ *compoſée d'un nombre quelconque* n *de chiffres, ne peut avoir à ſa puiſſance plus de chiffres, que* pn *n'en exprime.*

Soit donné le nombre 74088 dont il faut extraire la racine cubique. Il faut le partager en tranches de trois en trois, en allant de droite à gauche :

Enſuite dire, la racine cubique la plus prochaine de la premiere tranche 74 eſt 4, j'écris 4 à l'écart, je l'éleve au cube 64, & je l'ôte de 74, reſtent 10. J'abaiſſe la ſeconde tranche 088 à côté du reſte 10. J'éleve au quarré la premiere partie trouvée 4, laquelle doit valoir 40 à l'égard du ſecond chiffre que nous cherchons, j'ai 1600, je le triple en le multipliant par 3 à l'écart, & j'écris le produit 4800 au-deſſous de 10088, je diviſe l'un par l'autre en diſant, $\frac{10088}{4800}=2$, j'écris 2 à la racine, je multiplie le diviſeur 4800 par la ſeconde partie trouvée 2, le produit eſt 9600, que j'écris au-deſſous de 4800 ; j'éleve 2 au quarré 4, je le multiplie à l'écart par 40, qui eſt la premiere partie de la racine, j'en multiplie le produit 160 par 3, & j'écris le nouveau produit 480 au-deſſous de 9600. Enfin je cube 2, & j'ai 8, que j'écris au-deſſous de 480. J'ajoute enſemble les deux produits & ce cube, & parce que leur ſomme 10088 eſt égale au reſte 10088, & qu'il n'y a plus de tranches à abaiſſer, je dis que la racine cubique de 74088, eſt 42 préciſément.

74,088	(42	
64		1600
10088		3
4800		4800
9600		
480		4
8		40
10088		160
0		3
		480

AUTRE EXEMPLE. Soit propoſé d'extraire la racine cubique de 5305472. Je le diviſe par tranches de trois en trois ; je dis, la racine cubique la plus proche de la premiere tranche 5, eſt 1 ; le cube de 1 eſt 1, je l'ôte de 5, reſtent 4. J'abaiſſe la ſeconde tranche, & j'ai 4305. Je dis 1 étant la premiere partie de la racine, vaut 10 à l'égard de la ſeconde ; le quarré de 10 eſt 100, ſon triple eſt 300, je diviſe 4305 par 300, en diſant, en 43 combien de fois 3 ? il doit y être 14 fois ; mais parce qu'on ne met jamais plus de 9 au quotient, & même qu'en y mettant 9 dans le cas préſent, on y mettroit trop, comme il eſt aiſé de l'éprouver en ſuivant les regles précédentes ; je trouve après avoir eſſayé 9 & 8, qu'il ne faut prendre que 7 pour quotient. Je poſe donc 7 à la racine. Je multiplie 300 par 7, j'ai le produit 2100, je dis 7×7=49, ensuite 49×10=490, enfin 490×3=1470, j'écris 1470 au-dessous de 2100. Je dis 7 × 7 × 7=343, je l'écris au-dessous de 1470, j'ajoute ensemble 2100, 1470, & 343, & j'ôte la somme 3913 du membre 4305, restent 392. J'abaisse à côté la troisiéme tranche 472, je regarde 17 que j'ai déja trouvé comme la premiere partie de la racine, & qui vaut 170 à l'égard de la seconde partie que je cherche; j'en prends le quarré 28900, je le triple, & j'ai 86700 par lesquels je divise le troisiéme membre 392472, j'ai le quotient 4, je l'écris à la racine; je multiplie le diviseur 86700 par 4, & j'écris au-dessous le produit 346800. Je fais 4 × 4=16, 16×170×3=8160. J'écris 8160 au-dessous de 346800. J'écris au-dessous le cube de 4 qui est 64. J'ajoute ces trois quantités, & j'ôte leur somme 355024 du troisiéme membre 392472, restent 37448. Et parce qu'il n'y a plus de tranches à abbaisser, je dis que la racine cubique demandée, est 174, & que le nombre donné n'est pas cubique, mais qu'il a 37448 unités de trop.

```
5,305,472(174,41,&c.
1
---------
4305
 300
---------
2100
1470
 343
---------
3913
---------
392472
 86700
---------
346800
  8160
    64
---------
355024
---------
37448000
 9082800
---------
36331200
   83520
      64
---------
36414784
---------
1033216000
 912460800
---------
 912460800
     52320
         1
---------
 912513121
---------
 120702879, &c.
```

191. Si on veut avoir égard à ce reste, il faut chercher des décimales pour la racine. Pour cela il faut ajouter aux restes autant de fois 000 qu'on voudra avoir de décimales, & continuer l'extraction, en regardant toujours tout ce qui aura déja été trouvé à la racine, comme une premiere partie dont on cherche la seconde. L'exemple fera entendre ceci.

Calcul des incommensurables.

192. Il y a peu d'équations où on ne rencontre des incommensurables, c'est-à-dire, des racines de puissances imparfaites, sur lesquelles cependant il faut faire toutes les opérations qu'exigent les différentes regles de la solution des équations. Ce calcul se peut faire en deux manieres, l'une qui s'appelle *le Calcul des Radicaux*, en laissant le signe radical aux termes dont on exprime les racines; & l'autre, qu'on nomme *le calcul des puissances par leurs exposans*, en substituant des exposans négatifs & fractionnaires à la place des signes radicaux.

Calcul des puiſſances par leurs expoſans.

193. Lorſqu'on connoît la nature des expoſans des puiſſances, on ne trouve aucune difficulté dans leur calcul.

Ainſi pour les ajouter il faut les joindre avec leurs ſignes; pour les ſouſtraire, il faut changer les ſignes des coefficients (& non des expoſans) de celle qu'on veut retrancher. Pour les multiplier, il faut ajouter leurs expoſans, ſi le multiplicateur & le multiplicande ſont des termes ſemblables, ſinon il faut les écrire à côté les uns des autres ſans mettre de ſignes entre deux. Pour les diviſer, ſi ce ſont des termes ſemblables, il faut ſouſtraire l'expoſant du diviſeur de celui du dividende; s'ils ne ſont pas ſemblables, il faut les mettre en fraction. Enfin, pour les élever à des puiſſances quelconques, ou pour en extraire la racine quelconque, il faut multiplier leurs expoſans par l'expoſant entier ou fractionnaire, qui répond à la puiſſance ou à la racine en queſtion.

Par exemple, la ſomme de a^n & de $a^{\frac{1}{m}}$ eſt $a^n + a^{\frac{1}{m}}$, leur différence eſt $a^n - a^{\frac{1}{m}}$: leur produit eſt $a^{n+\frac{1}{m}}$ leur quotient eſt $a^{n-\frac{1}{m}}$, leur puiſſance p eſt a^{pn}, $a^{\frac{p}{m}}$: leur racine q, c'eſt-à-dire, leur puiſſance $\frac{1}{q}$ eſt $a^{\frac{n}{q}}$, $a^{\frac{1}{qm}}$.

La ſomme de a^n & de b^{-m} eſt $a^n + b^{-m}$, la différence eſt $a^n - b^{-m}$, le produit eſt $a^n b^{-m}$ ou $\frac{a^n}{b^m}$, parce que (168) $b^{-m} = \frac{1}{b^m}$. Leur quotient eſt $\frac{a^n}{b^{-m}}$ ou $a^n b^m$ par la même raiſon. (Remarquez bien ces deux dernieres expreſſions). Leur puiſſance m eſt a^{mn}, b^{-mm}, leur racine p eſt $a^{\frac{n}{p}}$, $b^{-\frac{m}{p}}$, ou bien $\frac{1}{b^{mp}}$.

Du calcul des Radicaux.

194. Pour abréger nous mettrons ici des formules ſeulement, au lieu de regles exprimées en longs diſcours; elles n'en ſeront que plus claires. En ſe rendant ces formules familieres, on retiendra plus aiſément la pratique du calcul, & alors ou les démonſtrations que nous avons omiſes ici, ſe préſenteront d'elles-mêmes à l'eſprit, pour peu qu'on y faſſe réflexion, ou bien en ſubſtituant des expoſans aux Radicaux, on trouvera facilement que les opérations ſur les Radicaux, reviennent à celles que l'on fait dans le calcul des puiſſances par leurs expoſans.

Il faut remarquer d'abord que lorſque l'expreſſion d'un incommenſurable eſt telle, qu'elle puiſſe être diviſée ſans reſte par quelque quantité élevée à une puiſſance indiquée par l'expoſant de la racine, alors on peut réduire cette expreſſion à une plus ſimple, en écrivant cette quantité comme un coefficient de la racine, & en mettant ſeulement le quotient ſous le ſigne radical.

Par exemple, l'expreſſion $\sqrt{aab}$ eſt telle, que le quarré de a peut diviſer aab : je mets donc $a\sqrt{b}$ à la place de $\sqrt{aab}$; l'expreſſion $\sqrt[3]{432}$ eſt telle, que 432 peut être diviſé ſans reſte par le cube de 3 qui eſt 27, par le cube de 6 qui eſt 216, & par le cube de 2 qui eſt 8 ; car $\frac{432}{27}=16$, $\frac{432}{8}=54$, & $\frac{432}{216}=2$: on peut donc réduire $\sqrt[3]{432}$ à l'une de ces trois expreſſions équivalentes $3\sqrt[3]{16}$, $2\sqrt[3]{54}$, $6\sqrt[3]{2}$. De même dans $\sqrt[4]{a^5b^4}$, la quantité a^5b^4, peut être diviſée par la quatriéme puiſſance de ab, je puis donc mettre $ab\sqrt[4]{a}$ à la place de $\sqrt[4]{a^5b^4}$.

On trouvera de même que $\sqrt{\frac{b^3d}{aag}}=\frac{b\sqrt{bd}}{a\sqrt{g}}$: que $\frac{a\sqrt{48bcc}}{2\sqrt[3]{16dg^4}}$ $=\frac{4ac\sqrt{3b}}{4g\sqrt[3]{2dg}}=\frac{ac\sqrt{3b}}{g\sqrt[3]{2dg}}$, &c.

195. *Pour faire entrer une expreſſion quelconque* $\frac{p}{q}$ *dans un radical quelconque* $\frac{a}{b}\sqrt[n]{\frac{c}{d}}$ *ſans en changer la valeur.*

Formule.... $\frac{ap}{bq}\sqrt[n]{\frac{cq^n}{dp^n}}$, ou bien $\frac{aq}{bp}\sqrt[n]{\frac{cp^n}{dq^n}}$.

196. *Pour ôter le coefficient* $\frac{a}{b}$ *du radical* $\frac{a}{b}\sqrt[n]{\frac{c}{d}}$.

Formule.... $\sqrt[n]{\frac{a^nc}{b^nd}}$.

197. *Pour réduire en entier la fraction* $\frac{c}{d}$ *qui eſt ſous le ſigne radical* $\frac{a}{b}\sqrt[n]{\frac{c}{d}}$.

Formule.... $\frac{a}{bd}\sqrt[n]{cd^{n-1}}$.

198. *Pour réduire à un même expoſant les deux radicaux* $\frac{p}{q}\sqrt[n]{\frac{a}{b}}$ & $\frac{y}{z}\sqrt[u]{\frac{c}{d}}$

Formule.... $\frac{p}{q}\sqrt[nu]{\frac{a^u}{b^u}}$ & $\frac{y}{z}\sqrt[nu]{\frac{c^n}{d^n}}$

Quand il y en a pluſieurs, on les réduit ſucceſſivement deux à deux.

199. Pour ajouter enſemble deux radicaux, on les écrit à la ſuite l'un de l'autre avec leurs ſignes. Mais s'ils étoient tels, qu'ayant un même expoſant,

exposant, la quantité sous le signe fût aussi la même, par exemple, si on avoit à ajouter $\frac{p}{q}\sqrt[n]{\frac{a}{b}}$ & $\frac{y}{z}\sqrt[n]{\frac{a}{b}}$ la somme seroit $\frac{pz+qy}{qz}\sqrt[n]{\frac{a}{b}}$.

200. Pour soustraire deux radicaux, il faut changer le signe du coefficient de celui qu'on veut soustraire, & s'ils ont le même exposant, & la même quantité sous le signe, alors on doit prendre la différence des coefficiens. Ainsi $\frac{p}{q}\sqrt[n]{\frac{a}{b}} - \frac{y}{z}\sqrt[n]{\frac{a}{b}} = \frac{pz-qy}{qz}\sqrt[n]{\frac{a}{b}}$.

201. *Pour multiplier deux radicaux*, par exemple $\frac{p}{q}\sqrt[n]{\frac{a}{b}}$ par $\frac{y}{z}\sqrt[u]{\frac{c}{d}}$.

Formule.... $\frac{py}{qz}\sqrt[nu]{\frac{a^u c^n}{b^u d^n}}$.

202. *Pour diviser les radicaux.* Par exemple $\frac{p}{q}\sqrt[n]{\frac{a}{b}}$ par $\frac{y}{z}\sqrt[u]{\frac{c}{d}}$.

Formule.... $\frac{pz}{qy}\sqrt[nu]{\frac{a^u d^n}{b^u c^n}}$.

203. *Pour élever un radical*, par exemple $\frac{a}{b}\sqrt[n]{\frac{c}{d}}$ *à une puissance quelconque*, comme à la puissance $\frac{u}{s}$.

Formule.... $\sqrt[\frac{ns}{u}]{\frac{a^n c}{b^n d}}$.

204. *Pour extraire une racine quelconque d'un radical*, par exemple, la racine $\frac{u}{s}$ du radical $\frac{a}{b}\sqrt[n]{\frac{c}{d}}$.

Formule.... $\sqrt[\frac{nu}{s}]{\frac{a^n c}{b^n d}}$.

Lorsqu'on aura fait quelque opération en suivant une de ces formules, il faudra, s'il est possible, en réduire le résultat aux termes les plus simples, suivant ce qui a été dit ci-dessus.

205. Il ne sera pas difficile d'appliquer ces formules aux quantités exprimées par des nombres, non plus qu'à celles qui sont exprimées par des lettres. Car, 1°. comme ces formules ont été construites pour des quantités fractionnaires, elles ne laissent aucune difficulté pour les fractions : 2°. Elles servent également aux entiers, puisque tout entier peut être supposé (80) une fraction dont le dénominateur soit 1 ; 3°. si les

radicaux n'ont pas de coefficiens, on peut supposer qu'ils ont le coefficient $\frac{1}{1}$. 4°. Si les quantités sont complexes, on pourra les supposer égales à des quantités incomplexes prises à volonté, & par des substitutions on leur appliquera les formules précédentes. Quelques exemples éclairciront ceci.

Soit proposé de multiplier $4\sqrt{\frac{2-b}{3ad}}$ par $\frac{1}{3}\sqrt[4]{aa+bb}$ je réduis ces deux radicaux sous cette forme $\frac{4}{1}\sqrt[2]{\frac{2-b}{3ad}}$, $\frac{1}{3}\sqrt[4]{\frac{aa+bb}{1}}$, & prenant les deux radicaux proposés dans l'article 201, je fais $4=p$, $1=q$ $2=n$, $2-b=a$, $3ad=b$, ensuite $1=y$, $3=z$, $4=u$, $aa+bb=c$ & $1=d$. De sorte que par la substitution, la formule de cet article qui est $\frac{py}{qz}\sqrt[nu]{\frac{a^u c^n}{b^u d^n}}$ deviendra $\frac{4\times1}{1\times3}\sqrt[2\times4]{\frac{\overline{2-b}^4\times\overline{aa+bb}^2}{\overline{3ad}^4\times1^2}}$ & en réduisant $\frac{4}{3}\sqrt[8]{\frac{\overline{2-b}^4\times\overline{aa+bb}^2}{81a^4d^4}}$.

On veut diviser $4\sqrt{5}$ par $\sqrt{\frac{3}{7}}$. Je mets ces deux radicaux sous cette forme $\frac{4}{1}\sqrt[2]{\frac{5}{1}}$, $\frac{1}{1}\sqrt[2]{\frac{3}{7}}$. Je prends les deux radicaux proposés dans l'art. 202. & je fais $4=p$, $1=q$, $2=n$, $5=a$, $1=b$; & $1=y$, $1=z$, $2=u$, $3=c$, $7=d$: alors par la substitution la formule $\frac{pz}{qy}\sqrt[nu]{\frac{a^u d^n}{b^u c^n}}$ devient $\frac{4\times1}{1\times1}\sqrt[2\times2]{\frac{5^2\times7^2}{1^2\times3^2}}$ qui se réduit à $4\sqrt[4]{\frac{1225}{9}}$, ensuite à $4\sqrt{\frac{35}{3}}$ en faisant l'extraction de la racine quarrée de chaque terme sous le signe.

Des Equations ou de l'Analyse.

206. L'ANALYSE est l'art de résoudre par le calcul Algébrique tous les problêmes qu'on peut proposer sur les grandeurs.

207. *Proposer un problême*, c'est demander qu'on trouve la valeur d'une ou de plusieurs quantités inconnuës : or on conçoit que cela n'est pas possible, à moins qu'en proposant le problême, on n'assigne quelque rapport que ces quantités inconnues ont avec des quantités connuës, lesquelles s'appellent *les données du problême*.

208. Chacun des rapports qu'on assigne entre les données & les inconnuës, s'appelle *une condition du problême*, parce que ces rapports expriment à quelle condition il y a égalité entre les inconnuës & les données.

209. L'Expression algebrique d'une condition d'un Problême s'appelle une Equation.

210. Une Equation est donc un assemblage de termes algébriques joints par le signe $=$, & composés de quantités connuës & inconnuës.

211. On a coutume d'exprimer les données par les premieres lettres de l'Alphabet, & les inconnuës par les dernieres comme x, y, z. Ce qui sert à les distinguer au premier coup d'œil.

212. Tous les termes qui sont à gauche du signe $=$, forment ce qu'on appelle *le premier membre de l'Equation*, & tous ceux qui sont à droite en forment *le second membre*.

213. On appelle en général *Equation du premier degré* celle où l'inconnuë n'est qu'à sa premiere puissance. On appelle *Equation du second degré*, celle où l'inconnuë est élevée au quarré, par exemple, $xx - ax = b$, $aayy + bzz = c$ &c. sont des équations du second degré. On appelle *Equation du troisiéme degré*, celle où la plus haute puissance de l'inconnue est le cube, comme $ax^3 - bx = c$. Il en est ainsi des autres degrés. Nous ne traiterons ici que des équations du premier & du second degré.

214. *Resoudre un problême*, c'est trouver la valeur de chacune des quantités inconnuës qu'on a demandées, ou c'est faire voir qu'il est impossible de la trouver, ce qui arrive lorsque les rapports donnés impliquent quelques contradictions. On en verra des exemples dans la suite.

215. *Trouver la valeur d'une inconnuë*, c'est la réduire à être seule un membre d'une équation, dont l'autre membre soit composé de quantités toutes connues.

216. Pour trouver la valeur des inconnuës d'un problême, il faut faire successivement sur chaque équation diverses opérations selon l'état où les inconnuës se trouvent. Ces opérations sont la Transposition, la Division, la Multiplication,

l'Extraction des racines & la Substitution. Voici les cas où il faut se servir de chacune.

Dans une équation, ou il n'y a qu'une lettre inconnue, ou il y en a plusieurs.

I°. S'il n'y a qu'une inconnue, *ou bien elle fait dans un membre une somme ou une différence avec des données*, comme si on avoit $a+x-b=c$, alors on se sert de la transposition. *Ou bien cette inconnue fait un produit avec une ou plusieurs données*, comme $ax+bx=cd$, alors on se sert de la division. *Ou bien l'inconnue fait une fraction avec une ou plusieurs données*, comme $\frac{ax}{b}=cd$, ou bien $\frac{a+b}{x}=c$ & alors on se sert de la multiplication. *Ou enfin cette inconnue est élevée au quarré*, comme $ax-xx=c$, & alors on se sert de l'extraction des racines.

II°. S'il y a plusieurs inconnues, il faut aussi qu'il y ait dans l'expression du même problême d'autres équations qui contiennent les mêmes inconnues; comme si on avoit les deux équations du même problême $x-ay=b$, & $bx+cy=d$. Dans ce cas on se sert de la substitution.

De sorte qu'ayant appris les cinq opérations suivantes, on doit voir dans tous les cas, quelle est celle qu'il faut actuellement appliquer à l'équation qu'on veut résoudre, pour trouver la valeur de l'inconnue qui s'y trouve.

De la Transposition.

217. LA Transposition sert à faire passer un terme d'un membre de l'équation dans l'autre membre, sans changer l'égalité entre ces membres. Pour cela *il faut effacer ce terme dans le membre où il est, & l'écrire dans l'autre membre avec un signe contraire.*

Par exemple, pour transposer ac dans l'équation $ac+x=b$, j'efface ac du premier membre, je mets $-ac$ dans le second, & j'ai $x=b-ac$; car le membre $ac+x$ étant égal au membre b, si je retranche ac de chacun, les restes seront égaux (17). J'aurai donc $ac+x-ac=b-ac$, & faisant la réduction, $x=b-ac$.

218. COROLL. I. *On peut donc par la transposition rendre*

poſitif un terme négatif, & réciproquement.

219. II°. *Par la tranſpoſition on peut prendre la valeur d'un terme quelconque*, en le laiſſant ſeul dans un membre.

220. Remarquez que nous diſtinguons ici entre prendre la valeur, & trouver la valeur. *Prendre la valeur* d'un terme ou d'une lettre, c'eſt faire enſorte que ce terme ou cette lettre faſſe ſeul un membre d'une équation, de quelques quantités connues ou inconnues que l'autre membre ſoit compoſé. *Trouver la valeur* d'un terme ou d'une lettre, c'eſt en faire un membre d'une équation, dont l'autre ſoit compoſé de quantités toutes connues.

De la Diviſion.

221. La diviſion ſert à *dégager* une ou pluſieurs quantités connues qui ſe trouvent multipliées par l'inconnue, ou en général à ſéparer les deux racines d'un produit. Pour cela *il faut diviſer tous les termes de l'équation par la quantité connue qui multiplie l'inconnue, ou en général par la racine qu'on veut dégager*. Ce qui ne doit pas changer l'égalité entre les membres de l'équation (17).

Ainſi pour dégager b dans l'équation $bx - ac = bd - cd$, il faut tout diviſer par b, & mettre $\frac{bx}{b} - \frac{ac}{b} = \frac{bd}{b} - \frac{cd}{b}$, qui ſe réduit à $x - \frac{ac}{b} = d - \frac{cd}{b}$.

222. REMARQUES. I°. Une même lettre répétée dans pluſieurs termes conſécutifs, fait un produit avec la ſomme de toutes les autres lettres ou coefficiens qui ſont dans ces termes. Ainſi $ax - bx + 3x$ eſt le produit de $a - b + 3$ par x, de ſorte que ſi on avoit à ſéparer x dans l'équation $ax - bx + 3x = d$, il faudroit mettre $x = \frac{d}{a-b+3}$. De même pour ſéparer x dans l'équation $ax - x = b$, il faut mettre $x = \frac{b}{a-1}$.

223. II°. Quand une même lettre ſe trouve dans tous les termes d'une équation, on peut les diviſer tous par cette lettre ſans changer l'équation qui devient plus ſimple. Ainſi

$abb-bxx=bd$ devient $ab-xx=d$. De même $aac-aa=aabd$, devient $c-1=bd$, en divisant tout par aa.

De la Multiplication.

224. LA Multiplication sert à délivrer les équations des fractions qui s'y rencontrent : ce qui se fait *en multipliant tous les termes de l'équation par le produit des dénominateurs de chaque fraction qu'on veut ôter.* Ce qui ne doit pas en changer l'égalité (17).

Ainsi l'équation $a+\frac{b}{x}=dx$ devient $ax+b=dxx$, en multipliant tout par x, car on a $ax+\frac{bx}{x}=dxx$, qui se réduit à $ax+b=dxx$.

De même l'éqnation $\frac{a}{x}+\frac{x}{b}=abc-bcd$ sera délivrée de fraction en multipliant tout par bx, car on aura $\frac{abx}{x}+\frac{bxx}{b}=abbcx-bbcdx$, qui se réduit à $ab+xx=abbcx-bbcdx$.

De l'extraction des Racines.

225. LORSQUE dans une équation l'inconnue est élevée au quarré. . . . .

I°. Il faut voir si ce quarré n'est pas multiplié ou en fraction avec quelque autre quantité, car dans le premier cas il faut l'en dégager par la division, ou par la multiplication dans le second cas.

II°. Il faut voir si ce quarré est positif, car s'il étoit négatif, il faudroit le rendre positif par la transposition, parce qu'un quarré ne peut être négatif : $-xx$ ne peut être que le produit de $+x$ par $-x$; on n'en peut extraire la racine quarrée, puisqu'elle ne peut être ni $-x$, ni $+x$.

III°. Il faut mettre dans un membre seul tous les termes où cette inconnue se trouve.

IV°. Il faut voir ensuite si ce membre est un quarré complet, ce qui n'arrive que lorſque l'inconnue ne ſe trouve que dans un ſeul terme (comme $xx=a-b$.) Et lorſque outre le quarré de l'inconnue ce membre contient un ou pluſieurs produits de l'inconnue par quelques autres quantités connues (comme $xx-2ax=b$), ce membre eſt un quarré incomplet, & il faut le completer, en ajoutant à chaque membre de l'équation le quarré de la moitié de la quantité connue qui multiplie l'inconnue.

V°. Il faut extraire la racine quarrée de chaque membre de l'équation, & on trouvera facilement la valeur de l'inconnue.

Soit propoſé cette équation, $\frac{aa-xx}{b}=2a-b$, 1°. j'ôte la fraction, & j'ai $aa-xx=2ab-bb$; 2°. je rends $-xx$ poſitif, en mettant $aa=xx+2ab-bb$; 3°. je mets xx dans un membre ſeul, j'ai $aa-2ab+bb=xx$: 4°. à cauſe de xx ſeul, le quarré eſt complet. 5°. J'extrais la racine de chaque membre, & j'ai $a-b=x$.

Soit la propoſée $a+2xx=b$. Je dégage 2 du quarré de l'inconnue, & j'ai $\frac{a}{2}+xx=\frac{b}{2}$. Je tranſpoſe, & j'ai $xx=\frac{b-a}{2}$; j'extrais la racine, & j'ai $x=\sqrt{\frac{b-a}{2}}$.

Soit la propoſée $ax-\frac{xx}{2}+dd=c$, j'ai en ôtant la fraction, $2ax-xx+2dd=2c$, puis en tranſpoſant pour rendre xx poſitif, & mettre dans un ſeul membre tous les termes où l'inconnue ſe trouve, $2dd-2c=-2ax+xx$. Or il eſt facile de voir que ce ſecond membre eſt un quarré incomplet d'un binome, car il ne contient que le quarré xx du ſecond terme de ce binome, & le produit $2ax$ du ſecond terme x, par le double $2a$ du premier terme, lequel par conſéquent eſt a; donc en ajoutant à ce membre le quarré de a, (c'eſt-à-dire, le quarré de la moitié de la quantité connue qui multiplie l'inconnue dans le terme $-2ax$,) il deviendra un quarré complet, & en ajoutant ce même quarré à l'autre membre, l'égalité ſera conſervée (17). Ainſi l'équation devient

$aa+2dd-2c=aa-2ax+xx$, & extrayant les racines ; $\sqrt{aa+2dd-2c}=a-x$.

Soit la proposée $9abxx-3bbx=ad$, j'ai en dégageant par la division le quarré de l'inconnue, $xx-\frac{bx}{3a}=\frac{d}{9b}$, puis en ajoutant de part & d'autre $\frac{bb}{36aa}$ quarré de $\frac{b}{6a}$ moitié de $\frac{b}{3a}$ qui multiplie x dans le second terme, $\frac{bb}{36aa}+xx-\frac{bx}{3a}=\frac{bb}{36aa}+\frac{d}{9b}$, & extrayant les racines, $\frac{b}{6a}-x=\sqrt{\frac{bb}{36aa}+\frac{d}{9b}}$.

De même l'équation $x-xx=a$ deviendra $-a=xx-x$, puis $\frac{1}{4}-a=xx-x+\frac{1}{4}$: (car $-x$ est censé le produit de x par -1) ; enfin $\sqrt{\frac{1}{4}-a}=x-\frac{1}{2}$.

L'équation $xx+ax-x=aa$ deviendra $xx+ax-x+\frac{1}{4}aa-\frac{1}{2}a+\frac{1}{4}=aa+\frac{1}{4}aa-\frac{1}{2}a+\frac{1}{4}$, & par conséquent $x+\frac{1}{2}a-\frac{1}{2}=\sqrt{aa+\frac{1}{4}aa-\frac{1}{2}a+\frac{1}{4}}=\sqrt{\frac{5aa-2a+1}{2}}$.

226. REMARQUE. Quand une inconnue est dans une équation sous le signe $\sqrt{}$, comme si on avoit $a-\sqrt{x}=b$, on l'en dégage, en la mettant d'abord dans un membre seul, puis ôtant son signe radical, & élevant l'autre membre au quarré. Ainsi il faut écrire d'abord $a-b=\sqrt{x}$, puis $aa-2ab+bb=x$. De même si on avoit $ax-\sqrt{x}=b$, on la réduiroit à $aaxx-2abx+bb=x$. Mais si on avoit $xx+\sqrt{x}=b$, alors ce problême deviendroit du quatriéme degré, parce qu'on auroit $x^4+2bxx+bb=x$.

De la Substitution.

227. LA Substitution est une opération par laquelle on fait *évanouir* successivement une ou plusieurs inconnues, qui se trouvent dans un problême exprimé par plusieurs équations.

Par exemple, si on a ces deux équations $ax+y=b$, $x+by=a$, dans chacune desquelles il y a deux inconnues x & y, on pourra en faire *évanouir* une des deux, par exemple

y, en prenant par la tranſpoſition (219) la valeur de y dans la premiere équation, & en ſubſtituant cette valeur à y dans la ſeconde équation. Je tranſpoſe donc ax, & j'ai $y = b - ax$; & dans la ſeconde équation, je mettrai $b - ax$ à la place de y, & comme il y eſt multiplié par b, je multiplie $b - ax$ par b, & j'ai $bb - abx = by$. Donc cette ſeconde équation deviendra $x + bb - abx = a$, dans laquelle il n'y a plus y.

Si j'euſſe voulu faire évanouir x de la ſeconde équation, j'euſſe pris ſa valeur dans la premiere, en tranſpoſant d'abord $+y$, & mettant $ax = b - y$, enſuite en diviſant tout par a (221) afin d'avoir la valeur de l'inconnue x qui devient $x = \frac{b-y}{a}$. J'euſſe mis dans la ſeconde équation $\frac{b-y}{a}$ à la place de x, & j'euſſe eu $\frac{b-y}{a} + by = a$ dans laquelle x ne ſe trouve plus.

Soient données trois équations, $x + y + z = a$, $x + y - z = b$, $x - y + z = c$; on pourra faire évanouir deux inconnues dans chacune par la ſubſtitution, en cette maniere. Prenez dans la premiere la valeur de x, & vous aurez (217) $x = a - y - z$; mettez $a - y - z$ à la place de x dans les deux autres équations, & vous aurez $a - y - z + y - z = b$, & $a - y - z - y + z = c$, qui ſe réduiſent à $a - 2z = b$, & $a - 2y = c$, dans leſquelles il n'y a plus qu'une inconnue : ſi vous voulez maintenant réduire la premiere équation à n'avoir que l'inconnue x, prenez la valeur de y & de z dans les deux équations $a - 2z = b$, $a - 2y = c$, vous aurez d'abord en tranſpoſant $a - b = 2z$, & $a - c = 2y$; enſuite, en diviſant par 2 (221), vous aurez $\frac{a-b}{2} = z$ & $\frac{a-c}{2} = y$: enfin en ſubſtituant ces valeurs à la place de y & de z, dans la premiere équation, vous aurez $x + \frac{a-c}{2} + \frac{a-b}{2} = a$.

De la résolution des Problêmes par l'Analyse.

228. POUR résoudre un problême, il faut d'abord considérer attentivement l'état de la question, en distinguer les conditions & les données d'avec les inconnues, exprimer le problême d'une façon abstraite & générale par le moyen des lettres, faisant ensorte qu'il y en ait le moins qu'il est possible ; & pour cela il ne faut pas désigner par différentes lettres des quantités égales ou les parties des quantités égales ; mais seulement par une même lettre avec des dénominateurs ou des coefficiens, s'il est nécessaire ; il faut ensuite exprimer chaque condition par une équation. Or pour avoir une solution complette, il doit y avoir autant d'équations qu'il y a d'inconnues. Il faut enfin trouver par les Regles précédentes la valeur de chacune des inconnues. Nous allons éclaircir ceci par quelques exemples.

229. EXEMPLE. I. Soit proposée cette question : *Un pere & un fils ont 100 ans entre eux ; le fils a 30 ans moins que le pere : quel est l'âge de chacun ?*

Ayant considéré attentivement cette question, j'y remarque deux quantités données, sçavoir 100 & 30, & deux inconnues ; sçavoir, l'âge du pere, & l'âge du fils. Les deux conditions sont, l'une que la somme de ces deux âges inconnus est 100, & l'autre que leur différence est 30. Il faut donc les exprimer par deux équations, & ayant supposé $100=a$, $30=b$, l'âge du pere $=x$, l'âge du fils $=y$, je réduis le problême à cette question générale : *Etant données la somme & la différence de deux quantités, trouver chaque quantité*, & je l'exprime ainsi.

Problême exprimé en paroles.	Problême exprimé algébriquement.
On demande deux âges.	x, y?
dont la somme est $100=a$....	$x+y=a$
& dont la différence est $30=b$.	$x-y=b$

J'ai donc deux équations $x+y=a$, & $x-y=b$, dans

chacune desquelles il y a deux inconnues, c'est pourquoi pour avoir la valeur d'une des deux, comme de y, je dois faire évanouir l'autre, qui est x : ce qui se fait en disant, puisque $x+y=a$, donc (217) $x=a-y$, & en substituant $a-y$ à la place de x dans la seconde équation, j'ai $a-y-y=b$, ou (136) $a-2y=b$, & en transposant (217) $a-b=2y$, enfin en divisant (221) $\frac{a-b}{2}=y$, ainsi je connois la valeur de y; ce qui suffit pour répondre à la question.

Par une opération semblable on peut faire évanouir y pour avoir la valeur de x, & on trouvera $x=\frac{a+b}{2}$. Ainsi la question est parfaitement résolue; car si à la place de a & de b je substitue 100 & 30, j'aurai $x=\frac{100+30}{2}=\frac{130}{2}=65$: & $y=\frac{100-30}{2}=\frac{70}{2}=35$; donc le pere avoit 65 ans, & le fils 35.

230. Puisque cette question particuliere a été réduite à une question générale, il suit que les équations $x=\frac{a+b}{2}$ & $y=\frac{a-b}{2}$ en donnent une solution générale; car il est clair que ces lettres représentant tous les nombres possibles, toutes les fois qu'on proposera de trouver deux quantités x & y, dont on connoît la somme a, & la différence b, on verra que la plus grande de ces deux quantités, qui est ici désignée par x, sera égale à la moitié de la somme $a+b$ des deux quantités données; & que la plus petite, marquée par y, sera égale à la moitié de la différence $a-b$ de ces deux quantités données.

231. Les équations qui donnent la solution générale d'un problême, s'appellent *Formules*, parce qu'elles représentent une méthode générale de résoudre tous les problêmes possibles qui ont les mêmes conditions que celui qu'on a résolu par ces équations.

Par exemple, si on proposoit cette question : *Pierre & Jean ont donné ensemble* 14 *sols aux pauvres ; Pierre a donné* 4 *sols plus que Jean : qu'ont-ils donné chacun ?*

Il est évident que ce problême a les mêmes conditions que

le précédent, puiſqu'on y demande deux quantités, dont on connoît la ſomme 14 & la différence 4 ; c'eſt pourquoi l'aumône de Pierre ſera exprimée par x, celle de Jean par y, la ſomme 14 par a, la différence 4 par b ; cela poſé on trouvera $x=\frac{a+b}{2}=\frac{14+4}{2}=9$, & $y=\frac{a-b}{2}=\frac{14-4}{2}=5$. Donc Pierre a donné 9 ſols, & Jean 5.

232. *Une formule exprimée en paroles, donne donc une regle générale.* Par exemple, les formules $x=\frac{a+b}{2}$, $y=\frac{a-b}{2}$, qui ſont la même choſe que $x=\frac{1}{2}a+\frac{1}{2}b$, & $y=\frac{1}{2}a-\frac{1}{2}b$, donnent cette regle générale. *Quand on connoît la ſomme & la différence de deux quantités inconnues, pour avoir la plus grande, il faut ajouter la moitié de la différence à la moitié de la ſomme, & pour avoir la plus petite, il faut ôter la moitié de la différence de la moitié de la ſomme.*

233. Il eſt encore évident qu'*une Formule peut être énoncée en Théorême ;* car on peut exprimer ainſi les deux formules précédentes. *De deux quantités inégales, la plus grande eſt égale à la moitié de leur ſomme, plus la moitié de leur différence ; & la plus petite, à la moitié de leur ſomme moins la moitié de leur différence.* C'eſt ainſi qu'en réſolvant des problêmes par l'Algébre, on découvre les propriétés générales de la grandeur.

Nous avons diſcuté cette queſtion tout au long, pour ſervir de modéle aux ſolutions des Problêmes, nous ſerons plus ſuccincts dans les ſuivans.

234. II. EXEMPLE. *Pierre & Jean ayant enſemble 36 l. ont perdu une piſtole au jeu ; Pierre a perdu le tiers de ce qu'il avoit, & Jean le cinquiéme ; on demande ce que chacun avoit avant le jeu, & ce que chacun a perdu ?*

Dans cet exemple, il ſemble d'abord qu'il y ait quatre inconnues, quoiqu'il n'y en ait réellement que deux. Car quand on connoîtra ce que Pierre avoit avant le jeu, le tiers de cette ſomme ſera ſa perte, laquelle par conſéquent ne fait pas proprement une quantité inconnue ; il en eſt de même de la perte de Jean. D'où on peut faire cette remarque.

235. *Le nombre des inconnues ne dépend pas du nombre des demandes qu'on fait dans un problême, mais il faut voir avant que de déterminer le nombre des inconnues, si la solution d'une demande ne donne pas la solution d'une autre.*

Question exprimée en paroles.	Question exprimée Algébriquement.
On demande deux quantités....	x, y?
dont la somme est 36 ou a...	$x+y=a$
& dont le tiers de la premiere, plus le cinquiéme de la seconde, est 10 ou b.........	$\frac{x}{3}+\frac{y}{5}=b$

Il faut d'abord délivrer de fractions la seconde équation (221) qui deviendra $5x+3y=15b$, & alors si on prend $x=a-y$ (217) dans la premiere équation, & si on substitue cette valeur dans $5x+3y=15b$, on aura $5a-5y+3y=15b$, & en réduisant, puis transposant $2y=5a-15b$, & en divisant (221) $y=\frac{5a-15b}{2}$, ce qui suffit pour la solution du problême : car si on fait les substitutions marquées dans cette formule, on trouvera $y=15$ l. Jean avoit donc 15 l. & en a perdu 3, qui est le cinquiéme de 15 ; par conséquent Pierre avoit 21 l. puisque $15+21=36$, & a perdu 7 l. qui sont le tiers de 21.

Si cependant on vouloit une formule par x, on trouvera en faisant évanouir y, que $x=\frac{15b-3a}{2}$.

236. III. EXEMPLE. *Un Pere dans son testament, partage tout son bien entre ses enfans : il donne à son fils aîné* 1000 *écus avec le sixiéme de ce qui restera après qu'il les aura pris : au second* 2000 *écus avec le sixiéme de ce qui restera, au troisiéme* 3000 *écus & le sixiéme de ce qui restera, & ainsi de suite jusqu'au dernier, qui aura pour lui le reste de la part de ses freres. Cette disposition ayant été exécutée, chacun s'est trouvé également partagé. On demande combien ils étoient d'enfans ? Combien ils ont eu chacun ? & combien le pere avoit laissé d'argent ?*

Quoiqu'il paroiſſe qu'il y a trois inconnues, cependant on voit en examinant de près cette queſtion, qu'il n'y en a qu'une, ſçavoir le bien du pere : car quand il ſera connu, on en ôtera 1000 écus, & on leur ajoutera le ſixiéme du reſte, ce qui donnera la part de chacun ; & diviſant le bien du pere par une de ces parts, on aura le nombre des parts, c'eſt-à-dire, celui des enfans.

Je fais donc le bien du pere $=x$, les 1000 écus $=a$, & je dis, quand l'aîné aura pris ſes 1000 écus, le reſte du bien ſera $x-a$; ſur cela il prendra le ſixiéme, qui eſt $\frac{x-a}{6}$, & ſa part ſera $a+\frac{x-a}{6}$, ou réduiſant tout en fraction (80) $\frac{5a+x}{6}$. L'ayant ôtée de tout le bien, on a $x-\frac{5a-x}{6}$, ſur quoi le ſecond prend $2a$, & le bien qui reſte devient $x-\frac{5a-x}{6}-2a$, qui ſe réduit à $\frac{5x-17a}{6}$, dont il doit encore prendre le ſixiéme, lequel par conſéquent eſt $\frac{5x-17a}{36}$. De ſorte que la part du ſecond eſt $2a+\frac{5x-17a}{36}$ ou $\frac{55a+5x}{36}$.

Et parce que les parts ſe ſont trouvées égales, on a l'équation $\frac{5a+x}{6}=\frac{55a+5x}{36}$, ôtant les fractions, tranſpoſant & réduiſant, on a $6x=150a$, & diviſant $x=25a$.

Ainſi le bien du pere étoit de 25×1000 écus, c'eſt-à-dire, de 25000 écus : chacun a eu 15000 livres, & il y avoit cinq enfans.

237. IV. EXEMPLE. *Trouver un nombre tel qu'ôtant ſon quadruple de ſon quarré, reſtent* 21.

L'équation eſt $xx-4x=21$, ou en général $xx-bx=a$; or on voit par les Regles de l'extraction des Racines, qu'elle doit devenir $xx-bx+\frac{1}{4}bb=a+\frac{1}{4}bb$, *enſuite* $x-\frac{1}{2}b=\sqrt{a+\frac{1}{4}bb}$, & mettant 4 & 21 à la place de b & a, $x-2=\sqrt{21+4}=\sqrt{25}$. Donc $x-2=5$ & $x=7$.

238. REMARQUES. I. Ce Problême eſt du ſecond degré,

puisque l'inconnue s'y trouve élevée au quarré. Or ces sortes de Problêmes ont deux solutions ; en général, *les Problêmes déterminés, ont autant de solutions différentes, que le plus grand exposant de l'inconnue contient d'unités.*

La raison en est, pour les Problêmes du second degré, que tout quarré a deux racines possibles : par exemple xx a deux racines, sçavoir x & $-x$: Dans ce cas-ci, pour extraire la racine de cette équation on eût pu mettre $-x+\frac{1}{2}b = \sqrt{a+\frac{1}{4}bb}$, ou $-x+2=5$, donc $x=-3$: ce qui résout aussi le problême, puisque le quadruple de -3 qui est -12 étant ôté du quarré de -3 qui est 9, donne $9+12=21$.

239. De même si on avoit proposé de trouver deux nombres dont la somme $=17$ ou a, & le produit $=60$ ou b; on eût eu $x+y=a$, & $xy=b$, d'où on eût conclu $x=5$ & $y=12$, ou $x=12$ & $y=5$. Or il est clair que soit qu'on fasse $y=5$ & $x=12$; ou $y=12$ & $x=5$, les conditions du Problême sont remplies. D'où il suit que *tout Problême dans lequel une des deux inconnues peut être indifféremment plus grande ou plus petite que l'autre, est un Problême qui a deux solutions, & qui est par conséquent du second degré.*

240. II. Un Problême où il y a une inconnue de plus que de conditions, s'appelle *indéterminé* : on l'appelle *plus qu'indéterminé* lorsque le nombre des inconnues est encore plus grand à l'égard de celui des conditions du problême.

241. Dans les Problêmes indéterminés, on ne peut par les regles précédentes réduire chaque équation qu'à n'avoir plus que deux inconnues, & alors on est obligé de supposer une valeur à une de ces deux inconnues, afin que la valeur de l'autre soit déterminée en vertu de cette supposition & des conditions du problême : de sorte que le problême peut avoir autant de solutions, qu'on peut supposer de valeurs différentes à l'une des deux inconnues.

Soit, par exemple, cette question. *Trouver trois nombres* x, y, z, *dont la somme soit* 105, *& qui ayent entre eux une même différence.*

Les conditions de ce Problême ne peuvent s'exprimer que par ces deux équations $x+y+z=105$, & $x-y=y-z$.

Prenant donc dans la seconde équation $x=2y-z$, & substituant cela dans la premiere, on trouvera $y=35$, & par conséquent $x+35+z=105$, d'où on tire $x+z=70$, de laquelle équation on ne peut faire évanouir ni x ni z. Il faut donc supposer quelque valeur à x, & on en aura une de z : faisant, par exemple, $x=10$, on aura $z=60$, & les trois nombres 10, 35, 60 pourront satisfaire à la question. Et si on fait $x=12$, on aura $z=58$, & les trois nombres, 12, 35, 58 y satisferont aussi.

On voit même que ce Probleme peut avoir 69 solutions en nombre entiers & positifs, parce qu'on peut supposer x égal successivement à tous les nombres depuis 1 jusqu'à 69, mais non au-delà, parce que la somme des deux inconnues est 70; mais il peut avoir une infinité de solutions, en supposant x égal à tel nombre qu'on voudra moindre que 70, plus telle fraction qu'on voudra.

242. III. Dans les Problêmes indéterminés du premier degré on peut donner à une inconnue une valeur arbitraire, à moins que l'état de la question ne le comporte pas, comme s'il s'agissoit de trouver un certain nombre inconnu de choses indivisibles par leur nature & qu'on ne peut représenter par des fractions, comme des hommes, des chevaux, &c. Mais dans les Problêmes indéterminés du second degré lorsqu'on veut déterminer la valeur d'une inconnue élevée au quarré, il faut que la valeur supposée de l'autre inconnue soit telle, que ce quarré ne devienne pas négatif, parce qu'alors sa racine seroit une quantité impossible.

Par exemple, dans l'équation $xx+y=b$ on ne peut donner à y une valeur plus grande que celle de b, autrement xx deviendroit négatif; ce qui est un quarré impossible (225).

243. Les racines des puissances impossibles s'appellent des *racines imaginaires*. Ainsi $\sqrt{-xx}$ est une racine imaginaire : & c'est avoir démontré qu'un Problême est impossible, lorsque les racines de son équation sont toutes imaginaires, ou du moins *un Problême contient autant de cas impossibles, que son équation a de racines imaginaires*.

Voici quelques autres questions proposées pour s'exercer.

I.

I. *Pierre arrivant à Paris a dépensé le premier jour le tiers de tout l'argent qu'il avoit apporté ; le second jour il en a dépensé le quart ; le troisiéme jour, la cinquiéme partie ; ensorte qu'il ne lui restoit plus que* 26 liv. *On demande ce qu'il avoit d'argent en entrant à Paris ?*

II. *Un Orfévre achete* 318 *liv. une masse de métal composé de* 3 *onces d'or & de* 5 *onces d'argent, il achete* 522 *liv. une autre masse composée de* 5 *onces d'or & de* 7 *onces d'argent ; on demande la valeur de l'once d'or & celle de l'once d'argent ?*

III. *Pierre, Jacques & Jean ont perdu tout leur argent au jeu. Pierre & Jacques ont perdu ensemble* 10 *liv. Pierre & Jean* 11 *liv. Jacques & Jean* 9 *liv. on demande ce que chacun a perdu en particulier.*

IV. *Une Anesse disoit à une Mule: Si je t'avois donné un de mes sacs, nous serions également chargées ; & si tu m'en faisois porter un des tiens, j'aurois le double de ta charge. On demande combien de sacs chacune portoit ?*

V. *Pierre & Jean avoient autant d'argent l'un que l'autre avant que de jouer ; Pierre a perdu* 12 *liv. & Jean* 57 *liv. de sorte qu'au sortir du jeu Pierre avoit quatre fois plus d'argent que Jean. On demande ce que chacun avoit avant que de jouer ?.*

VI. *On demande à un homme ce qu'il a d'écus ? il répond, Si vous ajoutez ensemble la moitié, le tiers, le quart de ce que j'en ai, la somme surpassera d'un le nombre d'écus que j'ai ?*

VII. *Un Marchand achete trois chevaux ; le prix du premier avec la moitié du prix des deux autres, monte à* 25 *pistoles ; le prix du second avec le tiers du prix des deux autres, monte à* 26 *pistoles ; le prix du troisiéme avec la moitié du prix des deux autres, monte à* 29 *pistoles. On demande le prix de chaque cheval.*

VIII. *Un Manœuvre ayant* 6 *liv. dans sa poche, reçoit ce qui lui est dû pour cinq semaines. Quinze jours après il ne lui restoit plus que le quart de tout son argent, mais ayant reçû ce qu'il a gagné pendant ces deux semaines, il se trouve avoir* 21 *liv. Que gagnoit-il par semaine?*

Remarques générales sur la solution des Problêmes par l'Analyse.

244. I. LA plus grande difficulté qu'on rencontre ordinairement dans la solution d'une question, consiste dans celle de former des équations qui en expriment les conditions ; parce qu'il arrive souvent que dans ces conditions, on n'énonce pas positivement les rapports ou les égalités qu'elles renferment. Dans ce cas, 1°. il faut examiner si on ne peut pas faire entrer dans le probléme quelque quantité connue ou inconnue, désignée par de nouvelles lettres, & dont on puisse, par une équation, exprimer le rapport avec les autres quantités connues ou inconnues. 2°. Si on n'en trouve aucune, ou si cela ne suffit pas, il faut examiner, si parmi les données, ou même parmi les inconnues, il n'y a pas quelque quantité qu'on puisse exprimer par quelque nouvelle lettre, & en former quelque nouvelle équation, suivant les conditions du problême.

Soit proposé cette question. *Un pied cube d'eau de mer pese 72 liv. un pied cube d'eau douce ou de pluye pese 69 l.* $\frac{1}{2}$ *; un pied cube d'une fontaine salée pese 71 l. On demande quel poids d'eau de pluye il faut ajouter à un pied cube d'eau de mer, afin qu'elle ne soit pas plus salée ou plus pesante que celle de la fontaine?*

J'appelle x le poids d'eau de pluye cherché ; je fais $72 = a$, $71 = b$, $69\frac{1}{2} = c$. Je désigne le pied cube par p. Je remarque qu'on a déterminé le volume de l'eau de la mer qu'il faut mêlanger, sçavoir, un pied cube, qui est aussi le volume par lequel on a déterminé les poids. Je sçais d'ailleurs que les volumes d'une même eau sont proportionnels à leurs poids. Pour parvenir plus facilement à une équation, j'appelle z le volume d'eau de pluye que je cherche, dont le poids est x : & j'ai $p.\, c :: z.\, x$, & par conséquent $px = cz$. Ensuite puisque le poids du pied cube de la fontaine salée est b, le volume p est au poids b, comme le volume p plus le volume z du mêlange, est au poids a plus le poids x de ce même mêlange : ou $p.\, b :: p+z.\, a+x$. Donc $ap+px = bp+bz$. Et cette équation étant comparée à la précédente $px = cz$, on aura $x = \frac{ac-bc}{b-c} = 46$ l. $\frac{1}{3}$.

AUTRE EXEMPLE. *Il y a trois prés* a, b, c, *d'une même qualité & d'une grandeur connue, dans lesquels l'herbe croît uniformément, il faut un nombre* d *de bœufs pour paître toute l'herbe du pré* a *en un certain nombre de jours* e ; *& un nombre* f *de bœufs pour paître tout le pré* b *en un nombre* g *de jours : on demande le nombre* x *de bœufs qui pourroient paître de même toute l'herbe du pré* c, *en un nombre* h *de jours donné.*

Les conditions du probléme n'expriment pas les rapports nécessaires pour en former des équations : mais comme il s'agit & de l'herbe qui se trouve dans chaque pré lorsque les bœufs y entrent, & de celle qui croît pendant qu'ils y sont, je partage les bœufs de chaque pré en deux bandes, & je suppose que l'une mange seulement l'herbe qui étoit accrûe lorsqu'ils y sont entrés, & que l'autre bande mange l'herbe qui croît. Ainsi je suppose $d=y+z$, $f=t+u$, $x=s+r$.

Je considere d'abord les bœufs qui mangent l'herbe qui étoit crûe, & je dis, il faut d'autant plus de bœufs pour manger tout un pré, que le pré est plus grand, & que le tems est plus court : donc le nombre des bœufs qui mangent l'herbe accrûe est en raison composée de la directe de la grandeur du pré, & de l'inverse du tems; ou, ce qui est la même chose, le nombre de ces bœufs est comme le pré divisé par le tems. J'ai donc les deux proportions, $y.\ t :: \frac{a}{e}.\ \frac{b}{g}$, & $y.\ s :: \frac{a}{e}.\ \frac{c}{h}$ d'où je tire les valeurs de t & de s; sçavoir, $t=\frac{eby}{ag}$ & $s=\frac{ecy}{ah}$.

Je viens ensuite à ceux qui mangent l'herbe qui croît, tandis qu'on mange l'herbe qui étoit crûe, & je vois qu'il faut que leur nombre soit d'autant plus grand, que les prés sont plus grands, sans qu'il soit besoin d'avoir égard au tems : ainsi le nombre de ces bœufs est proportionnel à l'étendue des prés. D'où je tire encore ces deux proportions $z.\ u :: a.\ b$, & $z.\ r :: a.\ c$, & par conséquent les deux équations $z=\frac{au}{b}$ & $r=\frac{cz}{a}$.

Ainsi j'ai sept équations & sept inconnues; sçavoir, $d=y+z$; $f=t+u$, $x=s+r$, $t=\frac{eby}{ag}$, $s=\frac{ecy}{ah}$, $z=\frac{au}{b}$, & $r=\frac{cz}{a}$. Ayant fait toutes les substitutions nécessaires des valeurs de s & de r dans la troisiéme équation, j'ai enfin $x=\frac{acfgh-acegf-bcdeh+bcdeg}{abgh-abeh}$.

245. II. Il arrive quelquefois que les conditions qui déterminent un problême, donnent des équations parmi lesquelles il s'en trouve qui n'ont pas d'inconnues, & qui ne peuvent par conséquent servir directement à faire évanouir les inconnues qui sont dans les autres équations; alors il faut déduire de ces équations toutes connues, d'autres équations où il entre quelqu'une des inconnues du problême, afin de faire les substitutions nécessaires. Or cela est toujours possible, puisqu'on suppose que les données contiennent la détermination du problême.

PROBLEME. *Etant donnés plusieurs alliages, en composer un qui soit d'un titre donné.*

Soient donnés, par exemple, trois alliages M, N, O, composés chacun d'or, d'argent & de cuivre, l'alliage M contient a d'or, d d'argent, g de cuivre. L'alliage N contient b d'or, e d'argent, h de cuivre: & l'alliage O est de c d'or, f d'argent, & i de cuivre. Il faut en composer un alliage qui ait l d'or, m d'argent, n de cuivre.

J'appelle A l'or, B l'argent, C le cuivre ; x, y, z les quantités des alliages A, B & C qui doivent entrer dans l'alliage cherché, & pour rendre mes équations plus simples, je suppose $a+d+g=r$, $b+e+h=p$, $c+f+i=q$, & j'exprime ainsi les conditions du problême....

$$aA+dB+gC=rM$$
$$bA+eB+hC=pN$$
$$cA+fB+iC=qO$$
$$lA+mB+nC=xM+yN+zO$$

Les trois premieres équations ne contiennent pas d'inconnues, mais seulement la quatriéme, qui les renferme toutes. Ces trois ne peuvent donc servir à la solution du problême, si on n'en déduit de nouvelles équations. Pour cela je prends les valeurs de M, N, & de O, & j'ai $\frac{aA+dB+gC}{r}=M$, $\frac{bA+eB+hC}{p}=N$, & $\frac{cA+fB+iC}{q}=O$, je les substitue dans la quatriéme équation, qui devient $lA+mB+nC=\frac{aAx+dBx+gCx}{r}+\frac{bAy+eBy+hCy}{p}+\frac{cAz+fBz+iCz}{q}$.

Mais parce que lA exprime tout l'or qui entre dans l'alliage cherché, ce terme lA doit être égal à la somme des termes $\frac{aAx}{r}$, $\frac{bAy}{p}$, $\frac{cAz}{q}$, qui sont dans le second membre. Il en est de même de mB & de nC, j'ai donc les trois nouvelles équations, qui contiennent les trois inconnues......

$$lA=\frac{aAx}{r}+\frac{bAy}{p}+\frac{cAz}{q}, \text{ Donc.....} l=\frac{ax}{r}+\frac{by}{p}+\frac{cz}{q}$$
$$mB=\frac{dBx}{r}+\frac{eBy}{p}+\frac{fBz}{q} \text{ ....} m=\frac{dx}{r}+\frac{ey}{p}+\frac{fz}{q}$$
$$nC=\frac{gCx}{r}+\frac{hCy}{p}+\frac{iCz}{q} \text{ ....} n=\frac{gx}{r}+\frac{hy}{p}+\frac{iz}{q}$$

Et par conséquent on pourra, par les regles précédentes, trouver la valeur de chacune.

Des problêmes qui conduisent à une équation du second degré.

246. Il est clair que tout problême qui a deux solutions, conduit nécessairement à une équation du second degré au moins, & que chaque solution est contenue dans cette équation. Il arrive aussi qu'on parvient à une équation du second degré, quoique le problême n'ait réellement qu'une solution ; mais alors il se trouve toujours quelque quantité négative, qui satisfait aux conditions du problême, & que nous devons négliger, parce qu'elle est inutile, mais que l'algebre nous fait connoître, parce que l'algebre ne nous conduit pas plutôt à une solution positive, qu'à une solution négative.

247. Si le problême n'a que deux solutions négatives que nous ne cherchons pas, nous parviendrons aussi à une équation du second degré, on peut même y être conduit par les conditions d'un probléme absolument impossible, parce que plusieurs quantités impossibles peuvent être exprimées algébriquement (243), mais dans ce cas, les racines de l'équation se trouveront toujours imaginaires.

248. Il faut remarquer qu'un probléme n'a quelquefois qu'une seule solution positive, quoiqu'il conduise à une équation qui a deux racines positives. Ce cas arrive lorsque le problême a une solution positive & une négative, mais étrangere à la question. Qu'on propose, par exemple, de *trouver une proportion continue dont le premier terme soit 4, & dont la différence du second au troisiéme soit 3*. Ce problême n'a qu'une solution positive, sçavoir, ∺ 4. 6. 9 : mais il y en a encore une négative, dont on n'a que faire, qui est ∺ 4. —2. 1. à laquelle cependant l'Algebre nous conduit de même qu'à l'autre.

Si ayant exprimé ainsi le problême ∺ 4. *y*. *x*. on eût cherché la valeur de *y*, on eût eu $y = 6$, & $y = -2$, dont la derniere doit être rejettée : & si on eût cherché les valeurs de *x*, on eût eu $x = 9$, & $x = 1$; or il est évident qu'il faut rejetter cette seconde racine, quoique positive ; parce que le premier terme étant 4, le dernier terme ne peut être 1, & avoir une différence 3 avec le second, à moins que ce second ne soit négatif, ce qui n'est pas ce qu'on s'est proposé.

249. Si le probléme eût été de *trouver une proportion continue dont le premier terme soit 4, & la somme du second & du troisieme soit 3*. Alors en cherchant ce troisiéme terme, on lui eût trouvé deux valeurs positives, sçavoir, 9 & 1, il faut donc rejetter la premiere 9, puisque la somme de ce terme & du second ne peut être 3, si ce second n'est négatif. La vraie solution est ∺ 4. 2. 1, & celle qu'on doit négliger est ∺ 4. —6. 9.

Dans la solution de ces deux problêmes, si on appelle le troisiéme terme *x*, on aura l'équation $xx - 10x + 9 = 0$; de sorte qu'on ne pourra en résoudre un, sans résoudre en meme tems l'autre. Cependant, à parler mathématiquement, chaque solution appartient à chaque problême, en tant qu'il est exprimé algébriquement.

250. Ayant résolu l'équation $xx - 10x + 9 = 0$, pour reconnoître laquelle des deux racines est inutile, il faut faire attention aux opérations par lesquelles on est parvenu à l'équation : Par exemple, après l'avoir mise sous cette forme (225) $xx - 10x + 25 = 25 - 9$, on trouvera les racines $x - 5 = 4$, $5 - x = 4$: & alors on connoîtra que $x - 5 = 4$ contient la solution qu'on cherche, si en formant l'équation, le quarré xx est le produit de $+x \times +x$ comme dans le premier problême. Mais si le quarré xx a été formé de $-x \times -x$, comme dans le second problême, il faut rejetter $x - 5 = 4$, & se servir de la racine $5 - x = 4$, parce que dans ce problême le quarré xx n'est pas celui de la racine $+x$, mais celui de $-x$, & que la racine $+x$ appartient à un cas que nous ne cherchons pas, quoiqu'absolument parlant, elle appartienne à la solution du problême.

251. Mais lorsque les opérations par lesqu'elles on parvient à une equation du second degré, ne déterminent pas si le quarré vient d'une racine positive, ou d'une racine négative, les deux racines donnent également la solution du problême qui a deux solutions positives.

Application des Remarques précédentes à quelques cas des équations du quatriéme degré.

252. UN problême du quatriéme degré se réduit assez souvent à un du second, & il se résoud précisément de même. Cela arrive toutes les fois que deux mêmes quantités positives & négatives, peuvent satisfaire à une question. Par exemple, si $+a$, $-a$; $+b$, $-b$ peuvent exprimer les conditions d'un problême; ce problême a quatre solutions, son équation est du quatriéme degré, & elle se résoud comme celles du second, en cherchant d'abord non la valeur de l'inconnue, mais celle du quarré de l'inconnue: Ainsi $x=a$, $x=-a$ donnent, en élevant chaque terme au quarré, $xx=aa$, ou bien $xx-aa=o$. De même $x=b$, $x=-b$ donnent $xx=bb$, ou $xx-bb=o$; d'où on tire $x^4 - a^2x^2 - b^2x^2 + a^2b^2 = o$, cette équation contient quatre valeurs de x, qu'on trouve en cherchant d'abord les deux valeurs de xx, & en extrayant ensuite la racine quarrée de chacune.

253. Quelquefois un problême qui n'a que deux solutions, l'une positive, & l'autre négative égale, nous conduit à une équation du quatriéme degré, alors en appliquant aux quarrés de l'inconnue, ce que nous avons dit des racines des équations du second degré, on verra que le quarré de l'inconnue aura deux valeurs, dont la négative doit être rejettée. L'algebre donne nécessairement toutes les solutions algébriques, & parce qu'on peut exprimer algébriquement des quantités impossibles, s'il s'en trouve parmi les conditions d'un probléme, elles doivent être nécessairement renfermées dans une équation, qui exprime toutes les valeurs de l'inconnue.

254. Dans ces sortes de problêmes du quatriéme degré, il arrive aussi comme dans le cas dont il a été parlé ci-dessus (248) qu'en résolvant un problême qui n'a que deux solutions, l'une positive, & l'autre négative égale, on trouve à l'inconnue quatre valeurs positives, mais il y en a toujours deux qui appartiennent à des cas impossibles, quoique ces valeurs ne soient pas impossibles en elles-mêmes.

Soient données, par exemple, ces Proportions .....

$$\div x . y . z . \quad \div z-y . 20 . z+y . \quad \div 34-2y . z-x . 34+2y .$$

dans lesquelles on demande les valeurs de x, y & z. Ce problême n'a qu'une solution positive, dans laquelle $x=9$, $y=15$ & $z=25$, & une négative égale, où $x=-9$, $y=-15$, $z=-25$, & il n'en a pas d'autres. Si cependant on vouloit chercher les valeurs de z, par exemple, des trois proportions on tireroit $xz=yy$, $zz-yy=400$, $1156 - 4yy = zz - 2xz + xx$, & par des substitutions, on parviendroit à l'équation $z^4 - 689zz + 40000 = o$, qui donneroit les quatre racines

$z=25$, $z=-25$, $z=8$, $z=-8$; or ces deux dernieres ne peuvent donner que des ſolutions impoſſibles, car en prenant $z=8$, on trouveroit $x=-42$ & $y=\sqrt{-336}$, & en prenant $z=-8$, on auroit $x=42$, & $y=-\sqrt{-336}$, dans leſquelles les valeurs de y ſont imaginaires.

255. Or voici comme il faut diſtinguer la vraie racine $x=15$ de toutes les autres qu'il faut rejetter. Ayant réſolu l'équation $z^4-689zz+40000=0$ je trouve les deux racines $zz-344\frac{1}{2}=280\frac{1}{2}$, & $344\frac{1}{2}-zz=280\frac{1}{2}$. Je rejette cette ſeconde valeur $344\frac{1}{2}-zz=280\frac{1}{2}$, parce que (ſuivant la regle donnée ci-deſſus nº. 250) dans les opérations par leſquelles je ſuis parvenu à l'équation $x^4-689zz+40000=0$, j'ai formé z^4 en multipliant $+zz$ par $+zz$, & non $-zz$ par $-zz$. Ainſi je prends l'autre valeur $zz-344\frac{1}{2}=280\frac{1}{2}$, & par la tranſpoſition j'ai $zz=625$, & par conſéquent $z=25$, & $z=-25$; je rejette $z=-25$, parce que cette racine eſt négative.

C'eſt ainſi qu'on trouve ſouvent des problémes qui n'ayant qu'une ou que deux ſolutions, ne peuvent cependant être réſolus que par des équations de trois, de quatre degrés, ou même de cinq, ſix, &c. Cependant à parler rigoureuſement, dans tous ces cas, il y a autant de ſolutions que l'équation a de degrés, mais parmi ces ſolutions, il y en a pluſieurs qu'il faut rejetter.

Voici quelques problêmes du ſecond degré, pour ſervir d'exemples aux regles précédentes, & pour exercer les Commençans.

I. *Deux débiteurs* A *&* B *doivent payer à eux deux* 208 *livres.* A *paye tous les jours* 9 l. B *a payé le premier jour* 1 l. *le ſecond* 2 l. *le troiſiéme* 3 l. *&c. On demande en combien de jours ils ſeront quittes ? & combien chacun doit.*

Soit x la dette de A, y celle de B, & le nombre des jours cherchés $=z$: Les conditions du probléme donnent les deux équations $x+y=208$, & $9z=x$; D'ailleurs y eſt la ſomme d'une progreſſion arithmétique dont le premier terme eſt 1, le dernier z, & le nombre des termes eſt auſſi z : Donc $y=(1+z)\frac{1}{2}z=\frac{1}{2}z+\frac{1}{2}zz$, & par la ſubſtitution, $x+y=208$ deviendra $9z+\frac{1}{2}z+\frac{1}{2}zz=208$, ou $zz+19z=416$. Donc (225) $zz+19z+90\frac{1}{4}=506\frac{1}{4}$. Donc $z+9\frac{1}{2}=22\frac{1}{2}$, ou bien $z=13$, & par conſéquent $x=117$, & $y=91$.

II. *On demande deux nombres,* x *&* y, *dont le produit eſt* 12, *& la différence des quarrés eſt* 7.

$$\text{Equations. } xy=12, \quad xx-yy=7. \text{ Donc } y=\frac{12}{x} \text{ \& } yy=\frac{144}{xx}.$$

Donc $xx-\frac{144}{xx}=7$ ou $x^4-144=7xx$. Il faut d'abord chercher la valeur de xx, & faire $x^4-7x^2+12\frac{1}{4}=156\frac{1}{4}$. D'où on tirera $xx-3\frac{1}{2}=12\frac{1}{2}$, & $3\frac{1}{2}-xx=12\frac{1}{2}$, ou bien $xx=16$, & $xx=-9$, & parce que cette ſeconde racine eſt imaginaire, je prends $xx=16$, d'où je tire $x=4$, & $x=-4$, & par conſéquent $y=3$, & $y=-3$, & ce ſont là les deux vraies ſolutions, les deux autres ſont impoſſibles, quoiqu'elles puiſſent être exprimées algébriquement. Elles donneroient l'une $x=\sqrt{-9}$, & $y=\sqrt{-16}$, & l'autre $x=-\sqrt{-9}$, & $y=-\sqrt{-16}$.

III. *On demande un nombre auquel si on ajoute la racine quarrée de son produit par* 10, *la somme soit* 20.

L'équation est $x+\sqrt{10x}=20$. Pour ôter le signe radical je mets le terme où il se trouve dans un membre seul : Ainsi $\sqrt{10x}=20-x$, j'éleve tout au quarré, & j'ai $10x=400-40x+xx$; réduisant & ordonnant les termes, $xx-50x=-400$. Donc (225), $xx-50x+625=225$, & par conséquent, $x-25=15$, ou $x=40$, & $25-x=15$, ou $x=10$. Or il est clair que $x=40$ doit être rejettée, puisque la somme demandée ne peut être 20, à moins qu'on n'ajoute à 40 la racine négative -20 de son produit par 10 qui est 400, en faisant $40-20=20$, il est donc évident que ce n'est pas 40 qu'on demande, quoique, mathématiquement parlant, 40 satisfasse à la question aussi bien que l'autre racine 10.

Notez que c'est $25-x=15$ & non pas $x-25=15$ qui nous donne la racine cherchée, parce que le quarré de l'équation a été formé par $20-x$ (250).

256. OBSERVATION. Nous avons déja fait remarquer (244) qu'on évite souvent des calculs embarrassans dans la solution d'un problême, en ne cherchant pas directement les valeurs des inconnues, mais des valeurs d'autres quantités par lesquelles on parvient à celles des inconnues. Quelquefois, par exemple, au lieu de chercher les inconnues on cherche leurs sommes & leurs différences. Quelquefois aussi les opérations qu'on fait, nous font appercevoir des rapports ou des quantités plus faciles à évaluer que ne le sont les inconnues, & par le moyen desquelles on parvient à la solution entiere. Quelques exemples éclairciront ceci.

IV. *Trouver deux nombres* u *&* z, *dont la somme des quarrés est* a, *& dont le produit est* b.

On a donc $uu+zz=a$. $uz=b$; Donc $u=\frac{b}{z}$ & $uu=\frac{bb}{zz}$, & en substituant $\frac{bb}{zz}+zz=a$, enfin $bb+z^4=azz$, ce qui se résoud comme le premier problême. Mais on peut le faire autrement, en faisant $x+y=u$, & $x-y=z$: Alors les deux conditions du Problême donneront $2xx+2yy=a$, & $xx-yy=b$. D'où on tirera aisément une autre solution.

V. *Trouver deux nombres* u *&* z, *dont la somme est* a *& le produit* b.

Ce problême a déja été résolu (239). Mais on peut en trouver une autre solution, en faisant $u+z=2x$, & $u-z=2y$, alors si y est positif, le plus grand nombre cherché sera (232) $x+y$, & le plus petit $x-y$; & si y est négatif, ce sera le contraire. On aura donc $2x=a$, & $xx-yy=b$; par conséquent $x=\frac{1}{2}a$, & $\frac{1}{4}aa-yy=b$, ou $\frac{1}{4}aa-b=yy$. Donc $y=\sqrt{\frac{1}{4}aa-b}$. Connoissant par conséquent la demi-somme x, & la demi-différence y, il sera facile (232) d'avoir les deux quantités.

VI. *Etant données la somme* a *de quatre nombres* ∺ u, x, y, z, *en progression Géométrique, & la somme* b *de leurs quarrés, trouver ces nombres.*

Les deux conditions donnent les équations suivantes.

$$u+x+y+z=a \qquad uu+xx+yy+zz=b.$$

Je prends dans la progression deux valeurs de deux des quarrés inconnus; par exemple, j'en tire $xx=uy$, & $yy=xz$. Donc $u=\frac{xx}{y}$, & $z=\frac{yy}{x}$: donc $uu=\frac{x^4}{yy}$ & $zz=\frac{y^4}{xx}$ substituant ces quantités dans les deux équations, elles deviennent.......

$$\frac{xx}{y}+x+y+\frac{yy}{x}=a. \qquad \frac{x^4}{yy}+xx+yy+\frac{y^4}{xx}=b.$$

Otant les fractions.

$$x^3+xxy+xyy+y^3=axy \qquad x^6+x^4yy+y^4xx+y^6=bxxyy.$$

Dans ces deux équations, x & y sont disposées de la même maniere; c'est pourquoi je pourrois chercher d'abord leur somme & leur différence. Mais en ayant essayé le calcul, je vois qu'il feroit trop long. J'examine donc si des deux dernieres équations je ne pourrois pas déduire quelques quantités plus aisées à évaluer que x & que y, & par le moyen desquelles je parviendrois à la valeur de ces inconnues.

Pour cela je mets mes deux équations sous cette forme.

$$(xx+yy)(x+y)=axy \qquad (x^4+y^4)(xx+yy)=bxxyy$$

Donc......

$$xx+yy=\frac{axy}{x+y} \qquad x^4+y^4=\frac{bxxyy}{xx+yy}$$

Et en divisant $bxxyy$ par $\frac{axy}{x+y}$ au lieu de $xx+yy$, la seconde équation devient.......

$$x^4+y^4=\frac{bxy(x+y)}{a}$$

Pour en avoir une plus simple, j'éleve au quarré la premiere $xx+yy=\frac{axy}{x+y}$, & j'ai......

$$x^4+y^4+2(xy)^2=\frac{(axy)^2}{(x+y)^2}$$

Ou bien $x^4+y^4=\frac{(axy)^2}{(x+y)^2}-2(xy)^2$

Donc en substituant......

$$\frac{(axy)^2}{(x+y)^2}-2(xy)^2=\frac{bxy(x+y)}{a}.$$

Je vois ensuite que cette équation deviendra plus simple, si je mets une inconnue à la place de xy, & une autre à la place $x+y$; car alors si je trouve la valeur de ces deux nouvelles inconnues, j'aurai réduit le problême à celui de l'article 239. Il faut maintenant chercher si je ne découvrirai pas une autre équation, qui par une semblable substitution, devienne plus simple; car pour déterminer ces deux nouvelles inconnues, il faut deux équations.

J'avois ci-dessus l'équation $xx+yy=\frac{axy}{x+y}$. J'ajoute $2xy$ à chaque membre, & j'ai......

$$xx+yy+2xy=\frac{axy}{x+y}+2xy.$$

Ou ce qui est le même.

$$(x+y)^2=\frac{axy}{x+y}+2xy.$$

Faisant $xy=s$ & $x+y=t$; & substituant dans l'équation précédente; & dans $\frac{(axy)^2}{(x+y)^2}-2(xy)^2=\frac{bxy(x+y)}{a}$ trouvée ci-dessus, j'ai........

$$tt=\frac{as}{t}+2s \qquad \frac{aass}{tt}-2ss=\frac{bst}{a}.$$

Otant les fractions........

$$t^3=as+2st \qquad a^3s-atts=bt^3, \text{ Ou bien } t^3=\frac{a^3s-2atts}{b}.$$

Donc à cause des deux valeurs de t^3.......

$$as+2st=\frac{a^3s-2atts}{b}.$$

Otant la fraction, & divisant par s.......

$$ab+2bt=a^3-2att.$$

Et dégageant le quarré de l'inconnue (225), puis ordonnant.....

$$tt+\frac{b}{a}t=\tfrac{1}{2}aa-\tfrac{1}{2}b.$$

D'où on tirera la valeur de t, & par conséquent celle de s par le moyen de l'équation $t^3=as+2st$, qui donne $s=\frac{t^3}{a+2t}$. On aura donc enfin (239).

$$x=\tfrac{1}{2}t\pm\sqrt{\tfrac{1}{4}tt-s}.$$
$$y=\tfrac{1}{2}t\mp\sqrt{\tfrac{1}{4}tt-s}.$$

De la comparaiſon des Grandeurs ;

OU

Traité des Raiſons & des Proportions.

257. ON appelle en général *Raiſon* ou *Rapport*, la comparaiſon de deux quantités ; ou bien, la maniere dont l'une eſt à l'égard de l'autre.

On compare deux quantités pour ſçavoir ſi elles ſont égales, ou de combien l'une ſurpaſſe l'autre ; ou combien de fois l'une contient l'autre. Par exemple, je puis comparer 4 à 12, en cherchant ſi 4=12, ou de combien 4 eſt ſurpaſſé par 12, ou combien de fois 4 eſt contenu dans 12.

258. Le premier des deux termes qu'on compare s'appelle *l'antécédent*, & le ſecond le *conſéquent*.

259. On ne compare ordinairement que des quantités inégales, ou dont on ne connoît pas l'égalité ; c'eſt pourquoi quand on compare deux quantités pour ſçavoir de combien l'une ſurpaſſe l'autre, on appelle cette comparaiſon un rapport ou une *raiſon Arithmétique ;* & quand on cherche combien de fois l'une contient l'autre, on en appelle la comparaiſon un rapport ou une *raiſon géométrique*.

260. Il eſt aiſé de ſentir que tout rapport conſiſte dans une quantité qui exprime la maniere dont l'antécédent eſt à l'égard de ſon conſéquent ; d'où il ſuit.....

261. I°. Qu'un rapport Arithmétique conſiſte dans la différence qu'il y a entre l'antécédent & le conſéquent, ou entre le conſéquent & l'antécédent, & qu'un rapport géométrique conſiſte dans le quotient de l'antécédent diviſé par le conſéquent ou du conſéquent diviſé par l'antécédent.

262. II° *Que deux termes ſont en même raiſon avec deux autres, ou que deux rapports ſont égaux, quand les différences ou les quotients ſont égaux.* Ainſi de ce que l'excès de 7 ſur 3 eſt le même que celui de 9 ſur 5, ſçavoir 4, il eſt clair que le

rapport arithmétique de 7 à 3 est égal à celui de 9 à 5, ou que 7 est à 3 en même raison arithmétique que 9 à 5. De même de ce que 3 est contenu dans 12 autant de fois, sçavoir 4, que 2 dans 8, & qu'ainsi le quotient de la raison de 3 à 12 est le même que celui de la raison de 2 à 8, il suit que 3 est à 12 en même raison géométrique que 2 à 8, ou que ces raisons sont égales.

263. Lorsque des différences égales ou des quotients égaux de deux raisons qu'on compare entr'elles, résultent comme dans l'exemple précédent de deux opérations faites dans le même ordre, c'est-à-dire les différences en ôtant chaque antécédent de son conséquent, ou chaque conséquent de son antécédent, & les quotients en divisant chaque antécédent par son conséquent, ou chaque conséquent par son antécédent, les raisons égales sont appellées *raisons directes*. Ainsi 3 est à 12 en raison directe de 2 à 8, parce qu'en divisant 3 par 12, on a le même quotient $\frac{1}{4}$, qu'en divisant 2 par 8. Et lorsque des différences égales ou des quotients égaux résultent d'opérations faites dans un ordre renversé, par exemple, en ôtant d'un côté un antécédent de son conséquent, & de l'autre en ôtant le conséquent de l'antécédent, ou en divisant d'un côté l'antécédent par le conséquent, & de l'autre le conséquent par l'antécédent, les termes de ces deux raisons sont dits être *en même raison inverse* ou en *raison réciproque* : Ainsi les termes 12 & 3 sont en même raison réciproque géométrique que 2 & 8; ils sont en même raison parce qu'ils ont un même quotient 4; mais cette raison est inverse, parce que ce quotient résulte dans la premiere raison de l'antécédent divisé par son conséquent, & dans la seconde, du conséquent divisé par l'antécédent.

D'où il suit *que les quatre termes des deux raisons inverses peuvent être mis en raison directe, en faisant changer de place à un des deux termes d'une de ces deux raisons.*

264. III°. Que *l'inegalité de divers rapports qu'on compare, consiste dans celle de leurs différences ou de leurs quotients.* Mais pour établir une Regle sûre de déterminer cette inégalité, il faut convenir de l'ordre dans lequel on opérera, pour trouver les différences ou les quotients des raisons qu'on compare.

265. Les quatre termes de deux raisons directes égales for-

ment *une proportion*, laquelle eſt arithmétique ou géométrique ſelon l'eſpece de ces deux raiſons. Ainſi les quatre termes 7, 3, 9, 5 forment une proportion arithmétique; & pour déſigner que ces termes ſont une telle proportion, on les écrit ainſi 7. 3 : 9. 5. De même les quatre termes 3, 12, 2, 8 forment une proportion géométrique; & pour la déſigner on les écrit ainſi 3. 12 : : 2. 8. ou 3 : 12 : : 2 : 8. ou 3 : 12 = 2 : 8, ou encore 3|12||2|8.

266. Le premier & le dernier terme d'une proportion s'appellent *les extrêmes*; & le ſecond & le troiſiéme s'appellent *les moyens*.

267. Il arrive ſouvent que le conſéquent de la premiere raiſon d'une proportion eſt l'antécédent de la ſeconde raiſon; par exemple, on peut avoir cette proportion arithmétique *a. b : b. c.* ou cette géométrique *a : b : : b : c.* alors ces ſortes de proportions s'appellent *continues*. La proportion arithmétique continue s'écrit ainſi ÷ *a. b. c.* & la géométrique ∺ *a. b. c.* le ſecond terme s'appelle *le Moyen proportionnel*.

268. La proportion continue ayant plus de trois termes, devient une *progreſſion croiſſante ou décroiſſante*; ainſi ÷ 3. 6. 9. 12. 15. 18, &c. eſt une progreſſion arithmétique croiſſante ∺ 32. 16. 8. 4. 2. 1. eſt une progreſſion géométrique décroiſſante. De même, la ſuite naturelle des nombres 0. 1. 2. 3. 4. 5., &c. forme une progreſſion arithmétique croiſſante.

269. Donc en général *une progreſſion arithmétique eſt une ſuite de termes qui pris conſécutivement ont toujours une même différence; & une progreſſion géométrique eſt une ſuite de termes qui ont toujours un même quotient.*

Propriétés des Raisons, Proportions & Progressions Arithmétiques.

270. THÉOREME I. *TOUT rapport Arithmétique se peut réduire à une de ces formules* a. a±d. *ou* b. b±d, *ou* c. c±d, &c. Ou, ce qui est le même, *le conséquent d'une raison arithmétique est toujours égal à l'antécédent plus ou moins leur différence.*

DEMONSTRATION. Toute quantité se peut exprimer par *a*, & être l'antécédent d'une raison arithmétique; or *a* étant l'antécédent, est ou plus grand ou plus petit que son conséquent. Si *a* est plus grand, il surpasse son conséquent d'une quantité ou différence qu'on peut appeller *d*; donc alors le conséquent est *a—d*: si *a* est plus petit que son conséquent, il en est surpassé d'une quantité qu'on peut appeller *d*, & en ce cas le conséquent est *a+d*; donc *dans tout rapport arithmétique le conséquent est égal à l'antécédent plus ou moins leur différence*: (plus ou moins s'exprime par ±,) donc tout rapport arithmétique peut être représenté par *a. a±d*.

On démontre de même qu'en appellant *b* ou *c* une quantité quelconque, son rapport arithmétique avec une autre quantité quelconque, est *b. b±d*, ou *c. c±d*.

271. THEOREME II. *Toute proportion arithmétique peut être représentée par celle-ci*, a. a±d: b. b±d.

DEMONSTRATION. Puisque deux rapports arithmétiques sont égaux (262) quand ils ont une même différence, & que (270) tout rapport arithmétique se peut exprimer par *a. a±d*, ou par *b. b±d*, il suit que la différence *d* de ces deux rapports étant la même, on aura toujours *a. a±d: b. l±d*.

272. THEOREME III. *Dans une proportion arithmétique la somme des extrêmes est égale à la somme des moyens.* Cela est évident dans la proportion *a. a±d: b. b±d* puisque la somme des extrêmes est *a+b±d*, & celle des moyens est *a±d+b*, qui est la même chose que *a+b±d*; mais cela fait voir qu'une

proportion arithmétique étant exprimée par des termes différens entre eux, comme $a. b : c. d.$ on a $a+d=b+c$.

273. COROLLAIRE I. *Dans une proportion continue la somme des extrêmes est égale au double du moyen ;* car $\div a. b. c.$ est la même chose que $a. b : b. c$, donc $a+c=2b$.

274. COROLLAIRE II. *Dans une proportion arithmétique, quand il y a un terme inconnu, il est aisé d'en trouver la valeur ;* car si on met x à la place de ce terme, ayant disposé les autres en proportion, & fait une équation de la somme des extrêmes & de celle des moyens, on déduira aisément la valeur du terme inconnu.

Par exemple, si je veux avoir le quatriéme terme d'une proportion arithmétique, dont je connois les trois premiers a, b, c, je fais $a. b : c. x$, donc (272) $a+x=b+c$, & en transposant $x=b+c-a$, formule qui signifie que *le quatriéme terme d'une proportion arithmétique est égal à la différence entre la somme des moyens & le premier terme.*

Si on demande quel est le moyen proportionnel arithmétique entre a & b, je fais $\div a. x. b$; donc $a+b=2x$, & en faisant les réductions, $x=\frac{a+b}{2}$. Ce qui s'exprime ainsi. *La moitié de la somme des extrêmes est égale à leur moyen proportionnel arithmétique.*

275. THEOREME IV. *Toute progression arithmétique se peut réduire à celle-ci,* $\div a. a\pm d. a\pm 2d. a\pm 3d. a\pm 4d. a\pm 5d. a\pm 6d. a\pm 7d.$ *&c. & ainsi de suite à l'infini.*

DEMONSTRATION. Puisque (270) tout rapport se peut exprimer par $a. a\pm d$, & que (269) une progression arithmétique est une suite de termes qui ont toujours une même différence, il suit que la différence entre le premier terme a & le second $a\pm d$ étant $\pm d$, la différence entre le second & le troisiéme doit être aussi $\pm d$; donc le troisiéme terme doit être $a\pm d\pm d$, c'est-à-dire, $a\pm 2d$; de même, la différence entre le troisiéme & le quatriéme doit être $\pm d$, donc le quatriéme terme doit être $a\pm 2d\pm d$, ou $a\pm 3d$, & ainsi des autres.

276. REMARQUE. Cette formule générale comprend la progression arithmétique croissante & la décroissante. La pro-

greſſion croiſſante eſt $\div a. a+d. a+2d. a+3d. a+4d$, &c.
La décroiſſante eſt $\div a. a-d. a-2d. a-3d. a-4d$, &c.

277. COROLLAIRE I. *Dans toute progreſſion arithmétique la ſomme des termes également éloignés des extrêmes, eſt égale à la ſomme de ces extrêmes, ou à la ſomme des deux autres termes quelconques également éloignés de ces extrêmes, ou au double du terme moyen, ſi la progreſſion a un nombre impair de termes.*

Ainſi dans la progreſſion précédente, la ſomme du troiſiéme & du ſixiéme terme, ſçavoir, $a\pm 2d+a\pm 5d$, ou bien $2a\pm 7d$, eſt égale à la ſomme des extrêmes, qui ſont a & $a\pm 7d$, c'eſt-à-dire, $2a\pm 7d$, & même à la ſomme du ſecond & du ſeptiéme, qui eſt auſſi $2a\pm 7d$.

278. II. *Dans une progreſſion arithmétique, un terme quelconque eſt égal à la ſomme du premier terme & du produit de la différence commune par le nombre des termes précédens.* Car le ſixiéme terme, par exemple, qui eſt $a\pm 5d$, eſt dans la progreſſion croiſſante $a+5d$, c'eſt la ſomme du premier a & du produit de la différence d par le nombre 5 des termes qui précédent le ſixiéme. Dans la progreſſion décroiſſante, le ſixiéme terme eſt $a-5d$, c'eſt auſſi la ſomme de a & de $-5d$, produit de la différence $-d$, par 5, nombre des termes qui précédent le ſixiéme.

279. III. *Dans une progreſſion arithmétique la différence entre le premier & le dernier terme, eſt égale au produit de la différence commune par le nombre des termes de toute la progreſſion moins un.* Ainſi dans la même progreſſion il eſt clair que la différence entre a & $a\pm 7d$, eſt $\pm 7d$.

280. IV. *La ſomme de tous les termes d'une progreſſion arithmétique, eſt égale à la moitié du produit de la ſomme des extrêmes multipliée par le nombre de tous les termes*, ou, ce qui eſt le même, *au produit de cette ſomme par la moitié de leur nombre, ou de la moitié de cette ſomme par leur nombre.* Ainſi ſi on multiplie $2a\pm 7d$, ſomme des extrêmes de la même progreſſion par 8, nombre de ſes termes, on aura $16a\pm 56d$, dont la moitié $8a\pm 28d = a+a\pm d+a\pm 2d+a\pm 3d+a\pm 4d+a\pm 5d+a\pm 6d+a\pm 7d$; car par la réduction, ce dernier membre deviendra $8a\pm 28d$.

281. SCOLIE. Si le nombre des termes eſt impair, on peut dire que la ſomme de tous les termes eſt égale au produit du terme moyen par leur nombre, & que le terme moyen eſt

précisément

précisément égal à la moitié de la somme des extrêmes.

282. THEOREME IV. *Une progression arithmétique peut avoir zero pour un de ses termes.*

DEM. Car entre zero & un nombre quelconque, il y a toujours une différence égale à ce nombre.

283. COROLLAIRE. On peut continuer une progression décroissante autant qu'on voudra : par exemple, si on a la progression ÷ 16. 12. 8 4. 0, on pourra la continuer ainsi ÷ 16. 12. 8. 4. 0. —4. —8. —12. —16. &c. La progression ÷ 11. 6. 1. peut être continuée en mettant ÷ 11. 6. 1. —4. —9. —14. —19. &c.

284. SCHOLIE. De ces propriétés des progressions arithmétiques, on déduit aisément des formules, pour résoudre ce problême général, *étant données trois de ces cinq choses, le premier terme* $=a$; *le dernier terme* $=\omega$; *la différence commune* $=d$; *le nombre des termes* $=n$; *la somme de tous les termes* $=s$, *trouver immédiatement une des deux autres.* Car en supposant que la progression soit croissante, (or on peut traiter comme croissante toute progression décroissante, en appellant son premier terme ω, & son dernier terme a), 1°. si on exprime algébriquement le troisiéme Corollaire, on aura $\omega-a=dn-d$, & dans cette équation prenant successivement les valeurs de ω, de a, de d & de n, on aura quatre formules. 2°. Exprimant algébriquement le quatriéme Corollaire, on a $an+\omega n=2s$, d'où on pourra encore déduire quatre formules. 3°. Si dans cette derniere équation on substitue la valeur de $\omega=a+dn-d$ tirée de la premiere, on aura $2an+dnn-dn=2s$, d'où on pourra déduire quatre nouvelles formules.

4°. Si dans la même équation $an+\omega n=2s$, on substitue la valeur de $a=\omega-dn+d$ prise dans la premiere, on aura $2\omega n-dnn+dn=2s$, d'où on pourra encore déduire quatre formules.

5°. Enfin si dans $an+\omega n=2s$ on substitue la valeur de $n=1+\frac{\omega-a}{d}$ prise dans la premiere équation, on aura $2s=a+\omega+\frac{\omega\omega-aa}{d}$, d'où on tirera encore quatre formules. Et ces vingt formules résoudront tous les cas possibles du Problême énoncé ci-dessus.

285. PROBLEME. *Insérer un nombre* m *de moyens proportionnels entre deux termes donnés, ensorte qu'il en résulte une progression arithmétique.*

SOLUTION. Divisez la différence de ces deux termes par $m+1$, le quotient sera la différence qui doit régner dans la progression cherchée. Ainsi pour insérer 4 moyens proportionnels entre 7 & 13, la différence qui doit régner dans la progression est $\frac{6}{5}=1\frac{1}{5}$. On a donc ÷ 7. $8\frac{1}{5}$. $9\frac{2}{5}$. $10\frac{3}{5}$. $11\frac{4}{5}$. 13.

Car en insérant quatre moyens proportionnels entre 7 & 13, il en résulte une progression qui a six termes, & par conséquent cinq différences égales : la différence du premier terme 7 au dernier 13, contient évidemment ces cinq différences prises ensemble : il faut donc la diviser par 5 pour avoir celle qui doit regner dans la progression.

Des raisons, proportions & Progressions Géométriques.

286. LES rapports Géométriques sont ceux qu'on considere le plus souvent dans les grandeurs ; c'est pourquoi par ces termes de Raison, Proportion ou *Analogie*, Progression, nous entendrons toujours parler des Géométriques.

Nous supposerons toujours dans la suite que le quotient d'une raison directe, résulte de la division du conséquent par l'antécédent.

287. Il suit de-là, & de la notion des raisons géométriques, qu'*une fraction est une raison géométrique*, son numerateur en est le conséquent, & son dénominateur est l'antécédent.

288. On appelle *raison de nombre à nombre*, celle dont le quotient n'est pas une quantité inexprimable ou incommensurable : & *raison irrationelle* ou *raison sourde*, celle dont le quotient ne peut s'exprimer exactement ni par des entiers, ni par des fractions. Ainsi la raison de 7 à 11, celle de $4\frac{2}{7}$ à $\frac{11}{17}$, &c. sont des raisons de nombre à nombre, parce que leurs quotients sont exactement $\frac{11}{7}$, $\frac{77}{510}$, &c. Mais la raison de 4 à $\sqrt{3}$, celle de $\sqrt{5}$ à 8, &c. sont des raisons sourdes, parce qu'il est impossible de trouver un nombre entier ou rompu, qui exprime la valeur exacte de $\frac{\sqrt{3}}{4}$ ou de $\frac{8}{\sqrt{5}}$ (187).

Il ne suit pas de-là que deux incommensurables soient toujours en raison sourde ; parce que l'un peut être exactement double, triple, &c. par rapport à l'autre.

289. Quand l'antécédent contient deux fois, trois fois, &c. exactement son conséquent, on appelle leur rapport une raison *double*, *triple*, &c. & quand il est contenu exactement deux fois, trois fois, &c. dans le conséquent, leur rapport s'appelle une raison *soudouble*, *soutriple*, &c. La raison de 48 à 6 est une raison *octuple*, & la raison de 4 à 12 est une raison soutriple.

290. Quand on multiplie par ordre les termes de plusieurs raisons, c'est-à-dire, les antécédens par les antécédens, & les conséquens par les conséquens, les produits forment une *raison composée* de chacune de ces raisons; par exemple, les trois raisons $a:d$, $b:e$, $c:f$, étant données, la raison qui en est composée est $abc:def$, & chacune de ces trois raisons s'appelle une des *racines* de la raison composée.

291. Une raison composée de raisons égales, s'appelle une *raison doublée*, *triplée*, *quadruplée*, &c. si elle a deux, trois, quatre, &c. racines : ainsi si on compose les raisons égales $2:4$, $6:12$, $3:6$, on aura la raison triplée $36:288$.

292. I. THEOREME FONDAMENTAL. *Toute raison géométrique se peut exprimer par cette formule* $a:aq$, *ou par celle-ci*, $b:bq$, &c. Ou, ce qui est le même, *le conséquent d'une raison géométrique est toujours égal au produit de l'antécédent par leur quotient.*

DEM. Puisque le quotient d'une raison est ce qui résulte de la division du conséquent par l'antécédent, il est clair (54) que ce conséquent, qui est le dividende, doit être égal au produit du quotient par l'antécédent qui est le diviseur : Donc en général tout rapport géométrique dont l'antécédent est a, & le quotient est q, se peut exprimer par $a:aq$. Tout rapport dont l'antécédent est b & le quotient q, se peut exprimer par $b:bq$, &c.

293. REMARQUES. I. Si on avoit supposé que le quotient de la raison résultât toujours de l'antécédent divisé par le conséquent, il auroit fallu supposer ce quotient $= \frac{1}{q}$, (expression qui peut représenter toutes sortes de nombres, soit entiers, soit rompus,) afin d'exprimer les rapports Géométriques par les mêmes formules $a:aq$, & $b:bq$, &c.

294. II. Quand l'antécédent est plus grand que le conséquent, le quotient q est une fraction moindre que l'unité : & quand l'antécédent est plus petit, q est un nombre plus grand que l'unité. Par exemple, dans la raison de 4 à 12, $q=3$, ainsi l'antécédent étant $a=4$, le conséquent est $4\times3=aq$; & dans la raison de 12 à 4, $q=\frac{1}{3}$, ainsi l'antécédent étant $a=12$, le conséquent est $12\times\frac{1}{3}=4=aq$.

295. THEOR. II. *Toute proportion peut se réduire à cette formule* a : aq :: b : bq.

DEM. Les quatre termes de deux raisons qui ont un même quotient étant posés de suite, forment une proportion (265); or deux raisons qui ont un même quotient q, peuvent être exprimées en général par $a : aq$, & $b : bq$: (292). Donc cette expression générale $a : aq :: b : bq$. représente une proportion géométrique quelconque.

296. THEOREME III. *La valeur d'une raison ne change pas par la multiplication ou par la division de ses deux termes par une même quantité.* Autrement. *Les produits ou les quotients de deux quantités inégales par une même quantité, sont en même raison que ces quantités inégales.*

DEM. Une raison consiste dans son quotient q; si donc on multiplie la raison $a : aq$ par une quantité quelconque m, la raison des produits $am : amq$, consiste encore dans q, puisque $am : amq$ ont encore le même quotient q, donc am, amq sont encore en même raison que $a : aq$. On prouvera de même que $\frac{a}{m}$, $\frac{aq}{m}$ sont en même raison que a, aq. Donc $a : aq ::$ $am : amq :: \frac{a}{m} : \frac{aq}{m}$, &c.

SCHOLIE. Les raisons géométriques & les fractions étant une même chose, on voit maintenant *pourquoi une fraction ne change pas de valeur, soit qu'on en multiplie ou qu'on en divise les deux termes par une même quantité* (78).

297. COROLL. Il suit de-là que *les tous sont en même raison que leurs moitiés, leurs tiers, leurs quarts*, &c. & réciproquement, que *les valeurs des fractions qui ont mêmes dénominateurs, sont en même raison que les quantités dont elles sont les fractions*, ou, cequi est la même chose, *sont entre elles comme leurs numérateurs*; ainsi $a : b :: \frac{a}{2} : \frac{b}{2} :: \frac{a}{3} : \frac{b}{3} :: \frac{a}{p} \cdot \frac{b}{p}$, &c.

298. THEOR. IV. *Une raison doublée est égale à celle des quarrés des termes d'une des deux raisons quelconque qui en sont les racines. Une raison triplée est la même que celle des cubes des termes d'une des trois raisons quelconque qui en sont les racines*; & ainsi de suite des autres puissances.

DEM. 1°. Soient les deux raisons égales $a : aq :: b : bq$ la raison doublée est $ab : abqq$. Or il est évident que $ab : abqq :: aa : aaqq :: bb : bbqq$. puisque ces raisons ont le même quotient qq.

2°. Soient les trois raisons égales $a : aq :: b : bq :: c : cq$. la raison triplée est $abc : abcq^3$. Or il est clair de même que $abc : abcq^3 :: a^3 : a^3q^3 :: b^3 : b^3q^3 :: c^3 : c^3q^3$.

REM. De ce que les raisons des quarrés, des cubes, sont des raisons doublées, triplées, &c. on a appellé raisons *soudoublées*, *soutriplées*, &c. celles des racines quarrées, cubiques, &c.

299. THEOREME V. *Deux termes en raison réciproque avec deux autres termes, peuvent être mis en raison directe sans déranger leur ordre, pourvû qu'on mette les deux termes d'une de ces raisons en fraction dont le numérateur soit* 1, *ou même une quantité quelconque comme* m.

DEM. La raison de bq à b est inverse par rapport à celle de a à aq, & pour les mettre en raison directe, il faudroit écrire $b : bq :: a : aq$. ou $bq : b :: aq : a$. Or je dis que si on met la raison $bq : b$ par exemple, en fraction dont le numérateur soit 1, on aura $\frac{1}{bq} : \frac{1}{b} :: a : aq$, car le quotient de $\frac{1}{b}$ divisé par $\frac{1}{bq}$ est q, aussi-bien que celui de aq divisé par a.

On prouveroit de même que $bq : b :: \frac{1}{a} : \frac{1}{aq}$ ou même que $\frac{m}{bq} : \frac{m}{b} :: a : aq$, &c.

Propriétés des Proportions Géométriques.

300. THEOR. VI. *Dans toute proportion le produit des extrêmes est égal au produit des moyens.*

Cela est évident à la vue seule de la proportion $a : aq :: b : bq$.

301. COROLL. *Si donc une proportion est exprimée par des*

termes différens entre eux comme a, b, c, d, ou *si* a : b :: c : d. *on aura toujours* ad=bc.

302. THEOR. VII. *On peut faire une proportion des racines de deux produits égaux, en faisant les extrêmes des racines de l'un, & les moyens des racines de l'autre.*

DEM. Puisque (300) toute proportion donne une équation entre le produit des moyens & celui des extrêmes, lorsqu'on a deux produits égaux, on peut regarder l'un comme un produit des moyens d'une proportion, & l'autre comme un produit des extrêmes : on peut donc prendre les racines d'un de ces produits pour en faire les moyens d'une proportion, & les racines de l'autre pour en faire les extrêmes.

303. COROLL. I. Toute équation peut être changée en proportion; par exemple, $ad=bc$ devient $a : b :: c : d$. Celle-ci $ad-bd=cg+c$ peut être réduite à $a-b : g+1 :: c : d$. celle-ci $1-xx=a$ peut se réduire à $1-x : a :: 1 : 1+x$. Celle-ci $xx-yy=1$ deviendra $\div\!\div\; x+y.\ 1.\ x-y$, &c.

304. COROLL. II. *Quatre termes rangés en proportion comme* a : b :: c : d. *peuvent être rangés en sept autres manieres, sans cesser d'être directement proportionnels.* Car à cause des deux produits $ad=bc$, qui résultent de cette proportion, on peut placer a & d en extrêmes, & b & c en moyens, ou b, c en extrêmes, & a, d en moyens en huit manieres différentes, comme on va voir,

$$a : b :: c : d. \quad b : a :: d : c. \quad c : a :: d : b. \quad d : b :: c : a.$$
$$a : c :: b : d. \quad b : d :: a : c. \quad c : d :: a : b. \quad d : c :: b : a.$$

Et même on peut en former encore tant d'autres proportions qu'on voudra, pourvû que les produits de leurs extrêmes & de leurs moyens se réduisent à l'équation primitive $ad=bc$. Ainsi on peut mettre. . . . . . .

$$a+b : b :: c+d : d. \qquad a-b : b :: c-d : d.$$
$$a : a+b :: c : c+d. \qquad a : a-b :: c : c-d.$$
$$a+b : a-b :: c+d : c-d. \qquad a-b : a+b :: c-d : c+d. \text{ \&c.}$$

305. REMARQUES. Des 24 manieres dont on peut arranger les quatre lettres de la proportion $a : b :: c : d$, il y en a huit où ces termes sont en raison directe comme on vient de le voir, huit où ils sont

en raiſon inverſe, & huit où ils ne ſont plus ni directement ni réciproquement proportionnels. Les arrangemens qui donnent des raiſons inverſes, ſont......

a b d c	*b a c d*	*c a b d*	*d b a c*
a c d b	*b d c a*	*c d b a*	*d c a b*

Car, par exemple, ſi on fait $a : b :: \frac{1}{d} : \frac{1}{c}$ le produit des extrêmes & des moyens donnera $\frac{a}{c} = \frac{b}{d}$, ôtant les fractions, $ad = bc$. Les huit autres arrangemens ſont......

a d b c	*b c a d*	*c b a d*	*d a b c*
a d c b	*b c d a*	*c b d a*	*d a c b*

Où l'on voit qu'il faudroit déplacer un terme dans chaque raiſon pour les mettre en raiſon directe.

306. **THEOR. VIII.** *Dans une proportion, ſi l'antécédent de la premiere raiſon eſt plus grand, égal ou plus petit que ſon conſéquent, l'antécédent de la ſeconde raiſon ſera plus grand, égal ou plus petit que ſon conſéquent; & ſi l'antécédent de la premiere raiſon eſt plus grand, égal ou plus petit que l'antécédent de la ſeconde raiſon, le conſéquent de la premiere raiſon ſera plus grand, égal ou plus petit que celui de la ſeconde raiſon.*

DEM. La premiere partie de ce Théorême eſt certaine par la nature de la proportion, & la ſeconde la devient, parce qu'un antécédent peut devenir conſéquent, & réciproquement, ſans changer la proportion (304).

307. **THEOR. IX.** *Si on multiplie ou ſi on diviſe deux ou pluſieurs proportions quelconques, termes par termes, les produits ou les quotients ſeront toujours en proportion.*

DEM. 1°. Si on multiplie terme par terme les deux proportions $a : aq :: b : bq$, $c : cp :: d : dp$, il eſt clair que les produits $ac : acpq :: bd : bdpq$ forment une proportion, parce que les deux raiſons $ac : acpq$. & $bd : bdpq$ ont un même quotient pq.

2°. Si on diviſe $a : aq :: b : bq$ par $c : cp :: d : dp$. il eſt clair que $\frac{a}{c} : \frac{aq}{cp} :: \frac{b}{d} : \frac{bq}{dp}$, puiſque le quotient de chaque raiſon eſt $\frac{q}{p}$.

308. COROLL. *Les mêmes puiſſances ou les mêmes racines quelconques des quantités proportionnelles, ſont auſſi proportionnelles.*

Par exemple, ſi $a:b::c:d$. on aura $a^m:b^m::c^m:d^m$. & $\sqrt[m]{a}:\sqrt[m]{b}::\sqrt[m]{c}:\sqrt[m]{d}$, où m ſignifie un expoſant quelconque; car les puiſſances ſont des produits de grandeurs multipliées par elles-mêmes, & les racines ſont des puiſſances dont les expoſans ſont des fractions (173).

309. THEOR. X. *Si on prend la ſomme ou la différence de deux ou pluſieurs proportions terme à terme, il n'en réſultera une proportion que lorſque le quotient de ces proportions ſera le même.*

DEM. Je dis que ſi on a les deux proportions $a:aq::b:bq$. & $c:cp::d:dp$, on n'en peut pas conclure que $a\pm c:aq\pm cp::b\pm d:bq\pm dp$, à moins que l'on n'aye $q=p$. Car ſi q n'eſt pas $=p$, le quotient de la premiere raiſon de cette proportion ſuppoſée, ne peut ſe réduire à la même expreſſion que celui de la ſeconde raiſon, puiſqu'on a $\frac{aq\pm cp}{a\pm c}$ d'un côté, & $\frac{bq\pm dp}{b\pm d}$ de l'autre, qui ſont deux expreſſions bien différentes. Mais ſi $q=p$, la proportion devient $a\pm c:aq\pm cq::b\pm d:bq\pm dq$, où l'on voit évidemment un même quotient q.

310. THEOR. XI. *Si pluſieurs termes ſont proportionnels, la ſomme des antécédens eſt à la ſomme des conſequens, comme un antécédent quelconque eſt à ſon conſéquent.*

DEM. Si on a $a:aq::b:bq::c:cq::d:dq$, je dis que $a+b+c+d:aq+bq+cq+dq::b:bq$, par exemple; car le conſéquent de la premiere raiſon $aq+bq+cq+dq$, eſt la même choſe que $\overline{a+b+c+d}\times q$; or il eſt évident (295) que $a+b+c+d:\overline{a+b+c+d}\times q::b:b\times q$.

Propriétés des Progreſſions Géométriques.

311. THEOR. XII. TOUTE *progreſſion géométrique peut ſe réduire à cette formule* $\div\!\!\div a.\ aq.\ aq^2.\ aq^3.\ aq^4.\ aq^5.\ aq^6$, &c.

DEM. Une progreſſion eſt une ſuite de termes qui ſont alternativement antécédens & conséquens en même raison, ou qui ont toujours un même quotient (269); or il est évident que dans cette suite $a. aq^1. aq^2. aq^3. aq^4.$ &c. chaque terme étant divisé par celui qui le suit immédiatement sur la droite, a toujours q pour quotient.

312. SCOLIE. Les exposans des termes de cette formule sont évidemment les termes de la suite des nombres naturels, dont o est le premier. La formule générale peut donc s'exprimer ainsi $\div\!\!\div\, aq^0. aq^1. aq^2. aq^3. aq^4.$ &c. En effet $\frac{aq^1}{aq^0} = q$; puisque $\frac{a}{a} = 1$, & $\frac{q^1}{q^0} = q^{1-0}$ (146) $= q^1$. Donc $\frac{aq^1}{aq^0} = 1q^1 = q$. D'où il suit que $aq^0 = a$, & que par conséquent $q^0 = 1$, ce qu'il faut bien remarquer.

313. THEOR. XIII. *Dans toute progression, un terme quelconque est égal au produit du premier par le quotient élevé à une puissance du même ordre que le nombre des termes précédens.*

DEM. Cela est évident à l'inspection de la progression $\div\!\!\div\, a. aq. aqq. aq^3. aq^4. aq^5. aq^6.$ &c. où on voit que le cinquiéme terme aq^4. est égal au produit du premier a par le quotient q élevé à la quatriéme puissance.

Ce Théorême peut s'exprimer par la formule $m = aq^{n-1}$, où m signifie un terme quelconque, & n le rang du terme m.

314. COROLL. I. *Toutes les puissances successives d'une quantité, sont en progression géométrique.*

Car si on fait $a = 1$, & q égal à une quantité quelconque, la progression deviendra $\div\!\!\div\, 1. q. q^2. q^3. q^4. q^5. q^6.$ &c. où l'on voit que les puissances successives de q sont en progression géométrique.

Il n'en est pas de même des racines successives qui sont des puissances dont les exposans sont les fractions $\frac{1}{1}, \frac{1}{2}, \frac{1}{3}, \frac{1}{4}$, &c. qui ne sont pas en progression arithmétique.

315. COROLL. II. *Les différences entre les termes consécutifs d'une progression géométrique, sont en progression géométrique.* Les différences entre les termes de la progression $\div\!\!\div\, a. aq. aq^2. aq^3. aq^4. aq^5. aq^6$, sont $a-aq. aq-aq^2. aq^2-aq^3. aq^3-aq^4. aq^4-aq^5. aq^5-aq^6$, &c. Or il est clair que ces termes sont en progression géométrique, puisque chacun est le produit du premier multiplié par le quotient élevé a une puissance de l'ordre du nombre des termes précédens. Ainsi aq^4-aq^5. qui est le cinquiéme terme, est le produit du premier $a-aq$. par q^4.

316. THEOR. XIV. *Dans toute progression les produits des extrêmes ou ceux des termes également éloignés des extrêmes,*

ſont égaux entre eux, ou au quarré du terme moyen, ſi le nombre des termes eſt impair.

DEM. Ceci eſt clair à l'inſpection de la progreſſion $\div$ a. aq. aq^2. aq^3. aq^4. aq^5. aq^6. &c. où le produit des extrêmes aaq^6 eſt égal au produit du ſecond aq, & du pénultiéme aq^5, à celui du troiſiéme aq^2, & de l'antépénultiéme aq^4, & au quarré du moyen aq^3.

COROLLAIRE. *Dans une proportion continue le quarré du moyen eſt égal au produit des extrêmes.* Car c'eſt une progreſſion de trois termes.

317. THEOR. XV. *Dans une progreſſion quelconque* $\div$ a. aq. aq^2. aq^3. &c. *Si* $q=2$, *ou* $=\frac{1}{2}$ *la différence entre le premier & le dernier terme eſt égale à la ſomme de tous les termes, excepté le plus grand. Si* $q=3$ ou $=\frac{1}{3}$ *la différence entre le premier & le dernier terme, eſt égale au double de la ſomme de tous les termes, excepté le plus grand. Si* $q=4$ ou $=\frac{1}{4}$ *la différence entre les extrêmes eſt le triple de la ſomme de tous les termes, excepté le plus grand*, &c.

Car ſi $q=2$ la progreſſion $\div$ a. aq. aqq. aq^3. &c. deviendra $\div$ a. $2a$. $4a$. $8a$, dans laquelle $8a-a$ différence entre les extrêmes eſt $7a=a+2a+4a$ ſomme de tous les termes qui précédent le plus grand. Si $q=3$ la progreſſion deviendra $\div$ a. $3a$. $9a$. $27a$. où $27a-a=26a$ double de $a+3a+9a$. $=13a$. Il en eſt de même ſi $q=\frac{1}{2}$ ou $\frac{1}{3}$, &c.

318. THEOR. XVI. *Dans toute progreſſion le premier terme eſt au troiſiéme, comme le quarré du premier eſt au quarré du ſecond. Le premier terme eſt au quatriéme, comme le cube du premier eſt au cube du ſecond, & ainſi de ſuite.*

En général *deux termes quelconques éloignés d'un intervalle quelconque ſont entre eux comme deux termes quelconques qui ſe ſuivent immédiatement, & qui ſont élevés à une puiſſance égale à l'intervalle de ces deux premiers termes.* Par exemple, le troiſiéme terme eſt au neuviéme, comme la ſixiéme puiſſance d'un des termes quelconque, eſt à eſt à la ſixiéme puiſſance du terme ſuivant.

DEM. Dans cette progreſſion $\div$ a. aq. aq^2. aq^3. aq^4. aq^5. aq^6. aq^7. aq^8, il eſt évident que $a: aq^2 :: a^2: a^2q^2$, puiſque le quotient de ces deux raiſons eſt q^2. De même $a: aq^3 :: a^3: a^3q^3$, puiſque le quotient de chacune de ces deux raiſons eſt q^3, &c.

Par la même raiſon on voit que l'intervalle du troiſiéme au neuviéme terme étant 6, $aq^2 : aq^8 :: \overline{aq^5}^6 : \overline{aq^6}^6$ ou bien $aq^2 : aq^8 :: a^6 q^{5\times 6} : a^6q^{6\times 6}$, puiſque le quotient de ces deux raiſons eſt q^6, &c.

En général aq^m, aq^r repréſentant deux termes quelconques qu'on veut comparer enſemble, leur intervalle eſt $r-m$; & aq^n repréſentant un autre terme quelconque, aq^{n+1} ſera le ſuivant, & on aura toujours $aq^m : aq^r :: a^{r-m}\, q^{nr-nm} : a^{r-m}\, q^{(n+1)(r-m)}$. Parce que le quotient de ces deux raiſons eſt q^{r-m}.

319. THEOR. XVII. *Des termes exprimés par des mêmes lettres avec des expoſans en proportion ou en progreſſion arithmétique, ſont en proportion ou en progreſſion géométrique.*

DEM. Car il eſt clair que $aq^5 : aq^9 :: aq^2 : aq^6$. puiſque le quotient eſt q^4. De même $\div\div\, aq^2 . aq^{3\frac{1}{2}} . aq^5 . aq^{6\frac{1}{2}} . aq^8$. Puiſque le quotient commun eſt $q^{1\frac{1}{2}}$.

Différens Problêmes ſur les proportions & progreſſions Géométriques.

320. PROBLEME I. TROUVER *un des quatre termes d'une proportion dont on n'en connoît que trois.*

SOLUTION. Appellez x le terme inconnu. Mettez-le en proportion avec les trois autres, ſelon le rang qu'il doit avoir ; faites une équation du produit des extrêmes & de celui des moyens, dans l'un deſquels x ſe trouvera, & dont on aura facilement la valeur, en diviſant le produit où x ne ſe trouvera pas, par le terme avec lequel il étoit multiplié dans l'équation : d'où on tire cette Regle générale. *Un terme quelconque d'une proportion eſt égal ou au produit des extrêmes diviſé par un des moyens, ou au produit des moyens diviſé par un des extrêmes.*

Par exemple, ſoient donnés a, b, c : on cherche le quatriéme proportionnel, on a donc $a : b :: c : x$. Donc $ax = bc$, & $x = \frac{bc}{a}$, ſi on eût voulu que x fût le ſecond terme, on eut eu $a : x :: b : c$. Donc $ac = bx$. Donc $x = \frac{ac}{b}$.

La Regle générale contenue dans la Solution de ce Problême, s'appelle *la Regle de trois.*

321. REM. I. Dans la pratique de la Regle de trois, les Arithméticiens obſervent qu'il faut prendre garde ſi les trois termes donnés ſont en raiſon directe ou en raiſon réciproque avec le terme inconnu, c'eſt ce que

l'état de la question fait connoître. Dans le premier cas la Regle de trois s'appelle aussi directe, & c'est lorsqu'on voit que le terme qu'on cherche doit être d'autant plus grand ou plus petit que le troisiéme terme donné; que le second terme donné est plus grand ou plus petit que le premier. Alors il faut poser x au quatriéme terme de la proportion, & se servir de la formule $x = \frac{bc}{a}$, ce qui s'exprime ainsi; *la Regle de trois directe se fait en multipliant le second terme par le troisiéme, & divisant le produit par le premier terme donné, le quotient est le terme cherché.*

322. On connoît que le terme inconnu est en raison réciproque avec les trois termes donnés, lorsque par l'état de la question on voit que le terme cherché doit être d'autant plus grand ou plus petit que le troisiéme donné; que le second est plus petit ou plus grand que le premier; alors la Regle s'appelle *inverse*, & il faut placer x au second ou au troisiéme terme, & se servir de la formule $x = \frac{ac}{b}$, qui s'exprime ainsi. *Dans la Regle de trois inverse, multipliez le premier terme donné par le troisiéme, & divisez-en le produit par le second terme donné, le quotient sera le quatriéme terme cherché.*

EXEMPLE I. 36 toises d'ouvrage ont coûté 60 liv. combien coûteront 48 toises? Il est évident que cette Regle de trois est directe; parce que le prix inconnu est d'autant plus grand que 48 toises, que le prix 60 est plus grand que 36; c'est pourquoi par la formule $x = \frac{bc}{a}$ on aura $x = 80$ liv.

EXEMPLE. II. En un jour 20 hommes ont fait 45 toises d'ouvrage. Pour en faire 81 toises, combien auroit-il fallu d'hommes?

Il est clair que les trois termes 20, 45, 81, ne peuvent être en raison directe avec le quatriéme inconnu x; car le nombre d'hommes cherché ne doit pas surpasser d'autant 81, que 45 surpasse 20; au contraire on voit qu'il faut moins de 81 hommes pour faire 81 toises d'ouvrage, de même qu'il a fallu moins de 45 hommes pour en faire 45 toises. Il faut donc écrire $20 : 45 :: x : 81$, & par conséquent par la formule $x = \frac{ac}{b}$ on aura $x = 36$.

323. II. La Regle de trois n'est inverse que quand on a mal disposé les termes de la question; car il est clair que la précédente auroit dû être ainsi proposée. Pour faire 45 toises d'ouvrage, il a fallu 20 hommes: pour en faire 81 toises, combien falloit-il d'hommes?

324. III. Il arrive quelquefois qu'on propose des questions compliquées, dont les solutions s'appellent *Regles de Compagnie*, & pour lesquelles il n'est pas besoin d'autre Regle que de les distinguer en plusieurs proportions, dont on trouvera les termes inconnus par la Regle de trois directe.

EXEMPLE III. 20 hommes en 15 jours ont fait 160 toises, en 12 jours combien 30 hommes en feront-ils?

Cette question se doit réduire à ces deux-ci. Si 20 hommes ont fait 160 toises en un certain tems, combien 30 hommes en feront-ils dans le même tems ? Réponse, 240.

Si en 15 jours ces hommes font 240 toises, en 12 jours combien en feront-ils ? Réponse, 192.

Ou bien à ces deux-ci : Si en 15 jours on fait 160 toises, en 12 jours combien en auroit-on fait ? Réponse, 128.

Si 20 hommes auroient fait 128 toises, combien 30 hommes en feroient-ils ? Réponse, 192.

EXEMPLE IV. Trois Marchands ont fait un fonds de 12000 liv. Pierre y a mis 2000 liv. Jacques 4000 liv. & Jean 6000 liv. ils ont perdu 2400 liv. sur ce fonds, on demande ce que chacun doit souffrir de perte ?

Cette question se résoud par autant de proportions qu'il y a de termes inconnus ; en disant, le fonds est à la perte, comme ce que chacun a contribué, est à ce que chacun a perdu ; de sorte que par trois Regles de trois, on trouvera que Pierre a perdu 400 liv. Jacques 800 liv. & Jean 1200 liv.

325. IV. On peut encore résoudre ces sortes de questions compliquées, par ce qu'on appelle *la Regle de fausse position ;* elle consiste à mettre à la place des termes inconnus d'autres termes supposés à volonté, mais proportionnels à ces inconnus, afin de trouver ces inconnus par des Regles de trois. Par exemple, on pourroit proposer la question précédente en cette maniere. Il faut repartir 2400 liv. sur un fonds fait par Pierre, Jacques & Jean, & auquel Jean avoit contribué autant que les deux autres ensemble, & Jacques le double de Pierre.

Puisque je ne connois pas la quantité, mais seulement le rapport des sommes que chaque Marchand a données, je leur substitue des quantités proportionnelles ; & ayant supposé que Pierre a mis 10 liv. Jacques aura mis 20 liv. & Jean 30 liv. la somme est 60 liv. je dis donc comme 60 liv. sont à la perte 2400 liv. ainsi 10 liv. 20 liv. 30 liv. sont à 400 liv. 800 liv. 1200 liv.

Si j'avois supposé la mise de Pierre de 3 liv. celle de Jacques eût été de 6 liv. & celle de Jean de 9 liv. la somme est 18 liv. j'aurois donc fait, comme 18 liv. sont à 2400 liv. ainsi 3 liv. 6 liv. 9 liv. sont à 400 liv. 800 liv. 1200 liv.

326. PROBL. II. *Etant donnés le premier terme & le quotient d'une progression, trouver un terme quelconque.*

Formule $m = aq^{n-1}$ (313) ainsi si on demande l'onziéme terme d'une progression, dont 1 est le premier terme, & 4 est le quotient, on aura $a = 1$, $q = 4$, $n = 11$, le terme cherché $= m$, en faisant les substitutions $m = 1 \times 4^{10} = 4^{10} = 1048576$.

327. PROBLEME III. *Trouver la somme* s *de tous les termes d'une progression géométrique, dont on connoît le premier terme* a, *le dernier* ω, *& le quotient* q.

SOLUTION. Dans une progression tous les termes sont antécédens, excepté le dernier, & tous les termes ſont conſéquens, excepté le premier. Donc la ſomme des antécédens eſt $s-\omega$, & la ſomme des conſéquens eſt $s-a$; or (310) $s-\omega : s-a :: a : aq$. Donc $saq-a\omega q=sa-aa$, ou (223) $sq-\omega q=s-a$. Donc $sq-s=\omega q-a$. Donc $s=\frac{\omega q-a}{q-1}$.

328. PROBLEME IV. *Trouver la ſomme* s, *étant donnés le premier* a, *le nombre* n *des termes*, *& le quotient* q.

Formule $s=\frac{aq^n-a}{q-1}$ ou $s=a\frac{q^n-1}{q-1}$.

DEM. Le dernier terme de cette progreſſion eſt aq^{n-1}: on a donc comme ci-deſſus $s-aq^{n-1} : s-a :: a : aq$. Donc $saq-aaqq^{n-1}=sa-aa$: diviſant tout par a, & mettant q^n à la place de qq^{n-1}, on a $sq-aq^n=s-a$. Donc $s=\frac{aq^n-a}{q-1}$.

329. PROBLEME V. *Trouver tous les termes d'une progreſſion dont on connoît le quotient* q, *le nombre des termes* n *& la ſomme* s.

Formule $a=\frac{sq-s}{q^n-1}$, ou $a=s\frac{q-1}{q^n-1}$. Cette formule tirée de l'équation précédente donne le premier terme; & en le multipliant par les puiſſances ſucceſſives du quotient, on aura tous les autres, qui ſeront par conſéquent $s\frac{q^2-q}{q^n-1}$, $s\frac{q^3-q^2}{q^n-1}$, $s\frac{q^4-q^3}{q^n-1}$, $s\frac{q^5-q^4}{q^n-1}$, &c. ou bien $s\frac{q-1}{q^{n-1}-\frac{1}{q}}$, $s\frac{q-1}{q^{n-2}-\frac{1}{q^2}}$, $s\frac{q-1}{q^{n-3}-\frac{1}{q^3}}$, $s\frac{q-1}{q^{n-4}-\frac{1}{q^4}}$, &c.

330. PROBLEME VI. *Trouver le quotient* q *d'une progreſſion dont on connoît le premier terme* a, *le dernier* ω, *& le nombre* n *des termes.*

Formule $q=\sqrt[n-1]{\frac{\omega}{a}}$. Car (312) $\omega=aq^{n-1}$.

331. PROBLEME VII. *Trouver le nombre* n *des termes d'une progreſſion dont on connoît le premier* a, *le dernier* ω, *& le quotient* q.

SOLUTION. L'équation $\frac{\omega}{a}=q^{n-1}$ (323) étant multipliée par q, devient $\frac{\omega q}{a}=q^n$. Ce qui fait voir qu'ayant diviſé par le premier terme le produit du dernier par le quotient, on a une puiſſance de ce quotient dont l'expoſant eſt égal au nombre des termes qu'on cherche: & qu'ainſi en élevant le quotient à toutes ſes puiſſances ſucceſſives, on trouvera aiſément le nombre des termes. Soit par exemple $a=5$, $q=3$, $\omega=3645$, je multiplie 3645 par 3, & j'en diviſe le produit 10935 par 5, je trouve 2187. J'éleve le quotient 3 à toutes ſes puiſſances juſqu'à ce que j'en rencontre une égale à 2187, je fais 3, 9, 27, 81, 243, 729, 2187, & je vois que 2187 eſt la ſeptiéme puiſſance de 3, donc le nombre des termes cherché eſt 7. En effet ∺ 5. 15. 45. 135. 405. 1215. 3645. On auroit trouvé facilement cet expoſant, en diviſant le logarithme de 2187 par celui de 3.

332. PROBLEME VIII. *Inſérer des moyens proportionnels entre deux termes donnés.*

1°. Qu'il faille inſérer un moyen proportionnel entre a & b, on aura donc ∺ $a.\ x.\ b$, donc (316) $ab = xx$, donc (225) $x = \sqrt{ab}$.

2°. Qu'entre a & b il faille inſérer deux moyens proportionnels, on aura donc ∺ $a.\ x.\ y.\ b$, donc (318) $a.b :: a^3.\ x^3$. donc $a^3b = ax^3$, & en diviſant (223) $aab = x^3$. donc $x = \sqrt[3]{aab}$. Or ayant le premier & le ſecond terme, il ſera aiſé de trouver le troiſiéme; car on aura $a : \sqrt[3]{aab} :: y : b$. & en élevant tout au cube, $a^3 : aab :: y^3 : b^3$. donc $y^3 = \frac{a^3b^3}{aab}$ $= abb$: donc $y = \sqrt[3]{abb}$.

3°. En général, qu'entre a & b il faille mettre un nombre n de moyens proportionnels, l'intervalle des termes a & b ſera $n+1$, on aura donc (318) $a^{n+1} : x^{n+1} :: a : b$. donc $x^{n+1} = \frac{a^{n+1}b}{a}$, en réduiſant, $x^{n+1} = a^nb$, & en extrayant la racine, on aura $x = \sqrt[n+1]{a^nb}$, ou bien $x = a^{\frac{n}{n+1}}b^{\frac{1}{n+1}}$. Et c'eſt-là la valeur du premier des moyens proportionnels demandés. Par un calcul ſemblable au précédent, on trouvera que le ſecond moyen eſt $\sqrt[n+1]{a^{n-1}b^2}$, le troiſiéme $\sqrt[n+1]{a^{n-2}b^3}$, le quatriéme $\sqrt[n+1]{a^{n-3}b^4}$. Et ainſi de ſuite juſqu'à ce que l'expoſant de b ſoit devenu $= n+1$, auquel cas celui de a ſera $= 0$, & le terme $\sqrt[n+1]{a^0b^{n+1}}$ ſe réduira à b.

333. PROBLEME IX. *Inſérer un nombre* m *de moyens proportionnels entre chacun des termes d'une progreſſion géométrique*, comme ∺ $aq^0.\ aq^1.\ aq^2.\ aq^3$, &c.

SOLUTION. Inſérez (285) un nombre m de moyens proportionnels arithmétiques entre les expoſans conſécutifs des termes de la progreſſion donnée; & vous aurez les expoſans de la progreſſion cherchée (319). Par exemple, ſi on veut inſérer 3 termes entre chacun de ceux de la progreſſion précédente, on aura ∺ $aq^0.\ aq^{\frac{1}{4}}.\ aq^{\frac{1}{2}}.\ aq^{\frac{3}{4}}.\ aq^1.\ aq^{1\frac{1}{4}}.\ aq^{1\frac{1}{2}}.\ aq^{1\frac{3}{4}}$, &c.

Des Logarithmes ;

De leur nature & de leurs usages.

334. LES Logarithmes sont des nombres artificiels qu'on substitue aux nombres ordinaires, pour changer toutes les espéces de multiplications en additions, & toutes les espéces de divisions en soustractions.

Toute progression géométrique est representée par la formule $\div aq^0 . aq^1 . aq^2 . aq^3 . aq^4 . aq^5 . aq^6 . aq^7 . aq^8$, &c. dans laquelle a & q peuvent exprimer un nombre quelconque. Si donc on fait $a = 1$, on aura $\div q^0 . q^1 . q^2 . q^3 . q^4 . q^5 . q^6 . q^7 . q^8$. &c. D'où il suit...

335. I°. Que le produit de deux des termes de cette progression a pour exposant la somme de leurs exposans (142) ainsi le produit de $q^3 \times q^4 = {}^7$. *Si* donc *on veut sçavoir quel est le terme de cette progression, qui est égal au produit de deux autres, il faut chercher quel est celui qui a pour exposant la somme de leurs exposans.*

336. II° Que le quotient de deux de ces termes, est un terme qui a pour exposant la différence des exposans de ces deux termes. Ainsi le quotient de q^8 divisé par q^3 est q^5 ou q^{8-3}. Donc *pour connoître quel est le terme égal au quotient de deux autres, il faut chercher quel est celui dont l'exposant est égal à la différence des exposans de ces deux termes.*

337. *Le logarithme d'un nombre est l'exposant de la puissance de* 10 *qui se trouve égale à ce nombre.* Ainsi ayant la progression géométrique.....

$\div 10^0 . 10^1 . 10^2 . 10^3 . \quad 10^4 . \quad 10^5 . \quad 10^6 .$ &c.

Et mettant les valeurs de ces termes.

$\div$ 1. 10. 100. 1000. 10000. 100000. 1000000. &c.

L'exposant 0 est le logarithme de 1, l'exposant 1 est le logarithme de 10, l'exposant 2 est le logarirhme de 100, de même 3 est le logarithme de 1000, &c. Mais parce que ces exposans

posans ne donnent les logarithmes que des nombres entiers en progression décuple 1, 10, 100, 1000 &c. Et qu'il est nécessaire d'avoir les logarithmes des nombres intermédiaires 2, 3, 4, 5, 6, 7, 8, 9, 11, 12, 13, &c. on a ajouté 7 décimales à chacun de ces exposans, ce qui a changé la forme de la progression en celle-ci. ....

$$\div 10^{0,0000000}.\ 10^{1,0000000}.\ 10^{2,0000000}.\ 10^{3,0000000}.\ \&c.$$

Or (319) tant que ces exposans seront en progression arithmétique, les valeurs de 10 élevé aux puissances qu'ils désignent, seront des nombres en progression géométrique, & ces exposans seront les logarithmes de ces nombres. Donc en faisant croître ces décimales consécutivement de $\frac{1}{10000000}$, ou ce qui revient au même, en inserant 9999999 moyens proportionnels arithmétiques entre chacun des exposans de la premiere progression (285), on a une nouvelle progression géométrique qui commence ainsi.....

$$\div 10^{0,0000000}.\ 10^{0,0000001}.\ 10^{0,0000002}.\ 10^{0,0000003}.\ \&c.$$

Et les valeurs de ces termes sont des nombres qui vont en croissant fort lentement depuis 1 jusqu'à 10; un de ces termes doit donc se trouver égal à 2 précisément, (ou à si peu de chose près, que la différence en est insensible,) un autre se trouvera $=3$, un autre $=4$, & ainsi de suite, & les exposans de ces termes seront les logarithmes de 2, de 3, de 4, &c, Ainsi on a trouvé que 2 étoit la valeur du terme $10^{0,3010300}$, que 3 étoit $=10^{0,4771213}$, que $4=10^{0,6020600}$, &c. ces exposans sont donc les logarithmes de 2, de 3, de 4, &c.

338. Par des calculs fondés sur cette idée, on a construit des Tables des logarithmes de tous les nombres depuis 1 jusqu'à 100000, & qui servent à trouver ceux des nombres plus grands. Il y a de ces Tables où pour une plus grande précision, les logarithmes ont dix & même quinze décimales, les communes n'en ont que 7, & meme on ne se sert gueres que des cinq premieres décimales. Les Tables ordinaires commencent ainsi.

Nombres	Logarithmes.
1	0,0000000
2	0,3010300
3	0,4771213
4	0,6020600
5	0,6989700, &c.

339. D'où on voit 1°. que les logarith. de tous les nombres compris entre 1 & 10 doivent commencer par 0, que ceux de tous les nombres qui sont entre 10 & 100 commencent par 1, que le premier chiffre des logarithmes des nombres compris entre 100 & 1000 est 2, &c. Ce premier chiffre, (qui est l'entier de l'exposant) s'appelle *la caractéristique* du logarithme, parce qu'il sert à faire connoître de combien de caracteres est composé le nombre qui répond à un logarithme donné. Car il est évident qu'il doit y en avoir un de plus que la caractéristique ne contient d'unités. Ainsi je vois tout d'un coup que ce logarithme 4,8145605 appartient à un nombre de cinq chiffres, parce que sa caractéristique est 4.

340 2°. Que le produit (335) de deux nombres répond à la somme de leurs logarithmes, & que leur quotient (336) répond à la différence de leurs logarithmes. Ainsi pour multiplier 48 par 166 j'ajoute leurs logarith. qui sont 1,6812412 & 2,2201081, la somme est 3,9013493, c'est un logarithme qui répond dans la Table au nombre 7968, qui est le produit de 48×166. Pour diviser 7336 par 56, il faut retrancher le logarithme de 56, qui est 1,7481880, du logarithme de 7336, qui est 3,8654593; & la différence 2,1172713 est un logarithme, qui répond dans la Table à 131. Donc 131 est le quotient de 7336 divisé par 56.

341. 3°. Donc *pour faire une Regle de trois par les logarithmes, il faut ajouter ensemble les logarithmes du second & du troisiéme terme, & de la somme retrancher le logarithme du premier terme, le reste sera le logarithme du quatriéme terme cherché*. Par exemple, soient donnés 2843: 8529 :: 3147: x Il faudroit (320.) pour avoir la valeur de x, multiplier 3147 par 8529, & diviser leur produit 26840763 par 2843, le

quotient feroit $9441=x$; cette opération eft longue, & fujette à erreur fi l'on n'y prête une grande attention; mais par les logarithmes, il faut ajouter enfemble les logarithmes de 8529 & de 3147, qui font 3,93090 & 3,49790, & de la fomme 7,42880, ôter 3,45378 logarithme de 2843, le refte 3,97502 eft le logarithme de x, lequel répond dans les Tables à 9441.

342. 4°. Que *pour élever une quantité à une puiffance quelconque*, il faut en ajouter le logarithme à lui-même autant de fois qu'on auroit multiplié cette quantité; c'eft-à-dire, qu'*il faut multiplier fon logarithme par l'expofant de la puiffance.* Ainfi pour élever 8 à la quatriéme puiffance, il faut multiplier fon logarithme 0,90309 par 4, & le produit 3,61236 eft le logarithme de 4096, quatriéme puiffance de 8.

343. Qu'enfin *fi on divife le logarithme d'une quantité donnée par l'expofant de la racine qu'on en veut extraire, le quotient fera le logarithme de cette racine;* ainfi pour extraire la racine cubique de 6859, divifez fon logarithme 3,83626 par 3, & le quotient 1,27875 fera le logarithme de 19, qui eft la racine cherchée.

Sur l'ufage des Tables des Logarithmes, principalement dans les opérations des fractions.

344. LEs Tables des Logarithmes font toujours accompagnées d'un difcours qui en enfeigne les ufages, c'eft pourquoi nous n'entrerons pas dans un long détail là-deffus. Nous infifterons cependant fur les opérations des fractions par leurs logarithmes. La méthode en eft extrêmement commode & utile, mais on ne la trouve pas communément bien expliquée de la maniere dont on l'employe à préfent.

Il faut fçavoir d'abord qu'étant donné le logarithme d'un nombre qui n'eft pas entier, pour avoir ce nombre avec une fraction décimale, il faut fuppofer que la caractériftique de ce logarithme eft augmentée d'autant d'unités qu'on veut avoir de décimales; & ayant trouvé la valeur du nombre entier qui répond à ce nouveau logarithme, il en faut féparer fur la droite autant de chiffres qu'on a ajouté d'unités à la caractériftique. Ainfi pour avoir la valeur du logarithme 1,7413364, je le cherche dans les Tables comme s'il étoit 3,7413364, je trouve 5512, sa valeur est donc 55,12. Si je l'eusse cherché avec la caractéristique 5, j'eusse eu 55,1235. La raison en est facile à trouver. Un logarithme dont la caractéristique est augmentée d'une, de deux, de trois, &c. unités, devient celui d'un nombre multiplié par 10, 100, 1000, &c. Donc ayant trouvé la vraie valeur du produit, si on la divise par 10, 100, 1000, &c. (c'est-à-dire, si on retranche (72) un, deux, trois, &c. de ses derniers chiffres,) on a la vraie valeur du nombre cherché avec ses décimales.

Par la même raison il est clair que pour trouver le logarithme d'un nombre joint à une fraction décimale, il faut chercher le logarithme de ce nombre comme s'il n'avoit aucun de ses chiffres séparés par une virgule, puis retrancher de la caractéristique du logarithme trouvé autant d'unités qu'on a de décimales.

345. Cela posé, puisque les fractions proprement dites sont des quantités moindres que l'unité (76), & que (337) le logarithme de l'unité est 0, les logarithmes des fractions ne sont que des nombres défectifs ou négatifs, & leur caractéristique doit être précédée du signe —; mais on peut opérer dessus comme s'ils étoient positifs, en supposant que le logarithme de l'unité est 10, 100, ou 1000, &c. & une de ces suppositions étant une fois faite, tous les logarithmes qui résulteront d'une opération faite sur les fractions, répondront à des fractions décimales, dont les chiffres seront précédés d'autant de zéro moins un, qu'il s'en faudra que leur caractéristique ne soit égale à 10, 100 ou 1000. Voyez la Table suivante.

Nomb. naturels.	*Logarithmes des Tables.*	*Logarithmes supposés.*		
10000	+4,0000000	14,0000000	104,0000000	
1000	+3,0000000	13,0000000	103,0000000	
100	+2,0000000	12,0000000	102,0000000	
10	+1,0000000	11,0000000	101,0000000	
1	±0,0000000	10,0000000	100,0000000	&c.
0.1	—1,0000000	9,0000000	99,0000000	
0.01	—2,0000000	8,0000000	98,0000000	
0.001	—3,0000000	7,0000000	97,0000000	
0.0001	—4,0000000	6,0000000	96,0000000	

Nous supposerons ici que la caractéristique du logarithme de l'unité est 10, (ce qui suffit ordinairement pour les calculs où l'on n'a pas à traiter des fractions extrêmement petites, telles, par exemple, que celles qui seroient plus petites qu'un cent-millioniéme, & qu'on ne voudroit pas négliger; car dans ce cas il faudroit supposer la caractéristique de l'unité =100, mais les regles qui suivent seroient absolument les mêmes en mettant toujours 100 à la place de 10). Ainsi toutes les fois qu'après une opération la caractéristique du logarithme surpassera 10, ce logarithme sera celui d'un nombre entier, composé d'autant de chiffres plus un, que cette caractéristique aura d'unités au-dessus de 10 ; & toutes les fois que la caractéristique sera au-dessous de 10, elle appartiendra au logarithme d'une fraction décimale précédée d'autant de zero moins un, que la caractéristique sera au-dessous de 10.

346. I. Toutes les fois qu'un logarithme doit être ôté d'un autre plus petit que lui, comme si on avoit à diviser 4 par 7, il faut ajouter 10 à la caractéristique du logarithme du dividende 4, on aura 10,60206, & en ôter le logarithme du diviseur 7, tel qu'il est dans les Tables 0,84510 ; restent 9,75696 pour le logarithme du quotient. C'est ainsi qu'on trouve les logarithmes des fractions ordinaires.

347. II. Pour avoir des décimales de la valeur d'un logarithme d'une fraction quelconque, il faut chercher ce logarithme dans les Tables, avec la caractéristique qu'on voudra, comme 3, 4, 5, &c. suivant le nombre des décimales qu'on voudra avoir, & mettre devant les nombres trouvés autant de zero, que la caractéristique du logarithme est au-dessous de 9. Par exemple, pour avoir la valeur du logarithme 5,41867 que je sçais être celui d'une fraction, je le cherche, comme si la caractéristique étoit 3, & que ce logarithme fût 3,41867, je trouve sa valeur 2622 ; donc puisque la caractéristique 5 est moindre que 9 de 4, je dis que la valeur de 5,41867 est 0.00002622 : on trouvera de même que la valeur de 9,45924 est 0,2879 ; que celle de 3,48365 est 0,0000030455, &c.

348. III. Pour multiplier une fraction par une autre, il faut ajouter leurs logarithmes (trouvez n°. 347), & de la caractéristique de la somme retrancher 10, le reste sera le logarithme du produit. Pour multiplier $\frac{7}{12}$ par $\frac{147}{81230}$, il faut ajouter leurs logarithmes 9,76592 & 7,25760, & de la caractéristique de la somme 17,02350 ayant ôté 10, le reste 7,02350 est le logarithme de 0,0010556 produit de ces deux fractions. Pour multiplier 0,0047 par 0,000051, il faut ajouter les logarithmes 7,67210, 5,70757, & le logarithme du produit sera 3,37967, dont la valeur est 0.0000002397.

La raison pour laquelle il faut ôter 10, est que (44) l'unité est au multiplicateur, comme le multiplicande est au produit ; donc pour avoir le produit de deux fractions, comme $\frac{7}{12}$ & $\frac{147}{81230}$, il faut faire cette proportion, $1 : \frac{7}{12} :: \frac{147}{81230} : \frac{7}{12} \times \frac{47}{81230}$; & ainsi pour avoir le quatrième terme, il faut (341) ajouter les logarithmes des deux moyens, & en retrancher le logarithme de l'unité.

349. IV. Pour diviser une fraction par une autre, il faut ajouter 10 à la caractéristique du dividende, & en retrancher le logarithme du diviseur, le reste sera le logarithme du quotient. Par la raison que (53) le diviseur est à l'unité, comme le dividende au quotient ; ainsi pour diviser $\frac{7}{12}$ par $\frac{147}{81230}$, il faut ôter le logarithme 7,25760 du logarithme 19,76592, & le reste 12,50832 fait voir que le quotient est le nombre entier 322, ou plus exactement 322.35.

350. V. Pour élever une fraction à une puissance quelconque m, il faut multiplier son logarithme par l'exposant m de cette puissance, &

de la caractéristique du produit, retrancher le produit de $10 \times m - 1$. Par exemple, pour élever 0,17 à la cinquiéme puissance, il en faut multiplier le logarithme 9,2304489 par 5, & de la caractéristique du produit 46,1522445 ôter $40 = 10 \times 5 - 1$; le reste 6,1522445 est le logarithme de 0,0001419857 cinquiéme puissance de 0,17.

351. VI. Enfin pour extraire la racine quelconque d'une fraction, il faut ajouter à la caractéristique du logarithme de cette fraction le produit de 10 par l'exposant de la racine moins un, & diviser la somme par cet exposant entier. Par exemple, pour extraire la racine onziéme de 0,17, il faut ajouter à la caractéristique de son logarith. 9,2304489, le produit 100 de $10 \times 11 - 1$, & diviser la somme 109,2304489 par 11, le quotient 9,9304044 sera le logarithme de 0,85193 racine onziéme de 0,17. Pour extraire la racine cinquiéme de $\frac{7}{12}$, j'ajoute 40 produit de $10 \times 5 - 1$ à la caractéristique du logarithme de $\frac{7}{12}$, qui est 9,76592, & je divise par 5 la somme 49,76592, le quotient 9,95318 est le logarithme de 0,8978, racine cinquiéme de $\frac{7}{12}$.

352. Pour avoir une idée de la raison de ces deux Regles, il faut considérer que toutes les puissances & toutes les racines de 1 etant 1, il semble que 10 soit la caractéristique de leurs logarithmes; cependant comme le logarithme de 1 élevé à la seconde, troisiéme, quatriéme, &c. puissance doit être (342) $10,00000 \times 2$, $10,00000 \times 3$, $10,00000 \times 4$; c'est-à-dire, 20,00000, 30,00000, 40,00000, &c. ces logarithmes ne peuvent être ceux des puissances de l'unité, à moins qu'on n'ôte de leurs caractéristiques le produit de 10, caractéristique de l'unité, par l'exposant de la puissance moins un; ainsi il faut ôter de ces logarithmes 10, 20, 30, &c. qui sont les produits de $10 \times 2 - 1$, $10 \times 3 - 1$, $10 \times 4 - 1$, &c. il en est de même des fractions, puisque l'unité peut être considérée comme la fraction $\frac{1}{1}$. On pourra appliquer ce raisonnement aux Racines.

Des propriétés de la grandeur considérée dans l'infini.

353. I. PROPOSITION. LA *grandeur est divisible à l'infini.*

DEM. La grandeur est par son essence susceptible de plus & de moins, donc elle ne perd rien de son essence en recevant ce plus & ce moins, donc elle est encore grandeur après l'avoir reçu, donc elle est encore également susceptible de plus & de moins, donc elle en est toujours susceptible, donc elle l'est sans fin ou à l'infini.

Par exemple, la suite naturelle des nombres 1, 2, 3, 4, &c. croît évidemment à l'infini; car à quelque grand nombre qu'on conçoive élevé un terme de cette suite, on ne voit pas pour cela que l'on en soit plus près de la fin, ce qui ne peut convenir à une suite dont le nombre des termes seroit fini.

Or quoiqu'on ne puisse pas exprimer par des nombres les termes infinis de cette progression, comme ils sont toujours des grandeurs quoique infinies, ils ne laissent pas d'avoir des propriétés finies, ce qui fait qu'on peut les soumettre au calcul en les marquant par un caractere comme ∞; ainsi je peux représenter toute la suite des nombres par $\div 0.\ 1.\ 2.\ 3.\ 4.\ 5 \ldots\ldots\ \infty$.

De même, une quantité finie peut être divisée en parties toujours plus petites, jusqu'à ce qu'on vienne à une partie infiniment petite; ainsi on peut représenter l'unité divisée en parties par cette suite $\div \frac{1}{2}.\ \frac{1}{3}.\ \frac{1}{4}.\ \frac{1}{5} \ldots\ldots\ \frac{1}{\infty}$.

354. II. PROPOSITION. *Une quantité devenue infinie ne peut plus recevoir d'augmentation ni de diminution, que par le moyen d'autres quantités infinies.*

DEM. Une quantité finie devenue infinie, a pris tous les accroissemens finis possibles, & par conséquent elle ne peut plus être augmentée par aucune quantité finie. De même, une quantité finie devenue infiniment petite, a atteint son dernier terme fini possible de diminution, & par conséquent elle ne peut plus être diminuée par aucune quantité finie. Mais une quantité devenue infiniment grande ou infiniment petite, n'est pas moins une quantité, & par conséquent elle est encore susceptible d'augmentation & de diminution; il faut donc que cette augmentation ou cette diminution se fasse par le moyen de quantités infinies.

Ainsi $\infty + 1 = \infty$, $1 + \frac{1}{\infty} = 1$, mais $\infty + \infty = 2\infty$, & $\frac{1}{\infty} \times 3\infty = \frac{3\infty}{\infty} = 3$, $\frac{2}{\infty}$ divisés par $\frac{a}{\infty} = \frac{2}{a}$, &c.

355. COROLLAIRES. I. *Une quantité finie jointe ou séparée d'une quantité infiniment grande, se peut négliger dans le calcul, & être supposée* $= 0$, ainsi $\infty \pm a = \infty$; il en est de même d'une quantité infiniment petite, par rapport à une quantité finie; ainsi $a \mp \frac{1}{\infty} = a$.

356. II. *Il y a une infinité d'especes de grandeurs infinies;* car, par exemple, on peut concevoir cette progression arith-

métique $\div$ 1 ∞. 2 ∞. 3 ∞. . . . . ∞ ∞, dont le dernier terme ∞ ∞ ou ∞^2, est infiniment plus grand que le premier; or $\infty^2 + \infty^2 = 2\infty^2$, & par conséquent on peut concevoir cette autre progression $\div$ 1 ∞^2. 2 ∞^2. 3 ∞^2. 4 ∞^2. . . . . ∞ ∞^2 ou ∞^3, dont le dernier terme est infiniment plus grand que le premier. Par un raisonnement semblable, on prouvera que $\div$ 1 ∞^3. 2 ∞^3. 3 ∞^3. 4 ∞^3. . . . . ∞ ∞^3 ou ∞^4, & en général que l'on peut concevoir ∞^{∞}, & même $\infty^{\infty^{\infty}}$ à l'infini.

Il en est de même de la grandeur infiniment petite; car on peut concevoir $\frac{1}{\infty}$. $\frac{1}{2\infty}$. $\frac{1}{3\infty}$ . . . . . . $\frac{1}{\infty\ \infty}$ ou $\frac{1}{\infty^2}$; dont le dernier terme est infiniment plus petit que le premier. On conçoit de même $\frac{1}{\infty^2}$. $\frac{1}{2\infty^2}$. $\frac{1}{3\infty^2}$ . . . . . $\frac{1}{\infty\ \infty^2}$ ou $\frac{1}{\infty^3}$, &c. en général on peut concevoir $\frac{1}{\infty^{\infty}}$ & même $\frac{1}{\infty^{\infty^{\infty}}}$, à l'infini, &c.

357. Les exposans des quantités infinies servent à marquer leur ordre d'infini, par exemple, ∞, 3 ∞ qui ont 1 pour Exposant ou qui équivalent à ∞^1, 3 ∞^1, sont des grandeurs infiniment grandes du premier ordre. 3 ∞^4, $ab\infty^4$ sont des quantités infiniment grandes du quatriéme ordre. $\frac{4}{\infty}$, $\frac{a}{3\infty}$ sont des infiniment petits du premier ordre. $\frac{1}{a\infty^2}$ est un infiniment petit du second ordre, &c.

358. Remarquez que les expressions des infiniment petits sont celles où le caractere de l'infini se trouve en dénominateur de fraction, dont le numérateur est un fini ou un infini d'un ordre inférieur. Et que toutes les expressions où le caractere de l'infini n'est pas en dénominateur, sont celles des quantités infiniment grandes.

359. III. *Les ordres successifs des infinis sont en progression Géométrique;* car les exposans qui les désignent sont les termes de la suite naturelle des nombres. Ainsi $\div\div$ ∞^4. ∞^3. ∞^2. ∞^1. ∞^0. ∞^{-1}. ∞^{-2}. ∞^{-3}, &c, c'est la même chose que $\div\div$ ∞^4. ∞^3. ∞^2. ∞. 1. $\frac{1}{\infty}$. $\frac{1}{\infty^2}$. $\frac{1}{\infty^3}$, &c.

360. IV. *Un infini d'un ordre quelconque ne peut être augmenté ni diminué par l'addition ou par la soustraction d'un nombre fini des infinis d'un ordre inférieur*; c'est-à-dire, qu'un ou plusieurs infinis d'un ordre inférieur sont $=0$ à l'égard d'un infini d'un ordre supérieur; ainsi $\infty^2 \pm a\,\infty = \infty^2$; de même $\frac{1}{\infty} + \frac{1}{\infty^2} = \frac{1}{\infty}$.

361. V. *Un infini multiplié ou divisé par un autre infini, a pour produit ou pour quotient une grandeur d'un ordre marqué par l'exposant du produit ou du quotient.*

Ainsi $\infty \times \infty = \infty^2$. $3\,\infty \times b\,\infty = 3b\,\infty^2$, c'est-à-dire, un infiniment grand du premier ordre, multiplié par un infiniment grand du premier ordre, a pour produit un infiniment grand du second ordre.

$\infty^2 \times \infty = \infty^3$, $3\,\infty^4 \times 4\,\infty^5 = 12\,\infty^9$, donc le produit de deux infiniment grands, est un infiniment grand d'un ordre égal à la somme des exposans.

$\infty \times a = a\,\infty$, donc un infiniment grand multiplié par un fini, donne un infiniment grand du même ordre.

$\infty \times \frac{1}{\infty} = \frac{\infty}{\infty} = 1$, donc le produit d'un infiniment grand par un infiniment petit du même ordre, est fini.

$\frac{1}{\infty} \times a = \frac{a}{\infty}$; $\frac{1}{4\,\infty^3} \times 2b = \frac{b}{2\,\infty^3}$, donc le produit d'un infiniment petit par un fini, est un infiniment petit du même genre.

Dans la division $\frac{\infty}{\infty} = 1$, $\frac{\infty}{b\,\infty} = \frac{1}{b}$, donc le quotient d'une quantité infiniment grande, divisée par une quantité infiniment grande du même ordre, est fini.

$\frac{\infty^3}{\infty^2} = \infty$, donc le quotient d'un infiniment grand divisé par un infiniment grand d'un ordre inférieur, est un infiniment grand d'un ordre égal à la différence des exposans.

$\frac{\infty^2}{\infty^3} = \frac{1}{\infty}$, donc le quotient d'un infiniment grand divisé par un infiniment grand d'un ordre supérieur, est un infiniment petit d'un ordre égal à la différence des exposans.

Quelques notions sur les suites ; de la nature & de la formation des suites.

362. ON appelle *Suite* ou *Serie* un assemblage de termes qui pris consécutivement croissent ou décroissent suivant une certaine même loi : telles sont les progressions arithmétiques & géométriques.

363. On appelle *suite finie* celle dont le nombre des termes est limité, & *suite infinie* celle qu'on suppose continuée jusqu'à l'infini.

364. Les suites dont les termes vont en augmentant de grandeur, s'appellent *divergentes*, & celles dont les termes décroissent de grandeur s'appellent *convergentes*. Une suite diverge ou converge d'autant plus que chaque terme croît ou décroît plus rapidement à l'égard de celui qui le précede.

365. Les Mathématiciens considérent trois principales suites de nombres. Celles des nombres *figurés* ou de différens ordres, celles des nombres polygones, & celles des puissances.

Les suites des nombres figurés commencent ainsi. . . . .

NOMBRES						
Constans ou du premier ordre...	1	1	1	1	1	1,&c.
Naturels ou du second ordre.....	1	2	3	4	5	6,&c.
Triangulaires ou du 3e ordre....	1	3	6	10	15	21,&c.
Pyramidaux ou du 4e ordre.....	1	4	10	20	35	56,&c.

366. La loi de chacune des suites des nombres figurés est que chacun de leurs termes est la somme des termes correspondans de la suite précédente. Ainsi la seconde suite est formée de l'addition continuelle des unités, les termes de la troisiéme suite sont formés de l'addition continuelle de ceux de la seconde. Par exemple $1+2=3$, $1+2+3=6$, $1+2+3+4=10$, $1+2+3+4+5=15$, &c.

367. Les nombres polygones sont des nombres formés par la somme des termes consécutifs d'une progression arithmétique qui commence par 1. Et ces nombres s'appellent trian-

gulaires, quarrés, pentagones, exagones, &c. selon que la différence qui regne dans la progression est 1, 2, 3, 4, &c. Par exemple.

Progressions Arithmétiques.		Nombres Polygones.
1 2 3 4 5, &c.	Diff. 1	1 3 6 10 15, &c. Triangulaires.
1 3 5 7 9, &c.	Diff. 2	1 4 9 16 25, &c. Quarrés.
1 4 7 10 13, &c.	Diff. 3	1 5 12 22 35, &c. Pentagones.
1 5 9 13 17, &c.	Diff. 4	1 6 15 28 45, &c. Exagones.

On les appelle polygones, parce qu'ils répresentent le nombre de points nécessaires pour remplir les espaces des polygones réguliers en disposant ces points en symmétrie sur des lignes tirées parallelement aux côtés de ce polygone.

368. III. Les suites des puissances des nombres, sont celles des quarrés, des cubes, &c. des termes consécutifs de la suite des nombres naturels 1.2.3.4.5. &c.

369. Outre ces différentes suites de nombres (qu'on peut généraliser par des expressions algébriques), on en rencontre souvent d'autres. Par exemple, une fraction décimale, comme 0,3543, n'est autre chose que la suite $\frac{3}{10}+\frac{5}{100}+\frac{4}{1000}+\frac{3}{10000}$ (98). Un même nombre divisé successivement par les termes d'une progression arithmétique, comme $\frac{7}{3}.\frac{7}{4}.\frac{7}{5}.\frac{7}{6}.\frac{7}{7}.$ &c. forme une suite qu'on appelle une *progression harmonique*. On peut même faire à volonté des suites composées de plusieurs autres, en leur faisant terme à terme quelqu'une des opérations de l'arithmétique. Telle seroit, par exemple, la suite $\frac{1}{1}.\frac{2}{3}.\frac{4}{15}.\frac{8}{105}.\frac{16}{945}$, &c. qu'on a formée en mettant pour numerateurs les termes d'une progression géométrique double, & pour dénominateurs les produits du premier, des deux premiers, des trois premiers, des quatre premiers, &c. nombres impairs. Or *lorsque la loi suivant laquelle une suite est composée ne se présente pas aux yeux, il faut l'écrire sous une forme qui la fasse reconnoître.* Par exemple, à l'inspection de la suite précédente, on reconnoît facilement que les numérateurs sont en progression géométrique, mais on ne voit pas comment les dénominateurs ont été formés. Or si on la met sous cette forme (où on a mis des points à la place du

signe ×, ce qui se pratique ordinairement dans les expressions des suites).....
$\frac{1}{1}, \frac{2}{1.3}, \frac{4}{1.3.5}, \frac{8}{2.3.5.7}, \frac{16}{1.3.5.7.9}$, &c. rien n'est plus facile que de reconnoître la loi.

370. On réduit souvent en suites infinies les quantités qu'on ne peut décomposer sans reste : telles sont les quotients des termes qui ne sont pas multiples du diviseur, & les racines des puissances imparfaites. Par exemple, soit proposé de trouver le quotient de $\frac{1}{1+xx}$, en opérant comme dans le calcul des décimales, on le trouvera $=1-x^2+x^4-x^6+x^8$, &c. Car en faisant $\frac{1}{1}=1$, puis $1\times\overline{1+xx}=1+xx$, l'ôtant du dividende, on a $1-1-xx=-xx$. Le premier terme du quotient est donc 1, & le reste $-xx$. Divisant ce reste par 1, on a le second terme du quotient qui est $-xx$. Or $-xx\times\overline{1+xx}=-xx-x^4$, ôtant cela de $-xx$, reste x^4. Divisant encore ce reste par 1, on a $+x^4$, troisiéme terme du quotient, & ainsi de suite.

On trouve de même que $\frac{a}{b+x}=\frac{a}{b}-\frac{ax}{b^2}+\frac{axx}{b^3}-\frac{ax^3}{b^4}+\frac{ax^4}{b^5}-$ &c. que $\frac{aa}{x+b}=\frac{aa}{x}-\frac{aab}{x^2}+\frac{aab^2}{x^3}$, &c.

371. Soit proposé de réduire $\sqrt{aa-xx}$ en une suite infinie, on aura $a-\frac{xx}{2a}-\frac{x^4}{8a^3}-\frac{x^6}{16a^5}-\frac{5x^8}{128a^7}-\frac{7x^{10}}{256a^9}-\frac{21x^{12}}{1024a^{11}}$ &c.

Car la racine quarrée du premier terme aa est a, ôtant aa de la quantité donnée $aa-xx$, reste $-xx$, qu'il faut diviser par $2a$, & on a $-\frac{xx}{2a}$, second terme de la racine; son quarré est $\frac{x^4}{4aa}$, & son produit par $2a$ est $-xx$; ôtant donc cela du premier reste $-xx$, on a un second reste $-\frac{x^4}{4aa}$, qu'il faut diviser par le double de $a-\frac{xx}{2a}$, qui est $2a-\frac{xx}{a}$, on a donc d'abord $-\frac{x^4}{8a^3}$ pour troisiéme terme de la racine, son quarré est $\frac{x^8}{64a^6}$, & son produit par $2a-\frac{xx}{a}$ est $-\frac{2ax^4}{8a^3}+\frac{x^6}{8a^4}$, l'ôtant du second reste $-\frac{x^4}{4aa}$, & réduisant, on a un troisiéme reste $-\frac{x^6}{8a^4}$. En continuant toujours le même procédé, on a les autres termes.

Soit, par exemple, $a=5$, $x=3$, donc $aa-xx=25-9=16$, & $\sqrt{aa-xx}=4=5-\frac{9}{10}-\frac{81}{1000}-\frac{729}{100000}$, &c.

On aura de même $\sqrt{aa+xx}=a+\frac{xx}{2a}-\frac{x^4}{8a^3}+\frac{x^6}{16a^5}-\frac{5x^8}{128a^7}$, &c. Et $\sqrt{aa+bx-xx}=a+\frac{bx}{2a}-\frac{xx}{2a}-\frac{bbxx}{8a^3}$, &c.

372. De-là on voit que lorsqu'on a les premiers termes d'une suite qu'on trouve par la décomposition, il faut tâcher de découvrir la loi de leur marche ; car alors on peut cesser d'opérer, & continuer la suite en observant cette loi, pourvû qu'on s'en soit assuré par un nombre suffisant de termes.

Par exemple, en examinant la racine de $aa-xx$, on voit aisément qu'elle est égale à a moins tous les produits des termes d'une progression géométrique (dont le premier est $\frac{xx}{aa}$, & le quotient est $\frac{xx}{aa}$) multipliés consécutivement par $\frac{1}{2}$, $\frac{1}{8}$, $\frac{1}{16}$, $\frac{5}{128}$, $\frac{7}{256}$, &c. Il ne s'agit donc que de trouver la loi de ces coefficiens, laquelle est $1\times\frac{+1}{2}$, $1\times\frac{+1}{2}\times\frac{-1}{4}$, $1\times\frac{+1}{2}\times\frac{-1}{4}\times\frac{-3}{6}$, $1\times\frac{+1}{2}\times\frac{-1}{4}\times\frac{-3}{6}\times\frac{-5}{8}$, $1\times\frac{+1}{2}\times\frac{-1}{4}\times\frac{-3}{6}\times\frac{-5}{8}\times\frac{-7}{9}$, &c. Les numérateurs sont les termes de la suite naturelle des nombres impairs décroissans, & les dénominateurs sont les termes de la suite naturelle des nombres pairs croissans : & ces termes sont multipliés deux, trois, quatre, &c. ensemble successivement.

De la sommation des suites.

373. ON peut faire sur les suites toutes les opérations de l'Arithmétique ; mais la plus utile de toutes, & en même tems la plus difficile, consiste à les *sommer*, c'est-à-dire, à réduire en une seule expression finie tous les termes d'une suite donnée. Car c'est ordinairement en cette expression que consiste la solution des Problêmes dans lesquels les suites entrent, & il est aisé de réduire la plûpart des Problêmes à trouver la somme d'une suite infinie, puisque la solution d'un problême dépend de la décomposition des termes de l'équation qui l'exprime.

374. Il est clair que si une suite infinie est toujours divergente, la somme n'en peut être finie, mais si elle est convergente la somme est souvent finie, comme on le verra dans la suite.

Nous ne pouvons pas entrer dans un grand détail sur ce sujet, qui fait une des plus considérables parties de l'Analyse, nous expliquerons seulement la maniere de sommer quelques-unes des suites les plus en usage, & principalement celles dont nous aurons besoin dans la Géométrie.

375. L'art de sommer les suites en général, consiste à trouver une méthode d'en sommer quelques unes, qu'on prend ensuite pour formules, ausquelles il faut réduire, s'il est possible, les suites qu'on veut sommer, ou bien il faut décomposer ces suites en plusieurs autres réduisibles à quelqu'une des formules, & par conséquent sommables, puis ajouter ensemble les sommes de chacune de ces suites partiales.

376. I. Par exemple, ayant trouvé une formule pour sommer tous les termes d'une progression géométrique décroissante à l'infini, on pourra toujours sommer les suites qu'on décomposera en plusieurs autres suites dont les termes seront en progression géométrique décroissante.

Soit $\div\div \frac{d}{b}, \frac{d}{bq}, \frac{d}{bq^2}, \frac{d}{bq^3}, \frac{d}{bq^4} \cdots\cdots \frac{d}{bq^\infty}$ une progression ıfinie qui décroît à cause que les dénominateurs vont tou-ıurs en croissant, (en supposant q plus grand que l'unité.) :n écrivant $\div \frac{d}{bq^{\infty}} \cdot \cdot \cdot \cdot \cdot \frac{d}{bq^4}, \frac{d}{bq^3}, \frac{d}{bq^2}, \frac{d}{bq}, \frac{d}{b}$, on la :nd croissante, & en y appliquant la formule $s = \frac{uq-a}{q-1}$ (327) ù $u = \frac{d}{b}$, $a = \frac{d}{bq^{\infty}}$, on aura $s = \frac{\frac{dq}{b} - \frac{d}{bq^{\infty}}}{q-1}$, & en négli-:eant le terme infiniment petit $\frac{d}{bq^{\infty}}$, puis réduisant, on a $= \frac{dq}{bq-b}$, & c'est-là une formule pour sommer toute pro-:ession géométrique décroissante.

377. Soit proposé maintenant de sommer une suite, dont s numérateurs soient en progression arithmétique, & les :nominateurs en progression géométrique. Cette suite est , $\frac{a+d}{bq}$, $\frac{a+2d}{bqq}$, $\frac{a+3d}{bq^3}$, &c. Mettez-la d'abord sous cette rme, $\frac{a}{b}$, $\frac{a}{bq} + \frac{d}{bq}$, $\frac{a}{bq^2} + \frac{d}{bq^2} + \frac{d}{bq^2}$, $\frac{a}{bq^3} + \frac{d}{bq^3} + \frac{d}{bq^3}$ $- \frac{d}{bq^3}$, &c. De-là vous en pourrez déduire les series suivan-s, qui ne sont que des progressions géométriques.

$\frac{a}{b}$, $\frac{a}{bq}$, $\frac{a}{bq^2}$, $\frac{a}{bq^3}$, &c. la somme est $\frac{aq}{bq-b}$.

$\frac{d}{bq}$, $\frac{d}{bq^2}$, $\frac{d}{bq^3}$, &c. la somme est $\frac{d}{bq-b}$.

$\frac{d}{bq^2}$, $\frac{d}{bq^3}$, &c. la somme est $\frac{d}{bq^2-bq}$.

$\frac{d}{bq^3}$, &c. la somme est $\frac{d}{bq^3-bq^2}$.

Or ces sommes (excepté la premiere) forment la pro-ession $\div \frac{d}{bq-b}$, $\frac{d}{bq^2-bq}$, $\frac{d}{bq^3-bq^2}$, &c. dont la somme t $\frac{dq}{bq^2-2bq+b}$, si donc on y ajoute la premiere somme $\frac{aq}{bq-b}$, on aura $\frac{aqq-aq+dq}{bq^2-2bq+b}$ pour la ſomme des ſommes, c'eſt-à-dire ; pour la ſomme de toute la ſerie propoſée. Et *c'eſt une formule générale pour ſommer toutes les ſuites de fractions dont les numérateurs ſeront en progreſſion arithmétique, & les dénominateurs en progreſſion géométrique.*

378. REMARQUE. Lorſqu'on ne peut ſommer en termes finis une ſuite infinie, il faut tâcher de la mettre ſous une forme telle qu'elle ſoit la plus convergente qu'il eſt poſſible, car *lorſqu'une ſuite converge très-vîte, il ſuffit de ſommer effectivement quelques-uns de ſes premiers termes, on peut enſuite négliger les autres ſans erreur ſenſible.*

Par exemple, dans $\sqrt{aa+xx}$, plus la valeur de x ſera petite à l'égard de a, plus la ſuite $a+\frac{xx}{2a}-\frac{x^4}{8a^3}+\frac{x^6}{16a^5}$, &c. convergera vîte, parce que les numérateurs deviennent très-petits à l'égard des dénominateurs. Soit $a=10$, & $x=1$, alors $\sqrt{101}=10+\frac{1}{20}-\frac{1}{8000}+\frac{1}{1600000}$, &c. où l'on voit que le quatriéme terme eſt déja comme infiniment petit, & que par conſéquent les trois premiers termes ſuffiſent pour avoir à très-peu près la racine de 101.

379. II. Soit propoſé de trouver des formules pour ſommer tant de termes conſécutifs qu'on voudra des puiſſances des termes de la ſuite des nombres naturels. Pour y parvenir je raiſonne ainſi.

Puiſque les termes de la ſuite des nombres naturels différent toujours d'une unité, il eſt clair que ſi on en prend quelques-uns comme l, m, n, p, q, r, on aura $r=q+1$, $q=p+1$, $p=n+1$, $n=m+1$, $m=l+1$. Or ſi on éleve ces termes à leurs puiſſances conſécutives, on aura......

$r^2=q^2+2q+1$	$r^3=q^3+3q^2+3q+1$	$r^4=q^4+4q^3+6q^2+4q+1$
$q^2=p^2+2p+1$	$q^3=p^3+3p^2+3p+1$	$q^4=p^4+4p^3+6p^2+4p+1$
$p^2=n^2+2n+1$	$p^3=n^3+3n^2+3n+1$	$p^4=n^4+4n^3+6n^2+4n+1$
$n^2=m^2+2m+1$	$n^3=m^3+3m^2+3m+1$	$n^4=m^4+4m^3+6m^2+4m+1$
$m^2=l^2+2l+1$	$m^3=l^3+3l^2+3l+1$	$m^4=l^4+4l^3+6l^2+4l+1$

Et ſi enſuite on joint chacune de ces puiſſances en une ſeule équation, on aura......

$r^2=$

$r^2 = +2q+1$	$r^3 = +3q^2+3q+1$	$r^4 = +4q^3+6q^2+4q+1$
$+2p+1$	$+3p^2+3p+1$	$+4p^3+6p^2+4p+1$
$+2n+1$	$+3n^2+3n+1$	$+4n^3+6n^2+4n+1$
$+2m+1$	$+3m^2+3m+1$	$+4m^3+6m^2+4m+1$
l^2+2l+1	l^3+3l^2+3l+1	$l^4+4l^3+6l^2+4l+1$

380. D'où on déduira ces Théorêmes généraux, *lorsqu'on a plusieurs termes consécutifs de la suite des nombres naturels, 1°. le quarré* r^2 *du dernier de ces termes est égal au quarré* l^2 *du premier de ces termes, plus 2 fois la somme* $q+p+n+m+l$ *des termes qui précédent le dernier, plus le nombre* $1+1+1+1+1$ *de ces mêmes termes précédens. 2°. Le cube* r^3 *du dernier de ces termes, est égal au cube* l^3 *du premier, plus 3 fois la somme des quarrés des termes précédens, plus 3 fois la somme de ces mêmes termes, plus leur nombre. 3°. La quatriéme puissance* r^4 *du dernier, est égale à la quatriéme puissance du premier, plus 4 fois la somme des cubes des termes précédens, plus 6 fois la somme de leurs quarrés, plus 4 fois la somme de ces termes, plus leur nombre.* Il en est ainsi des autres puissances plus élevées.

381. D'où il suit que nommant a un premier terme quelconque, ω un dernier terme, le nombre des termes qui précédent le dernier sera $\omega - a$, si donc on appelle $\int$ la somme de tous ces termes; $\int^2$ la somme de tous leurs quarrés, $\int^3$ la somme de leurs cubes, &c. on aura $\int - \omega$ pour la somme de tous les termes qui précédent le dernier, $\int^2 - \omega^2$ pour la somme de tous leurs quarrés, $\int^3 - \omega^3$ pour la somme de tous leurs cubes, &c. Et le premier Théorême précédent sera exprimé par cette formule $\omega^2 = a^2 + 2\int - 2\omega + \omega - a$, ou en réduisant, $\omega^2 = a^2 - a + 2\int - \omega$. Le second par $\omega^3 = a^3 + 3\int^2 - 3\omega^2 + 3\int - 3\omega + \omega - a$, ou bien $\omega^3 = a^3 - a + 3\int^2 - 3\omega^2 + 3\int - 2\omega$. Le troisiéme par $\omega^4 = a^4 + 4\int^3 - 4\omega^3 + 6\int^2 - 6\omega^2 + 4\int - 4\omega + \omega - a$, ou bien $\omega^4 = a^4 - a + 4\int^3 - 4\omega^3 + 6\int^2 - 6\omega^2 + 4\int - 3\omega$, &c.

De la premiere formule on tire $\int = \frac{1}{2}\omega^2 + \frac{1}{2}\omega - \frac{1}{2}a^2 + \frac{1}{2}a$. Substituant cette valeur dans la seconde, on a $\omega^3 = a^3 + 3\int^2 - \frac{2}{3}\omega^2 - \frac{1}{2}\omega - \frac{3}{2}a^2 + \frac{1}{2}a$, & par conséquent $\int^2 = \frac{1}{3}\omega^3 + \frac{1}{2}\omega^2 + \frac{1}{6}\omega - \frac{1}{3}a^3 + \frac{1}{2}a^2 - \frac{1}{6}a$.

Substituant les valeurs de $\int^2$ & de $\int$ dans la troisiéme formule, on a en réduisant $\omega^4 = a^4 + 4\int^3 - 2\omega^3 - \omega^2 - 2a^3 + a^2$, & par conséquent $\int^3 = \frac{1}{4}\omega^4 + \frac{1}{2}\omega^3 + \frac{1}{4}\omega^2 - \frac{1}{4}a^4 + \frac{1}{2}a^3 - \frac{1}{4}a^2$.

Il en est de même des autres puissances.

382. Si le premier terme des suites est o, ou 1, on a $\int = \frac{1}{2}\omega^2 + \frac{1}{2}\omega$, $\int^2 = \frac{1}{3}\omega^3 + \frac{1}{2}\omega^2 + \frac{1}{6}\omega$, & $\int^3 = \frac{1}{4}\omega^4 + \frac{1}{2}\omega^3 + \frac{1}{4}\omega^2$.

Des rapports finis qu'ont entre elles les sommes infinies des suites infinies.

383. QUOIQUE les sommes de plusieurs suites soient infinies, & par conséquent inassignables en termes finis, cependant on verra dans la suite qu'elles ne laissent pas d'être d'un grand usage en géométrie, sur-tout lorsqu'on peut connoître leur rapport exact.

Par exemple, on trouve que *la somme d'une infinité de quarrés des termes consécutifs de la suite des nombres naturels, est le $\frac{1}{3}$ du produit du dernier quarré multiplié par leur nombre.* Car alors le dernier terme de la suite des nombres naturels étant ∞, en substituant ∞ à ω dans la formule de la somme des quarrés, on a $\int^2 = \frac{1}{3}\infty^3 + \frac{1}{2}\infty^2 - \frac{1}{6}\infty - \frac{1}{3}a^3 + \frac{1}{2}a^2 - \frac{1}{6}a$ qui se réduit à $\int^2 = \frac{1}{3}\infty^3$, à cause que tous les autres termes sont infiniment petits à l'égard de $\frac{1}{3}\infty^3$. Or le produit du dernier quarré ∞^2 par leur nombre qui est ∞, est ∞^3 : donc la somme des quarrés est le tiers de ce produit.

384. Par un semblable calcul, on trouve que *la somme d'une infinité de cubes consécutifs, est le $\frac{1}{4}$ du produit du dernier cube par leur nombre.* Car on a $\int^3 = \frac{1}{4}\infty^4$. Et en général la somme d'une infinité de puissances finies m des termes consécutifs de la suite des nombres naturels, est $\frac{1}{m+1}$ du produit de la puissance ∞^m du dernier terme multipliée par leur nombre ∞, ou $\int^m = \frac{1}{m+1}\infty^{m+1} = \frac{\infty^{m+1}}{m+1}$, ce

qui peut s'appliquer aussi aux sommes des mêmes racines des termes consécutifs de la suite des nombres naturels. Car s'il s'agit, par exemple, des racines quarrées, alors $m = \frac{1}{2}$ (173) & $m + 1 = \frac{1}{2} + 1 = \frac{3}{2}$, $\frac{1}{m+1} = \frac{2}{3}$. Donc la somme des racines quarrées de tous les termes de la suite des nombres naturels, est les deux tiers du produit de la racine quarrée du dernier terme multipliée par leur nombre. Car elle est $\frac{2}{3} \infty^{\frac{3}{2}}$, c'est-à-dire, $\frac{2}{3} \infty^{\frac{1}{2}} \times \infty$.

SECONDE PARTIE.

ÉLÉMENS DE GEOMETRIE.

385. LA Géométrie eſt une ſcience qui démontre les propriétés des quantités continues, ou de l'étendue.

Le continu n'a que trois dimenſions, la longueur, la largeur & l'épaiſſeur ou profondeur.

386. Quoiqu'il n'y ait rien de continu dans la nature qui n'ait toujours toutes ces trois dimenſions enſemble, on peut cependant les concevoir chacune en particulier indépendamment des autres, ou deux enſemble, ſans penſer à la troiſiéme. C'eſt ainſi qu'on penſe à la longueur d'un chemin ſans faire attention à ſa largeur; on conçoit l'étendue d'une Plaine ſans penſer à l'épaiſſeur des terres qui la compoſent.

387. Une dimenſion conſidérée ſeule, s'appelle *une ligne*; deux dimenſions jointes enſemble, *font une ſurface*; & les trois compoſent enſemble *le corps* ou *ſolide*.

388. Les Géometres conſiderent encore *le point* comme une quantité dont les dimenſions ſont infiniment petites, & auquel par conſéquent on peut n'attribuer aucune étendue finie.

PREMIERE SECTION.

Des Lignes.

Origine & propriétés générales des Lignes.

389. HYPOTHESE. ON peut concevoir la formation d'une ligne par le mouvement d'un point. Si un point ſe meut ſans aucun détour, ſa trace eſt une ligne

[d]*roite*; s'il se détourne en son chemin il décrit une *ligne* [c]*ourbe*.

390. On peut imaginer que le point décrit la ligne par [d]ès pas infiniment petits; or on ne peut conçevoir de détour dans un pas infiniment petit; donc chaque pas du [p]oint est une ligne droite infiniment petite. Donc, suivant [c]ette idée, *la ligne droite finie est une suite d'une infinité de* [d]*roites infiniment petites, toutes posées de file & sans détour: & la ligne courbe finie est une suite d'une infinité de droites* [i]*nfiniment petites, posées différemment les unes à l'égard des* [a]*utres*.

391. Il est clair qu'à cause de la petitesse infinie de chaque [p]as, on peut les supposer égaux chacun au point même [q]ui les a décrits, & par conséquent on peut regarder la ligne [c]omme une suite de points; d'où il est évident.....

392. I°. Que *la ligne droite est nécessairement la plus courte* [q]*u'on puisse mener entre deux termes, &* que par conséquent [e]*lle est la mesure précise de leur distance.*

393. II°. Qu'*il n'y a qu'une espece de ligne droite, mais qu'il* [y] *en a une infinité de courbes.*

394. III°. Que *la position de deux points suffit pour déterminer celle d'une ligne droite; mais qu'il en faut plus de deux pour* [d]*éterminer la position d'une courbe.*

Propriétés des Lignes droites.

DEMANDES.

[3]95. I. ON suppose qu'*on puisse mener toutes sortes de droites sur un Plan*, c'est-à-dire, sur une surface tel[l]ement unie que tous les points qui la composent soient à l'égard les uns des autres dans un niveau parfait. On montrera [d]ans la suite (613) la formation géométrique du Plan.

396. II. On suppose qu'*il soit possible de déterminer le point* [d]*e milieu d'une droite finie posée sur un Plan.* On donnera [b]ien-tôt (445) la maniere de le faire géométriquement.

Des propriétés des lignes droites dans la position d'une droite à l'egard d'une autre.

397. HYPOTHESE. CONCEVEZ une droite immobile AB (que j'appellerai la fixe AB) posée sur un Plan immobile (Fig. I.); supposez une autre droite (que j'appellerai la mobile AB) égale à la premiere, & tellement couchée dessus, qu'elle ne fasse qu'une même ligne droite avec elle. Concevez au milieu (396) de cette droite un point E sur lequel la mobile AB tourne ; de sorte que sa partie EA ayant décrit sur le même Plan la trace AORB, vienne se coucher exactement sur la partie EB de la fixe ; tandis que la partie EB de la mobile ayant décrit la trace BVZA vient se coucher exactement sur la partie fixe EA.

Cela posé, la mobile aura décrit une figure, aux parties de laquelle on a donné plusieurs noms, qu'il faut sçavoir.

398. DEFINITIONS. I. Toute la figure décrite par la mobile, s'appelle *un Cercle*. La ligne courbe ARBYA qui la termine, s'appelle *la circonférence du cercle*, & le point E autour duquel la circonférence est décrite s'appelle *le centre*.

399. II. Des parties déterminées quelconques d'une circonférence, comme AN, ANO, ORT, &c. s'appellent des *Arcs* de cercle.

400. III. La ligne EA qui par son mouvement sur le centre E décrit le cercle, s'appelle le *rayon* du cercle. Généralement on appelle rayons toutes les droites qui sont menées du centre d'un cercle à sa circonférence, comme EO, ER, EX, &c.

401. COROLLAIRE. Il suit de-là que *tous les rayons d'un même cercle ou de deux cercles égaux, sont égaux entr'eux*; & qu'ainsi on peut définir le cercle, une figure terminée par une courbe, dont tous les points sont également éloignés d'un point en dedans, qui s'appelle le centre.

402. IV. La droite AB qui divise le cercle en deux par-

ies égales, en paſſant par ſon centre, s'appelle *le diametre* *u cercle*. En général on appelle diametres du cercle, toutes es droites qui paſſant par le centre ſont terminées de part & 'autre à la circonférence, telles ſont OV, PX, RZ, &c.

403. On diviſe la circonférence de chaque cercle en 360 arties égales, appellées *dégrés*; (115) chaque dégré ſe ſubliviſe en 60 parties égales, appellées *minutes*, & chaque miute en 60 *ſecondes*, chaque ſeconde en 60 *tierces*, &c. Ces parties ne ſont pas des grandeurs abſolues, comme ſont es meſures ordinaires de poids, de pieds, &c. mais elles ſont les grandeurs proportionnées à la grandeur du cercle; enorte qu'un dégré d'un grand cercle eſt plus grand qu'un dégré d'un petit cercle.

404. Examinons maintenant ce qui eſt arrivé par le mouement de la mobile. Il eſt clair I. qu'avant que la mobile eût commencé de ſe mouvoir, elle ne coupoit pas la fixe, lle ne lui étoit pas inclinée; mais que tous ſes points couvroient exactement tous les points correſpondans de la fixe.

405. II. Que la mobile ne peut tourner ſur le point E, que tous ſes points ne ſe meuvent en même tems & ne faſent chacun un égal nombre de pas.

406. III. Auſſi-tôt que la mobile commence de ſe mouvoir, tous ſes points s'écartent d'autant plus de part & d'autre des points correſpondans de la fixe, qu'ils ſe trouvent plus éloignés du point E, qui reſte commun aux deux lignes; & par conſéquent la mobile coupe la fixe au point E, & les parties de cette mobile deviennent inclinées à celles de la fixe: Par exemple, quand dans ſon mouvement la mobile eſt devenuë NET, il ne lui eſt plus reſté rien de commun avec la fixe, que le point E; le point N s'eſt beaucoup plus écarté du point A, que tout autre point compris entre N & E comme *n*, ne s'eſt éloigné de ſon correſpondant *a* dans la fixe, quoique ce point *n* ait fait autant de pas pour venir de *a* en *n*, que le point N en a fait pour venir de A en N. Il en eſt de même du point T à l'égard de B; la ligne NET a donc coupé la fixe en E, & ſes parties NE, ET ſont devenuës inclinées ſur la fixe.

407. Une droite qui en coupe une autre, ou qui se termine à sa rencontre, fait avec elle un *angle* au point de rencontre ; ainsi les parties NE, AE font en E l'angle NEA.

408. Un angle exprime la quantité de l'écart d'une ligne par rapport à une autre qu'elle rencontre ; ainsi plus ces lignes sont écartées, plus elles font un grand angle.

409. Il est clair que la mesure de l'écart de deux lignes est le nombre de pas égaux que chaque point de la mobile a faits pour s'éloigner du point correspondant de la fixe ; parce que si le point A de la mobile a fait une fois plus de pas pour venir de A en P, que pour venir de A en N, il est manifeste qu'étant en P, il s'est écarté du double de ce qu'il l'étoit étant en N, & que par conséquent l'angle AEP est double de l'angle AEN. Il est aussi évident que le point *a* de la mobile a fait autant de pas pour venir en *n* puis en *p*, que le point A en a fait pour venir en N puis en P ; & qu'ainsi si le point *a* a fait une fois plus de pas pour venir en *p* que pour venir en *n* la ligne EP est une fois plus écartée de la fixe AE, que la ligne EN.

D'où il suit.......

410. THEOREME. I. Que *la mesure de tout angle rectiligne est l'arc d'un cercle quelconque qui a le centre au sommet de l'angle, & qui se trouve compris entre les deux droites qui forment l'angle.* Ainsi quand on dit qu'un angle est de 20 dégrés, cela signifie qu'il a pour mesure un arc de cercle de 20 dégrés.

411. THEOREME. II. Que *tous les angles qui ont pour mesure des arcs d'un égal nombre de dégrés, sont égaux entr'eux ;* & réciproquement, *que tous les arcs décrits dans un même angle ou dans des angles égaux, ayant leur centre au sommet de l'angle, sont d'un même nombre de degrés.*

412 THEOREME. III. Qu'*étant connue la grandeur d'un angle, on connoît la grandeur de l'arc qu'il peut intercepter par ses côtés ;* & réciproquement, que *sçachant la quantité des dégrés d'un arc qui ayant son centre au sommet d'un angle, est terminé par ses côtés, on sçait la grandeur de l'angle.*

413. Présentement, si on considere avec attention le

mouvement circulaire de la mobile sur la fixe, on verra qu'elle passe par toutes les positions possibles à son égard, & qu'ainsi elle fait avec elle tous les angles possibles.

Tous ces angles s'appellent *aigus*, comme AEN, AEO, &c. tant que la mobile incline plus du côté de AE d'où elle est partie, que du côté de la partie fixe opposée EB.

414. Ces angles sont appellés *droits* comme AEP, PEB, quand la mobile devenue PE, n'incline pas plus vers AE que vers EB.

415. Une droite qui fait un angle droit avec une autre, lui est *perpendiculaire*; ainsi PE est perpendiculaire sur AE ou sur EB, ou même sur toute la droite AB; réciproquement EA, EB, ou AB sont perpendiculaires à EP.

416. Ces angles s'appellent *obtus*, comme AEQ, AER &c. quand la mobile est devenue plus inclinée vers la partie fixe EB, que vers la partie fixe AE, d'où elle est partie.

On peut appliquer tout ceci à la mobile EB, qui décrit le demi-cercle BVZA.

417. THEOR. IV. *Tous les angles aigus sont plus petits que les droits & que les obtus; & tous les angles droits sont plus petits que les obtus.*

418. THEOR. V. *Il y a une infinité de sortes d'angles aigus & d'angles obtus; mais l'angle droit est unique en son espece.*

419. THEOR. VI. *Les angles droits sont tous égaux entr'eux;* parce qu'ils sont formés par des droites qui dans leur rencontre ne panchent pas plus d'un côté que d'un autre.

420. COROLLAIRE. I. *La mesure de deux angles droits est une demi-circonférence de cercle;* & par conséquent, *celle d'un angle droit est un arc de 90 dégrés.*

421. COROLL. II. *Un angle aigu a pour mesure un arc moindre que de 90 d. & un angle obtus a pour mesure un arc plus grand que de 90 d.* (417.)

422. THEOR. VII. *Par un point donné dans une droite, il ne peut passer qu'une seule perpendiculaire à cette droite dans un même plan.* Parce qu'il ne peut y avoir qu'un cas dans le-

quel la mobile ne soit pas plus inclinée vers la partie fixe EA ; que vers la partie fixe EB.

423. THEOR. VIII. *Toute la circonférence d'un cercle ne peut mesurer plus de quatre angles droits.* Puisque toute la circonférence APBXA est occupée par les quatre angles droits AEP, PEB, BEX, XEA ; ou bien, puisque quatre fois 90° valent 360 degrés.

424. COROLL. Donc *la somme de tous les angles possibles formés en un même point* E, *ne peut passer* 360 *d. ou la valeur de quatre angles droits.*

425. THEOR. IX. *Une droite quelconque*, comme OE, *tombant sur une autre* AB, *fait avec elle deux angles* AEO, OEB, *dont la somme vaut toujours* 180°, ou *la mesure de deux angles droits.* Puisque les deux arcs ANO, ORB qui les mesurent, forment la demi-circonférence AORB.

426. COROLL. *Tant de droites qu'on voudra* FE, NE, OE, PE, QE, RE, ME, *qui se terminent toutes en un même point* E *d'une droite* AB, *y font des angles dont la somme est de* 180°.

427. On appelle *angle de supplément* celui qui joint à un autre, fait avec lui 180°. Tel est OEB à l'égard de VEA, ou VEA à l'égard de OEB.

428. THEOR. X. *Des quatre angles* AEO, OEB, BEV, VEA, *formés par l'intersection des deux droites* AB, OV, *les deux qui sont opposés au sommet, sont égaux ;* ainsi OEB=VEA, & AEO=BEV.

DEMONSTRATION. Car la partie EA de la mobile AB ne peut faire un pas pour s'approcher vers O, que l'autre partie EB n'en fasse un pour aller vers V. Donc EA fait autant de pas pour devenir EO, que EB pour devenir EV : donc l'arc AO est d'autant de degrés que l'arc BV. Donc l'angle AEO=BEV. On démontrera de même que l'angle OEB=VEA.

429. COROLL. *Si on connoît un des quatre angles formés par l'intersection de deux droites, on connoît tous les autres.*

Propriétés des Lignes droites, dans la position de l'une, à l'égard de deux ou de plusieurs autres, sans renfermer d'espace.

429. HYPOTHESE. CONCEVEZ maintenant une droite CD, (Fig. 2) tellement posée à l'égard de la fixe AB, qu'elle en soit par-tout à égale distance, comme si la droite AB avoit tellement coulé de AB en CD, que sa partie IC n'eut jamais plus panché vers AE, que ID vers EB; en ce cas la droite CD est dite *parallele* à AB, & il est clair que ces deux droites ne sont pas inclinées l'une sur l'autre, & qu'elles ne peuvent jamais se couper, à quelque distance qu'on les prolonge Faites ensuite tourner comme ci-devant la mobile AB sur le point du milieu E, vous verrez évidemment......

430. I°. Que la mobile ne pourra jamais rencontrer la droite CD, tant qu'elle restera couchée sur la fixe AB, parce que l'une & l'autre ne font alors qu'une seule & même ligne droite parallele à CD.

431. II°. Qu'aussi-tôt que la mobile AB aura fait le moindre mouvement sur le point E, elle rencontrera & coupera CD, si on les suppose prolongées suffisamment; parce qu'alors une partie de la mobile AB se sera inclinée vers la droite CD, & chacun de ses points se seront d'autant plus approchés de cette droite CD, qu'ils sont plus éloignés du point E (406).

432. III°. Que la mobile passant par tous les degrés d'inclinaison par rapport à la fixe, passera aussi par tous les mêmes degrés d'inclinaison par rapport à la parallele CD, & fera toujours avec elle les mêmes angles qu'avec la fixe. Car supposons la mobile restée dans la position NT; puisque la droite CD est parallele à AB, parce qu'elle a coulé de la position AB (dans laquelle elle faisoit avec NT l'angle AEN) à la position CD, sans acquerir aucune inclinaison par rapport à AB, il est clair que NT & AB étant restées fixes,

la droite CD n'a pu acquérir d'autre inclinaiſon par rapport à NT, que celle qu'elle avoit dans la poſition AB; & qu'ainſi l'angle CGN qu'elle fait avec NT, eſt égal à l'angle AEN. Par la même raiſon les angles TEB, EGD ſont égaux entre eux & les angles AET, CGE, NGD, NEB ſont auſſi égaux entre eux, & les angles aigus ſont les ſupplémens des angles obtus (425), & réciproquement les angles obtus ſont ſupplémens des angles aigus.

L'angle TEB s'appelle *alterne externe* par rapport à l'angle CGN, auſſi-bien que l'angle TEA par rapport à l'angle NGD. Et l'angle AEG s'appelle *alterne interne*, par rapport à l'angle EGD, auſſi-bien que GEB par rapport à EGC.

On démontrera la même choſe de toutes les droites NT, OV, &c. par rapport à AB & à CD.

433. THEOREME I. *Une ligne quelconque* EG, *qui coupe deux paralleles* AB, CD, *fait avec elle des angles alternes internes égaux, des angles alternes externes égaux, deux angles internes* BEG, EGD, *ſupplémens l'un de l'autre, & deux angles externes* TEB, DGN, *auſſi ſupplémens l'un de l'autre.*

434. THEOR. II. Réciproquement, *toutes les fois que deux droites* BE, DG, *tombant ſur une droite* TN, *font des angles alternes internes égaux, ou des angles alternes externes égaux, ou deux angles internes* BEG, EGD, *ſupplémens l'un de l'autre, ou deux angles externes* TEB, DGN, *auſſi ſupplémens l'un de l'autre, toutes les fois ces lignes* BE, DG, *ſont paralleles.* Parce que cela ne ſe peut faire à moins que ces deux lignes ne ſoient préciſément poſées de la même maniere l'une à l'égard de l'autre.

435. IV°. La mobile continuant de tourner, il eſt clair que les points F, G, H, de ſon interſection avec CD, ſeront d'autant plus proches du point E, que la mobile approchera plus d'être perpendiculaire à la fixe AE; enſorte que lorſqu'elle la ſera devenue, le point I de ſon interſection avec CD, ſera le plus près du point E qu'il eſt poſſible; enſuite la mobile continuant d'aller vers EB, les points d'interſection K, L, M deviendront d'autant plus éloignés de E, que la mobile s'inclinera plus vers EB.

436. V°. Donc quand la mobile panchera autant vers la fixe BE, étant devenue ER, quelle panchoit vers AE lorſqu'elle étoit EN; ou, ce qui eſt la même choſe, quand les angles AEN, BER, ou NEP, REP ſeront égaux, les points d'interſection G, L, ſeront à égale diſtance du point E & du point I, c'eſt-à-dire, on aura GI=IL, GE=LE.

Pour s'en convaincre, il faut concevoir toute cette Figure 2 pliée ſur la perpendiculaire EP; car alors il eſt clair que AE ſera couchée exactement ſur EB, IC ſur ID, l'arc AN ſur l'arc égal BR, & l'arc NP ſur ſon égal PR; donc le rayon NE ſera exactement couché ſur le rayon ER, & le point G ſur le point L; ainſi GE=LE, & GI=IL.

437. THEOR. III. *Toute perpendiculaire* comme EI, *tirée d'un point* E *ſur une droite quelconque* CD, *eſt la ligne la plus courte qu'on puiſſe mener de ce point à cette droite.* Et réciproquement, *ſi une droite* EI *eſt la plus courte qu'on puiſſe mener d'un point* E *à une autre droite* CD, *elle lui eſt perpendiculaire;* car ſi elle lui étoit inclinée, on pourroit y mener une perpendiculaire qui ſeroit plus courte.

438. COROLL. *Donc une perpendiculaire eſt la vraye meſure de la diſtance d'un point à une ligne.*

439. THEOREME. IV. *D'un point* E *pris hors d'une droite* CD, *on ne peut mener qu'une ſeule perpendiculaire* EI *ſur cette droite;* car il n'y a qu'un ſeul point qui ſoit le plus près du point E, & qu'un ſeul cas où une droite menée d'un point ſur une autre droite, ne lui ſoit pas plus inclinée d'un côté que d'un autre.

440. THEOR. V. *Une droite*, comme EI, *eſt perpendiculaire à une autre* CD, *quand deux de ſes points*, par exemple, E, I, *ſont chacun également éloignés de deux points* G, L *quelconques pris dans cette autre ligne;* c'eſt-à-dire, ſi EG=EL & ſi IG=IL; car alors il eſt certain que ces deux points E, I, ne panchent pas plus vers G que vers L, & que comme deux points ſuffiſent (394.) pour déterminer la poſition d'une droite, toute la droite EI ne panche pas plus vers G que vers L.

441. THEOR. VI. *Si deux points* G, L *d'une droite ſont*

également éloignés d'un point I *de la même droite où elle est coupée par une perpendiculaire* EI, *tous les points de cette perpendiculaire sont également éloignés de ces deux mêmes points* G, L; car s'il y avoit quelque point dans cette perpendiculaire qui ne fût pas à égale distance des points G, L; dans ce point, la perpendiculaire pancheroit plus du côté où la distance seroit moindre, & par conséquent elle ne seroit pas perpendiculaire.

Après avoir compris ces propriétés, il sera facile de résoudre les problêmes qui suivent.

442. PROBLEME I. *D'un point* C (Fig. 3) *donné hors d'une droite donnée* AB, *mener une parallele à cette ligne.*

SOLUTION. Posez la pointe du compas en C, & ayant décrit avec l'autre pointe, ouverte à volonté, un arc quelconque EK, posez la pointe en E, & décrivez avec la même ouverture l'arc CF, depuis le point donné C jusqu'à la rencontre de AB. Prenez avec le compas la grandeur de l'arc CF, & portez-la sur l'arc EK, depuis E jusqu'à quelque point comme I, & par le point donné C & le point trouvé I, menez la droite CID, elle sera paralléle à AB.

DEMONSTRATION. Car si on tire CE, on connoîtra qu'à cause des arcs égaux EI, CF, les angles CEF, ECI sont égaux (411.); donc EC est une droite qui coupe les droites AB, CD; de sorte que les angles alternes internes sont égaux; donc (434.) les droites CD, AB sont paralléles.

443. PROBL. II. *D'un point* I *donné sur une droite* CD, *y élever une perpendiculaire.* (Fig. 4.)

SOLUTION. Prenez à volonté sur CD deux points H, K, également éloignés de I; & des points H, K, comme centres, décrivez avec une même ouverture de compas deux arcs de cercle OER, AEB, qui s'entrecoupent en un point E, par lequel menez EI, elle sera perpendiculaire sur CD.

DEM. Car ayant tiré les rayons HE, KE, il est clair qu'ils sont égaux à cause de la même ouverture de compas; d'ailleurs HI=IK par la construction, donc EI est une droite, dont deux points E, I, sont également éloignés chacun

: deux autres points H, K de la droite CD ; donc (440) I est perpendiculaire sur DE.

444. PROBL. III. *D'un point donné* E *hors d'une droite* CD, *mener une perpendiculaire* EG (Fig. 5).

SOLUTION. Ayant posé la pointe d'un compas sur le point onné E, marquez avec l'autre pointe deux points H, K, r la droite CD, qui soient à égale distance de E ; puis des oints H, K comme centres, décrivez avec une même ou- erture de compas quelconque, des arcs OGR, AGB, qui coupent en un point G ; par lequel & par le point donné, ez EG.

DEM. Ayant mené les rayons HG, KG, on verra comme -dessus (443) que les points G, E sont également éloignés s points H, K de la droite donnée CD, & que par consé- ient GE lui est perpendiculaire.

445. PROBLEME IV. *Diviser une droite donnée* HK *en deux rties égales* HI, IK, (Fig. 6.)

SOLUTION. Des deux extrémités H, K comme centres, crivez de part & d'autre avec une même ouverture de com- s quatre arcs, qui se coupent aux points G, E, par lesquels ez EG qui divisera HK en deux également.

DEM. Car on voit aussi que les points E, G, sont égale- ent éloignés des extrémités de la donnée HK ; que par con- quent (441) tous les points de cette droite EG sont éga- nent éloignés de ces mêmes extrémités, & qu'ainsi le point n est aussi également éloigné.

De quelques propriétés des Lignes droites, par rapport au cercle.

6. DÉFINITION. UNE droite FM (Fig. 2 ou 7) terminée par la circonférence d'un cer- :, s'appelle *une corde* ou *une soutendante* ; ainsi on dit l'arc 'M a pour corde, ou bien est *soutendu* par la corde FM. corde IK (Fig. 7) soutend l'arc IPK, c'est-à-dire, est minée par les extrémités de l'arc IPK.

447. Une portion de cercle renfermée entre un arc & sa corde comme FPONF, s'appelle *un segment* de cercle, & une portion PEO ou AEF, renfermée entre un arc & deux rayons, s'appelle *un secteur* de cercle.

448. THEOR. I. *Une perpendiculaire* EP *menée du centre* E *d'un cercle sur une corde* FM, *la partage en deux également.*

DEM. Puisque la ligne EP part du centre du cercle, elle a un point E qui est également éloigné des extrémités F, M de la corde, & puisque outre cela elle est perpendiculaire à la corde, tous ses autres points sont (441) également éloignés de ces mêmes extrémités F, M. Donc le point I en est également éloigné, donc FI=IM.

449. THEOR. II Réciproquement, *toute droite* EP *qui passant par le centre* E *d'un cercle, coupe en deux également une corde* FM, *est perpendiculaire à cette corde.*

DEM. Puisque EP coupe la corde en deux également, elle a un point I qui est à égale distance de ses extrémités F, M; & puisqu'elle passe par le centre E, elle a encore un point E également éloigné de ces mêmes extrémités F, M; donc EP est une droite qui a deux points I, E également éloignés des points F, M de la corde FM; donc (440) EP est perpendiculaire à FM.

450. THEOR. III. De même, *si une droite* EP *perpendiculaire sur une corde* FM *la coupe en deux également, elle passe par le centre du cercle.*

DEM. Car puisqu'elle coupe la corde en deux également, elle a un point I qui passe à égale distance des extrémités F, M; & puisqu'elle est perpendiculaire, tous ses points passent aussi à égale distance des extrémités F, M (441); or le centre E est un des points qui sont à égale distance des extrémités F, M (401); donc le centre E est un des points par où passe la perpendiculaire.

451. HYPOTHESE. Si on fait tourner la corde FM dans son cercle, ensorte que ses extrémités F, M soient toujours dans la circonférence, il est clair, 1°. que cette corde soutendra toujours un arc égal. 2°. Qu'elle sera toujours également

ment éloigné du centre. Car dans ce mouvement on peut concevoir que la Figure FEM tourne toute entiere sur le point E ; les rayons EF , EM suivans toujours la corde ; c'est pourquoi l'angle FEM restera toujours le même, & par conséquent sa mesure sera toujours un arc égal à l'arc FPM. On voit aussi que la ligne EI restera toujours la même dans ce mouvement. Donc ....

452. THEOR. IV. *Dans un même cercle , ou dans des cercles égaux ; les cordes égales soutendent des arcs égaux ; les cordes inégales soutendent des arcs inégaux ; & en même tems les cordes égales sont à égale distance du centre , & les cordes inégales en sont inégalement éloignées.* Car une corde qui tourne dans son cercle se couchera toujours exactement sur les cordes qui lui seront égales , & ne pourra jamais se coucher sur des cordes qui ne lui seront pas égales.

453. THEOR. V. *Dans un même demi-cercle , ou dans des demi-cercles égaux , plus les arcs sont grands ou petits , plus les cordes sont grandes ou petites , & plus elles sont proche ou loin du centre :* & réciproquement, *plus les cordes sont grandes ou petites , proche ou loin du centre ; plus les arcs qu'elles soutendent sont grands ou petits.*

454. THEOR. VI. *Une droite* EP (Fig. 2) *qui partant du centre* E , *coupe en deux également une corde* FM , *coupe aussi en deux également l'arc* FPM *que cette corde soutend , & par conséquent l'angle* FEM *que cet arc mesure.*

DEM. Car alors cette droite est perpendiculaire sur la corde FM , (449) & a tous ses points également éloignés de ses extrémités F , M : donc le point P est aussi également éloigné de F & de M. Donc si on tire PM, FP , ce seront deux cordes égales ; & par conséquent (452) l'arc PRM=PNF ; donc l'arc FPM & l'angle FEM sont divisés en deux également par le rayon EP.

455. THEOR. VII. *Une corde* FM *parallele à un diametre* AB , *intercepte de part & d'autre entre elle & ce diametre , des arcs égaux* AF , BM.

DEM. Si par le centre E on éleve sur AB la perpendiculaire EP , elle sera aussi perpendiculaire sur la corde FM ,

(433) & par conséquent (448) elle la coupera en deux également, & (454) les arcs ANP=PRB, FNP=MRP; donc (17) si des arcs égaux ANP, BRP on retranche les arcs égaux FNP, MRP, resteront les arcs égaux AF, BM.

456. COROLL. I. *Deux paralleles* CD, GH (Fig. 7 & 8) *qui traversent un cercle, interceptent entre elles de part & d'autre des arcs égaux* FI, KM. Car si par le centre E on tire le diametre AB parallele à ces droites, on a AF=BM, & AI=KB. Donc (Fig. 7) AI—AF=KB—BM, ou FI=KM, & (Fig. 8) AI+AF=KB+BM, ou FI=KM.

457. COROLL. II. Si on suppose que la droite GH (Fig. 7) s'éloigne du centre E en coulant parallelement à elle-même ou à la droite CD, jusqu'à ce qu'étant dans la position *gh*, elle ne fasse plus qu'effleurer la circonférence en P, où qu'elle n'entre plus qu'infiniment peu dans le cercle, il est clair qu'on doit encore avoir PM=PF, puisque les points I, K où la droite GH coupe le cercle, se rapprochent à mesure que GH s'éloigne du centre E, & se confondent au point P, où cette droite ne fait plus que toucher la circonférence.

458. Une droite qui ne fait que toucher le cercle sans y entrer de quelque maniere qu'on la prolonge, s'appelle *une Tangente*: & le point où elle touche le cercle, s'appelle *le point de Contact.*

459. THEOR. VIII. *Un rayon* EP *mené au point de contact* P, *est perpendiculaire à la tangente* gh.

DEM. Puisque la tangente *gh* ne fait qu'effleurer la circonférence au point P sans y entrer, le rayon EP mesure la plus petite distance du centre E à cette tangente. Donc (437) il lui est perpendiculaire.

460. COROLL. *Une droite ne peut toucher qu'un seul point de la circonférence d'un cercle.* Puisque du centre E on ne peut (439) abbaisser qu'une seule perpendiculaire sur *gh.*

461. THEOR. IX. Réciproquement *une droite quelconque* gh *perpendiculaire à l'extrémité* P *d'un rayon* EP, *touche le cercle en ce seul point* P.

DEM. Puisque EP est perpendiculaire sur *gh*, ce rayon nesure la plus courte distance du centre E à la droite *gh* : lonc tous les points de cette droite sont plus éloignés du :entre que le point P, donc tous ces points sont hors du cer:le à l'exception du seul point P.

462. COROLL. I. *Il est facile de mener une tangente en un*)*oint donné* P *sur la circonférence d'un cercle*, en y faisant)asser une droite EN menée du centre, & en tirant du point ? (443) la droite *gh* perpendiculaire à EN.

463. COROLL. II. *On ne peut donc mener qu'une seule tan-ente à un point donné sur la circonférence d'un cercle* (422), *u*, ce qui revient au même, *si on tire une droite par un point le contact, il faut ou qu'elle soit confondue avec la tangente, u qu'elle entre dans le cercle.* Ainsi elle ne peut passer entre a tangente & la circonférence.

464. SCHOLIE. Les anciens Géometres avoient coutume de démonrer comme un paradoxe, que quoiqu'il ne puisse passer aucune droite ntre la tangente & le cercle sans le couper, il pouvoit cependant y asser un nombre infini de circonférences (Fig. 31) qui touchent toutes a tangente au même point E, sans couper ni cette tangente ni le ercle; parce que le point de contact E peut être l'extrémité d'une infiité de rayons CE, FE, BE, DE, &c. qui seront tous perpendiculaies sur la tangente AE : voici comme il faut entendre cela.

Le cercle étant (542) un Polygone régulier d'une infinité de côtés nfiniment petits, il suit que les cercles sont tous des Polygones de la neme espece, le plus grand est celui dont les côtés infiniment petits ont plus grands que les côtés infiniment petits du petit cercle : de neme que de deux exagones réguliers, le plus grand est celui dont les ôtés sont plus grands, & réciproquement. Or la tangente d'un cercle, u même de toute autre courbe quelconque, n'est qu'une prolongation nie d'un des côtés infiniment petits de la courbe, d'où il suit que e côté étant regardé comme un point (391) *la propriété générale 'une tangente d'une courbe quelconque, est de ne la toucher qu'en un point.*

Cela posé, quand on fait passer tous ces cercles par le point E, c'est omme si du côté infiniment petit E, on en faisoit un côté commun à lusieurs cercles, de même que (dans la Fig. 32) on voit que du côté EL, en le prolongeant de part & d'autre, on en a fait un côté comnun à plusieurs exagones réguliers; de sorte que le point E (Fig. 31) ommun à tous ces cercles, est un côté infiniment petit, qui devient 'autant plus grand que le rayon du cercle qu'on y fait passer est plus rand, & qui reste cependant toujours égal à un point, parce que ce ôté sera toujours infiniment petit, tant que le rayon ne sera pas infininent grand.

465. THEOR. X. *L'angle* BAD (Fig. 9) *formé au point de contact* A *entre une tangente* Bb *&* *une corde* AD, *est mesuré par la moitié de l'arc* AFD *soutendu par la corde* AD.

DEM. Ayant tiré par le centre C le diametre EG parallele à la corde AD, le diametre Ff perpendiculaire à cette corde, & le rayon CA au point de contact, l'angle BAC est droit (459) aussi-bien que l'angle FCG, ils ont donc tous deux l'arc FG pour mesure. On voit aussi qu'il s'en faut de l'angle DAC, ou de son égal ACG (433) que l'angle BAD ne soit droit. Or l'angle ACG a pour mesure l'arc AG, donc il s'en faut de l'arc AG que l'arc FG ne soit la mesure de l'angle BAD. Donc l'arc FA, moitié de l'arc AFD (454), est la mesure de l'angle BAD.

En relisant ceci, & mettant *b*, *f* à la place de B, F, on conclura que $\frac{1}{2}$A*f*D est la mesure de l'angle *b*AD.

466. THEOR. XI. *L'angle* CAD (Fig. 10) *formé à la circonférence d'un cercle, est mesuré par la moitié de l'arc* CD *intercepté par ses côtés* AC, AD.

DEM. Par le sommet A de l'angle tirez (462) une tangente EB, & la somme des trois angles BAC+CAD+DAE =180° (426) =$\frac{1}{2}$AC+$\frac{1}{2}$CD+$\frac{1}{2}$DA : or (465) l'angle BAC est mesuré par $\frac{1}{2}$AC, & l'angle EAD par $\frac{1}{2}$AD : donc l'angle CAD est mesuré par $\frac{1}{2}$CD.

467. COROLL. I. *L'angle* DFC *au centre d'un cercle, est double de l'angle* DAC *à la circonférence, & appuyé sur le même arc* CD.

468. COROLL. II. *Un angle droit placé dans la circonférence d'un cercle, comprend par ses côtés un demi-cercle, & est appuyé sur un diametre. Un angle aigu comprend moins qu'un demi-cercle, & est appuyé par conséquent sur une corde ; & un angle obtus comprend plus d'un demi-cercle, & est aussi appuyé sur une corde.*

469. COROLL. III. *Tant d'angles* FNM, FPM, FRM (Fig. 8) *qu'on voudra, décrits dans un même segment, & dont les côtés passent par les mêmes points* F, M *de la circonférence, sont tous égaux entre eux.*

470. THEOR. XII. L'angle BAD (Fig. 11 & 12) formé en-dedans

ou en-dehors du cercle, a pour meſure $\frac{1}{2}BD \pm \frac{1}{2}CE$; le ſigne + eſt pour l'angle en-dedans (Fig. 11), & le ſigne — pour l'angle en-dehors (Fig. 12).

DEM. Par E menez à AD la corde parallele EF : l'angle BEF=BAD. Or la meſure de l'angle BEF eſt $\frac{1}{2}BF$, & $\frac{1}{2}BF = \frac{1}{2}BD \pm \frac{1}{2}DF$. Or (456) DF=CE. Donc $\frac{1}{2}BF = \frac{1}{2}BD \pm \frac{1}{2}CE$.

471. COROLL. I. *L'angle* bAD (Fig. 12) *entre une tangente* Ab *& une droite* AD *qui traverſe le cercle, a pour meſure* $\frac{1}{2}Db - \frac{1}{2}bC$. Car en faiſant tourner AB ſur le point A, juſqu'à ce qu'elle devienne tangente en *b*, les points E, B ſe confondront en *b*.

472. COROLL. II. Par la même raiſon *l'angle* dAb *compris entre deux tangentes* Ad, Ab, *a pour meſure* $\frac{1}{2}dFb - \frac{1}{2}dCb$.

473. SCOLIE. Des trois Théorêmes précédens & de leurs Corollaires, on peut déduire le Théorême général ſuivant. *Un angle eſt déterminé en quelque endroit que ſon ſommet ſoit placé, ſi ſes côtés, prolongés s'il eſt néceſſaire, coupent ou touchent une circonférence de cercle dans des points déterminés.*

474. PROBLEME I. *Diviſer un arc donné en deux arcs égaux.*

SOLUTION. Imaginez une corde menée par les extrémités de l'arc, & coupez-la en deux également par une perpendiculaire (445), l'arc ſera auſſi coupé en deux également, (454).

475. PROBL. II. *Diviſer un angle donné en deux également.*

SOLUTION. Poſez la pointe du compas ſur le ſommet de l'angle, & décrivez avec une ouverture quelconque, un arc entre les deux côtés de l'angle ; diviſez (474) cet arc en deux également, & par le ſommet de l'angle menez une droite au milieu de l'arc, elle diviſera l'angle donné en deux également.

476. REMARQUE. Par les deux Problêmes précédens on peut diviſer tout arc ou tout angle donné en 2, 4, 8, 16, 32, &c. parties égales, qui ſont les termes d'une progreſſion géométrique double ; mais on ne peut diviſer géométriquement par la Regle & par le compas un arc ou un angle quelconque en trois parties égales ; c'eſt le fameux Problême *de la triſection de l'angle*, tant cherché par les Anciens. A plus forte raiſon ne peut-on pas diviſer un arc en 5, 6, 7, 9, &c. parties égales par la Géométrie élémentaire. Puiſque l'on démontre par l'Analyſe que c'eſt un Problême du 3, 4, 5, &c. degré, que de diviſer un arc de cercle en 3, 4, 5, &c. parties égales. Et qu'il n'eſt poſſible de diviſer un arc en 4 parties égales par la Géométrie élémentaire, que

parce que c'est un de ces Problêmes du quatriéme degré, qui se réduisent à un du second degré, comme nous avons vû (252). Que la division en 8 parties égales est un Problême du 8e, degré, qui par l'extraction de la racine quarrée de l'inconnue, devient un Problême du quatriéme degré, puis du second par une autre extraction, & ainsi de suite.

477. PROBLEME III. *Faire passer une circonférence de cercle par trois points donnés.*

SOLUTION. Il est évident que ce Problême seroit impossible si les trois points étoient en ligne droite. Tirez deux droites qui joignent les trois points donnés. Elles sont deux cordes du cercle cherché. Divisez-les donc chacune en deux également (445) par deux perpendiculaires qui passeront (450) par le centre du cercle, lequel par conséquent sera dans leur intersection.

478. PROBL. IV. *Trouver le centre d'un cercle ou d'un arc donné.*

SOLUT. Tirez deux cordes à volonté dans ce cercle ou dans cet arc, & cherchez (477) le centre comme ci-dessus.

479. PROBL. V. *Continuer un arc de cercle donné en un cercle entier si on veut.*

SOLUT. Cherchez (478) le centre de cet arc.

Propriétés des lignes droites, qui renferment un espace.

480. DEFINITIONS. LES droites qui par leur rencontre renferment un espace, composent une *figure rectiligne*. Or la rencontre de plusieurs droites ne se peut faire que par des angles, ce qui fait qu'on appelle une figure rectiligne *un Polygone*.

481. Un Polygone en général signifie un espace renfermé entre plusieurs droites qui s'appellent *les côtés*, & qui se joignant les unes aux autres par chaque bout, forment par conséquent autant d'angles que de côtés.

482. Il est aisé de concevoir qu'il faut au moins trois lignes droites pour renfermer un espace; c'est pourquoi le pre-

mier & le plus simple des Polygones est *le triangle*; le second est *le Quadrilatere* ou *Tetragone*, c'est-à-dire, une figure de quatre angles & de quatre côtés; le troisiéme est *le Pentagone*, c'est-à-dire, une figure de cinq angles & de cinq côtés; le quatriéme est l'*exagone*, ensuite *l'Eptagone*, *l'Octogone*, *l'Enneagone*, *le Decagone*, *l'Endecagone*, *le Dodecagone*, &c. *l'Ecatogone*, *le Chiliogone*, *le Myriogone*, &c. qui ont 6, 7, 8, 9, 10, 11, 12, &c. 100, 1000, 10000 angles, & autant de côtés.

Comme toutes ces figures se rapportent au Triangle, ainsi qu'on le verra dans la suite, il faut commencer par bien connoître les propriétés du triangle.

Des Triangles.

Des différentes espéces & des propriétés des Triangles.

483. LE Triangle prend différens noms suivant les différens rapports de ses côtés & de ses angles.

Par rapport à ses côtés. Un Triangle dont les trois côtés sont égaux entre eux, comme ABC (Fig. 14) s'appelle *Equilatéral*, celui dont deux côtés AC, AB (Fig. 15) sont égaux, s'appelle *Isoscéle*, & celui dont les trois côtés sont inégaux, comme ABC (Fig. 16) s'appelle *Scalene*.

484. Par rapport à ses angles. Un Triangle dont les trois angles sont aigus, comme ABC (Fig. 14) s'appelle *Oxygone* ou *Acutangle*, celui qui a un angle droit A (Fig. 15) s'appelle *Rectangle*, & celui qui a un angle obtus C (Fig. 16) s'appelle *Ambligone* ou *Obtusangle*.

485. Dans un Triangle rectangle comme ABC (Fig. 15) le côté BC qui est opposé à l'angle droit, s'appelle *l'hypotenuse*.

486. Dans un Triangle quelconque, le côté opposé à un angle s'appelle *la base* de cet angle.

487. THEOREME I. *Tout triangle se peut* inscrire *dans*

un cercle, c'est-à-dire, *on peut faire passer un cercle par les trois angles d'un triangle quelconque*, car c'est la même chose que de faire passer un cercle par trois points donnés.

488. THEOR. II. *La somme des trois angles d'un triangle quelconque, est de 180 degrés, ou équivaut à deux angles droits.*

DEM. Ayant inscrit un Triangle quelconque dans un cercle, es trois côtés en sont trois cordes; & chaque angle a pour mesure (466) la moitié de l'arc que le côté opposé soutend; la somme des trois angles est donc égale à la moitié de la somme des trois arcs, c'est-à-dire, à la moitié de la circonférence du cercle ou à 180 degrés.

489. COROLL. I. *Un triangle ne peut avoir qu'un seul angle droit, ou qu'un seul angle obtus, & alors les deux autres sont nécessairement aigus.*

490. COROLL. II. *Dans un triangle rectangle la somme des deux angles aigus est de 90°.*

491. COROLL. III *Si on connoît deux angles d'un triangle quelconque, on en peut déduire la valeur du troisiéme;* car elle est égale à la différence entre 180°, & la somme de ces deux angles connus: & *si on n'en connoît qu'un, son supplément est égal à la somme des deux autres.*

492. THEOREME III. *Dans un triangle quelconque* ABC (Fig. 14) *si on prolonge un côté quelconque* CB, *l'angle extérieur* ABI *est égal à la somme des deux angles intérieurs opposés* ACB, CAB.

DEM. La somme de l'angle extérieur ABI, & de l'intérieur contigu ABC, est de 180 degrés (425); mais (488) la somme des deux angles ACB, CAB & de l'angle ABC est aussi de 180 degrés. Donc l'angle extérieur ABI est égal à la somme des deux intérieurs opposés ACB, CAB.

493. THEOR. IV. *Si d'un point quelconque* D *pris au-dedans d'un triangle* CAB (Fig 15) *on tire des droites* DA, DB *sur les extrémités d'un côté quelconque* AB, *l'angle* ADB *compris par ces droites, est plus grand que l'angle* BCA *opposé à ce côté* AB.

DEM. Car ayant inscrit le triangle ABC dans un cercle, la mesure de l'angle ACB, est la moitié de l'arc soutendu par la corde BA (466), au lieu que la mesure de l'angle BDA est cette même moitié, plus la moitié de l'arc intercepté par le prolongement des côtés BD, AD, (470).

494. THEOR. V. *Dans un triangle quelconque la somme de deux côtés quelconques est plus grande que le troisiéme côté;* car la droite qui va d'un angle A (Fig. 16) à l'angle B, est (392) le chemin le plus court. Donc si on alloit de A à B en passant par C, on n'iroit pas par le chemin le plus court: or alors on décriroit les deux côtés AC, CB, donc la somme des deux côtés AC, CB est plus grande que le troisiéme côté AB.

495. THEOR. VI. *Dans un triangle quelconque le plus grand côté est opposé au plus grand angle, & le plus petit côté au plus petit angle.* Réciproquement, *le plus grand angle est opposé au plus grand côté, & le plus petit angle au plus petit côté.* Puisque ayant inscrit le triangle dans un cercle, le plus grand angle est mesuré par le plus grand arc, & que (453) le plus grand arc est soutendu par la plus grande corde, & réciproquement.

496. COROLL. *Si on suppose que l'angle d'un triangle s'ouvre de plus en plus, tandis que les deux côtés qui forment cet angle restent de même grandeur, le troisiéme côté opposé à l'angle qui croît, croîtra aussi de plus en plus;* & réciproquement, *il diminuera, lorsque l'angle opposé diminuera.*

497. THEOR. VII. *Une perpendiculaire tirée d'un angle d'un triangle quelconque sur son côté opposé, tombe en-dedans du triangle, si les deux autres angles sont aigus; & en-dehors, ou sur le prolongement de ce côté, si un des deux angles est obtus.*

DEM. Je dis, 1°. que si dans le triangle GEK (Fig. 2) les angles KGE, EKG sont aigus, la perpendiculaire EI tombe entre K & G. Car si elle tomboit au-delà, par exemple, si on supposoit que EL fût cette perpendiculaire, alors le triangle EKL auroit un angle droit ELK, & un angle obtus EKL (puisque le supplément d'un angle aigu est un angle obtus) ce qui est impossible (489). Donc la perpendiculaire menée de l'angle GEK ne peut tomber ailleurs qu'entre G & K.

Je dis, 2°. que si un des angles du triangle FEH est obtus, la perpendiculaire tirée de l'angle FEH sur le côté opposé FH ne peut tomber que vers I, sur le prolongement de ce côté. Car si on supposoit que EG fût cette perpendiculaire ; alors dans le triangle EGH on auroit un angle droit HGE, & un angle obtus EHG, ce qui est impossible : donc elle ne peut tomber que du côté du supplément de l'angle obtus, c'est-à-dire vers I.

498. THEOR. VIII. *Dans un triangle équilatéral tous les angles sont égaux entre eux, & chacun de 60°*, & réciproquement, *si les trois angles d'un triangle sont égaux entre eux, ou si deux sont chacun de 60°, le triangle est équilatéral.* Car les trois côtés égaux sont trois cordes égales qui soutendent par conséquent trois arcs égaux, lesquels mesurent trois angles égaux, & dont chacun est le tiers de 180 degrés, &c.

499. THEOR. IX. *Dans un triangle isoscele, les angles opposés aux côtés égaux sont égaux* : & réciproquement, *si deux angles d'un triangle sont egaux, le triangle est isoscele* ; car les angles égaux interceptent des arcs égaux, & les arcs égaux sont soutendus par des cordes égales (452).

500. COROLL. *Si de l'angle* E (Fig. 2) *formé par les côtés égaux* EG, EL *du triangle isoscele* EGL, *on abaisse sur le côté opposé* GL *une perpendiculaire* EI, *elle divisera ce côté en deux parties égales* GI, IL, à cause des inclinaisons egales des deux côtés égaux GE, LE (436).

501. THEOR. X. *Tout triangle est circonscriptible au cercle.*

DEM. Si on divise en deux également deux des angles quelconques d'un triangle, par exemple, les angles B & A du triangle ABC (Fig. 15) les deux droites BD, AD qui les diviseront, se rencontreront en un point D. Or je dis que si de ce point on abaisse sur les trois côtés les perpendiculaires DG, DF, DE, elles seront égales entre elles, & que par conséquent elles pourront être les rayons d'un même cercle, qui touchera les trois côtés aux points G, F, E (461). Car les triangles rectangles GBD, BDE sont égaux, à cause de l'angle en B égal dans chacun, & du côté commun BD, donc GD=DE ; par la même raison les triangles rectangles égaux DEA, DFA, donnent DE=DF. Donc GD=DE=DF.

502. COROLL. *Les trois droites qui divisent en deux également les trois angles d'un triangle, vont se rencontrer en un même point dans le triangle.* Car il est clair que si on divisoit l'angle C en deux également par une droite, elle viendroit rencontrer le point D.

De la comparaison des Triangles.

503. LEs Géométres comparent les Triangles & toutes sortes de figures en deux manieres; dans l'une ils comparent la position des côtés & la grandeur des angles des figures; dans l'autre ils comparent les espaces qui y sont contenus. Cette seconde comparaison regarde l'article des surfaces; c'est pourquoi nous ne parlerons ici que de la premiere.

On appelle *triangles égaux entr'eux*, ceux dont tous les angles & tous les côtés sont égaux, chacun à chacun.

504. On appelle *triangles semblables* ou *Equiangles*, ceux dont tous les angles seulement sont égaux chacun à chacun; ainsi les Triangles ABC, DEF (Fig. 16.) sont semblables, parce que l'angle A=E, l'angle B=D, & l'angle C=F.

505. Quand on compare des figures entr'elles, on appelle parties *homologues* celles qui sont de même dénomination de grandeur dans chaque figure: Dans deux triangles semblables, par exemple, le plus grand côté de l'un est homologue au plus grand côté de l'autre, le moyen côté de l'un est homologue au moyen côté de l'autre, &c.

506. THEOR. I. *Deux triangles qui ont tous leurs côtés homologues égaux, sont égaux entr'eux.*

DEM. Je dis que si AB=*ab*, AC=*ac*, BC=*bc*, (Fig. 13) le triangle ABC est égal au triangle *abc*. Des points A & B comme centres décrivez les arcs FCG, DCE qui se coupent au sommet C. Appliquez ensuite le triangle *abc* sur le triangle ABC, en mettant d'abord le point *a* sur A; à cause de AB=*ab*, le point *b* tombera sur B: & à cause de *ac*=AC, la ligne *ac* aboutira quelque part dans l'arc FCG. De même à cause de *bc*=BC, la ligne *bc* aboutira quelque part dans l'arc DCE, mais parce que les lignes *ac*, *bc* se joignent en *c*, elles aboutiront donc toutes deux dans le point C de l'intersection des deux arcs: Donc *ac* sera exactement couchée sur AC, & *bc* sur BC, & par conséquent tout le triangle *abc* sur tout le triangle ABC. Ces deux triangles seront donc égaux.

507. THEOR. II. *Deux triangles ſont égaux entr'eux ; quand tous les angles de l'un étant égaux à tous les angles de l'autre, ils ont chacun un côté homologue égal.*

DEM. Si l'angle A=*a*, B=*b*, C=*c* (Fig. 13.) & AB=*ab*, je dis que le triangle ABC eſt égal au triangle *abc*. Poſez le côté *ab* ſur AB, mettant le point *a* ſur A, & *b* ſur B, il eſt clair qu'à cauſe de l'angle *a*=A, & de l'angle *b*=B, le côté *ac* tombera néceſſairement ſur le côté AC, & *bc* ſur BC, donc les deux côtés *ac*, *bc* ſe joindront au même point que les côtés AC, BC; c'eſt-à-dire, que le point *c* tombera ſur le point C, & le triangle *abc* couvrira exactement le triangle ABC.

508. THEOR. III. *Deux triangles ſont égaux quand ayant chacun deux côtés homologues égaux, l'angle compris par ces côtés eſt égal dans chacun.*

DEM. Si le côté AC=*ac*, & AB=*ab*, & ſi l'angle A=*a*; je dis que les triangles ABC, *abc* ſont égaux : Appliquez *ab* ſur AB, & *ac* ſur AC; à cauſe des angles A, *a* égaux, ces côtés tomberont exactement les uns ſur les autres; & parce que AC=*ac*, & AB=*ab*, le point *c* tombera ſur C, & le point *b* tombera ſur B; donc *bc* qui meſure la diſtance des points *b*, *c* ſera égale & tombera auſſi exactement ſur BC, qui meſure la diſtance des points B & C. Donc le triangle *abc* couvrira exactement tout le triangle ABC.

509. THEOR. IV. *Si de deux triangles ſemblables & inégaux on poſe un angle de l'un ſur l'angle égal de l'autre, & les côtés qui comprennent cet angle du premier ſur les côtés homologues du ſecond, le troiſiéme côté du premier ſera parallele au troiſiéme côté de l'autre.*

DEM. Si on poſe l'angle D (Fig. 16.) ſur l'angle égal B, le côté DF ſur ſon homologue BC, & le côté DE ſur ſon homologue BA, le côté FE ou *fe* ſera parallele à AC; car puiſque les triangles ſont ſemblables, l'angle *fe*B=CAB, donc (434) *fe* eſt parallele à AC.

Si on avoit poſé l'angle F ſur ſon égal C, DE auroit été parallele à AB; & ſi on avoit poſé l'angle E ſur ſon égal A, FD auroit été parallele à BC.

510. THEOR. V. *Réciproquement si par un point* f *pris à volonté sur le côté d'un triangle on tire une droite* fe *parallele à sa base* AC, *les triangles* Bfe, BAC *sont semblables*, à cause des angles égaux Bfe, BCA, & Bef, BAC (433).

Des autres Polygones.

511. IL y a trois sortes de Polygones, les *irréguliers*, les *symmétriques*, & les *réguliers*.

Les Polygones irréguliers sont ceux qui ont des angles & des côtés inégaux entr'eux, (Fig. 20. 22. 23.)

512. Les Polygones symmétriques sont ceux qui sont composés de côtés paralleles & égaux, (voyez Fig. 17. 18. 19. 21. 24. 25. 27.) d'où il suit qu'*ils ont nécessairement un nombre pair de côtés.*

513. Les Polygones réguliers sont ceux qui sont composés d'angles & de côtés tous égaux entr'eux, (voyez Fig. 26. 27. & 28.)

514. Un Quadrilatere irrégulier s'appelle un *Trapeze*; (voyez Fig. 20.) un Quadrilatere régulier s'appelle un *Quarré*. (Fig. 18.) & un quadrilatere symmétrique s'appelle un *Parallélogramme*; si tous ses angles sont droits, il s'appelle *Parallélogramme rectangle*, ou simplement *un rectangle* (Fig. 21.) Si ses angles ne sont pas droits, & si deux de ses côtés contigus sont égaux, il s'appelle *un Rhombe*. (Fig. 19.) & si deux de ses côtés sont inégaux, il s'appelle simplement parallélogramme ou *Rhomboïde* (Fig. 17.)

515. On appelle *angle saillant*, celui dont le sommet sort de la figure, comme ABC. (Fig 22. & 25.) & *angle rentrant* celui dont le sommet est en dedans de la figure, comme BCD. D'où il suit qu'*il n'y a que le Polygone irrégulier & le symmétrique qui puissent avoir des angles rentrans*, puisque tous ceux du Polygone régulier sont égaux (513.)

516. Une droite qui traverse un Polygone en passant d'un angle à un autre, s'appelle *une Diagonale*.

Propriétés des Polygones en général.

517. THEOR. I. *LES Polygones tant à angles saillans qu'à angles rentrans, se peuvent réduire en autant de triangles qu'ils ont de côtés ;* car d'un point C pris à volonté dans l'espace qu'ils renferment, on peut tirer des droites à tous les angles, (voyez Fig. 20. 23) & chaque côté devient la base d'autant de triangles.

518. THEOR. II. *La somme de tous les angles intérieurs d'un Polygone, est égale au produit de 180°, multiplié par le nombre des côtés moins deux côtés, ou moins 360°.*

DEM. Car la somme de tous les angles d'un Polygone est égale à la somme de tous les angles des triangles, ausquels le Polygone a été réduit, excepté les angles qui sont en-dedans au point C, dont (424) la somme vaut 360°. Or il y a autant de triangles que de côtés; donc la somme de tous les angles du Polygone est d'autant de fois 180°. qu'il y a de côtés, excepté 360°.

Ainsi si un Polygone a 7 côtés, par exemple, la somme de tous ses angles est $= 180° \times \overline{7-2} = 900°$.

519. THEOR. III. *La somme de tous les supplémens des angles d'un Polygone quelconque, qui n'a pas d'angles rentrans, est de 360°.*

DEM. Car (425) chaque angle intérieur, plus son supplément vaut 180° ; donc la somme de chaque angle intérieur plus son supplément, est d'autant de fois 180° qu'il y a de côtés ; mais (518) la somme de tous les intérieurs est d'autant de fois 180° qu'il y a de côtés moins 360°, donc la somme de tous les supplémens est de 360°.

520. THEOR. IV. *Si un Polygone a des angles rentrans, la somme de tous les supplémens des angles saillans, plus les angles rentrans, est égale à 360 plus autant de fois 180° qu'il y a d'angles rentrans.*

DEM. Car il est clair (Fig. 22) que la somme de tous les supplémens des angles saillans du Polygone ABDEF, vaut 360 degrés (519) mais si dans ce Polygone on fait un angle rentrant DCB ; alors l'angle GDB supplément de l'angle EDB augmente de l'angle BDC ; l'angle DBI supplément de l'angle ABD augmente de l'angle CBD. Or (488) les angles CDB, CBD font 180° avec l'angle rentrant DCB. Donc quand on fait un angle rentrant dans un Polygone, on augmente les supplémens des deux angles saillans voisins d'une quantité, qui jointe à l'angle rentrant, fait 180 dégrés. Donc dans un Polygone qui a des angles rentrans, &c.

521. SCHOLIE. On peut aussi réduire un Polygone en autant de triangles qu'il a de côtés moins deux, sçavoir, en tirant endedans autant de diagonales qu'il est possible d'en tirer, sans qu'elles se coupent, (voyez Fig. 22) & on en déduit les mêmes propriétés qu'aux n° 518 & 519.

Propriétés des Polygones symmétriques, tant à angles saillans, qu'à angles rentrans.

522. THEOR. I. *SI de chaque angle d'un Polygone symmétrique on mène aux angles opposés des diagonales.....*

I. *Les deux triangles opposés au sommet, & formés par deux diagonales voisines, sont égaux entre eux ;* ainsi (Fig. 17. 24. 25) les deux triangles BGC, FGE sont égaux ; car puisque par la nature du Polygone symmétrique, FE est égale & parallele à BC, l'angle BCG=GFE (433) par la même raison, l'angle CBG égale GEF ; donc (507) les triangles BGC, FGE sont égaux : il en est ainsi de tous les autres triangles.

523. II. *Toutes ces diagonales se coupent en un même point ;* car elles forment en-dedans du Polygone des triangles qui ont deux à deux un côté commun, & par conséquent les angles qu'elles font en se coupant, aboutissent à un même point.

524. III. *Toutes ces diagonales se coupent réciproquement en deux parties égales ;* puisque tous les triangles opposés qu'elles forment sont égaux.

525. THEOR. II. *Une diagonale menée d'un angle à l'autre opposé, divise un Polygone symmétrique en deux figures égales & semblables ;* car il y a d'un côté de la diagonale autant de triangles égaux & posés de la même maniere que de l'autre côté.

526. On peut donc appeller le point où se coupent les diagonales, *le centre du Polygone symmétrique*, à cause de l'égalité des rayons qui vont aux angles opposés.

527. THEOR. III. *Une droite quelconque IH* (Fig. 17. 24. 25) *qui passe par le centre* G *d'un Polygone symmétrique, y est divisée en deux également, & partage le Polygone en deux figures égales & semblables ;* ce qui se démontre comme ci-dessus (522 & 525) par l'égalité des triangles BIG, HGE, ou de IGC, FGH.

528. THEOR. IV. *Deux droites quelconques qui passent par le centre d'un Polygone symmétrique, s'y coupent mutuellement en deux parties égales ;* ce qui est évident par la proposition précédente.

529. La réciproque, *si deux droites quelconques se coupent en deux également dans un Polygone symmétrique, elles s'y coupent au centre*, n'est pas généralement vraie ; car si dans le Polygone symmétrique ABCD (Fig. 18), on prend CE=BF, & si on mene CF, EB elles se couperont en deux également en G, à cause des triangles égaux GEC, GFB (507) ; cependant le point G est loin du centre H.

Propriétés des Polygones réguliers.

530. THEOR. I. TOUT *Polygone régulier est inscriptible au cercle*, c'est-à-dire, *on peut faire passer la circonférence d'un cercle par tous ses angles.*

DEM. Cette proposition sera démontrée, si on fait voir qu'il y a en-dedans du Polygone régulier un point C, (Fig. 26. 27) dont toutes les distances CA, CB, CD, &c. aux angles, sont égales entre elles.

Pour cela divisez en deux également tous les angles du Polygone par les droites AC, BC, DC, EC, &c. Je dis qu'elles se couperont toutes au même point C, & qu'elles seront toutes égales entre elles. Car, par exemple, les droites BC, AC

AC ſe rencontrant en un point quelconque C, font un triangle ABC, & les droites BC, DC ſe rencontrant en un point quelconque C, font un autre triangle BCD. Or je dis que ces deux triangles ſont égaux; car puiſque tous les angles d'un Polygone régulier ſont égaux, & qu'ils ſont ici coupés en deux également, les angles CAB, CBA ſont égaux entre eux & aux angles CBD, CDB : & les côtés compris AB, BD ſont auſſi égaux : donc (507) les triangles ACB, BCD ſont égaux, donc AC=CD, donc auſſi le côté BC étant commun, les points C des lignes AC, DC tombent ſur le point C de la ligne BC, & les droites AC, BC, DC ſont égales entre elles. Il en eſt de même des autres lignes EC, FC, &c.

531. COROLL. I. *Les rayons tirés du centre d'un Polygone régulier à tous ſes angles, le diviſent en autant de triangles Iſoſceles & égaux qu'il a de côtés.*

532. COROLL. II. *Chaque côté d'un Polygone régulier inſcrit au cercle, eſt la corde d'un arc égal au quotient de 360° diviſés par le nombre des côtés ;* ainſi le côté d'un décagone eſt la corde d'un arc de 36°.

533. COROLL. III. *Le côté de l'exagone régulier eſt égal au rayon du cercle dans lequel il eſt inſcrit ;* car ſi par le centre C de l'exagone (Fig. 27) on le diviſe en ſix triangles, on connoîtra aiſément que ces triangles ſont équilatéraux, à cauſe des rayons égaux CA, CB, & de l'angle ACB de 60° ; ce qui fait que chaque angle CAB, ABC eſt auſſi de 60° (498) donc CA=AB.

534. SCHOLIE. C'eſt par cette propriété de l'exagone régulier qu'on diviſe le cercle en ſes degrés, ou du moins en parties égales dont la valeur eſt connue ; ainſi en portant le rayon d'un cercle ſur ſa circonférence, on a un arc de 60° ; ſi on le diviſe en deux également, on a un arc de 30°. Si on le ſubdiviſe en deux, on a un arc de 15°. Le reſte de la diviſion en degrés, ne ſe fait guéres qu'en tâtonnant, à cauſe de l'impoſſibilité de diviſer un arc de 15° en 3 ou 5, ou 15 parties égales. (476) Il faut donc que l'adreſſe ſupplée au défaut des moyens géométriques ſimples, pour diviſer un inſtrument en tous ſes degrés.

535. THEOR. II. *Tout Polygone régulier eſt circonſcriptible au cercle ;* c'eſt-à-dire, *on peut décrire en-dedans d'un Polygone régulier, un cercle qui touche tous ſes côtés par le milieu.*

DEM. Car puiſque tout Polygone régulier ſe peut diviſer

en autant de triangles isosceles & égaux qu'il a de côtés, (531) les perpendiculaires tirées de son centre sur chaque côté, feront des triangles rectangles égaux, dont le nombre sera double de celui des côtés du Polygone, & par conséquent ces perpendiculaires seront égales; donc on pourra faire passer un cercle par toutes leurs extrémités, lequel touchera (462) tous les côtés du Polygone par le milieu, (voyez Fig. 28.)

536. THEOR. III. *Tout Polygone régulier dont le nombre des côtés est pair, est un Polygone symmétrique.*

DEM. Ayant réduit un Polygone régulier en triangles par des rayons tirés du centre aux angles, on conçoit qu'à cause de l'égalité de ces triangles & du nombre pair des côtés, la moitié du nombre de ces triangles est séparée de l'autre par un diametre comme AE (Fig. 27), lequel est formé par deux de ces rayons opposés AC, CE. Or à cause des triangles égaux ABC, ECF, les angles FEC, CAB sont égaux; donc (434) les côtés FE & AB sont paralleles & égaux.

537. PROBLEME I. *Circonscrire un cercle à un Polygone régulier donné.*

SOLUT. Il ne faut qu'en chercher le centre, (530) le reste est facile.

538. PROBL. II. *Inscrire un cercle dans un Polygone régulier donné.*

SOLUT. Ayant trouvé le centre du Polygone, (530) abbaissez sur un de ses côtés une perpendiculaire, elle sera le rayon du cercle (535).

539. PROBL. III. *Inscrire dans un cercle donné un Polygone régulier quelconque.*

Solution générale. Divisez 360° par le nombre des côtés du Polygone requis : prenez sur le cercle donné un arc égal au quotient, la corde de cet arc sera (532) un des côtés du Polygone : portez cette corde tout autour de la circonférence, & vous y aurez inscrit le Polygone demandé.

Par exemple, pour inscrire un Pentagone régulier, faites $\frac{360}{5} = 72$; prenez avec un demi-cercle divisé, ou avec tel autre instrument exact, un arc de 72° sur le cercle donné, & menez-en la corde par toute la circonférence.

540. REMARQUE. Cette ſolution n'eſt pas toujours géométrique, mais c'eſt celle qu'on ſuit dans la pratique.

On ne peut inſcrire dans le cercle par la Géométrie Elémentaire, que le triangle équilatéral, le quarré, le pentagone, le pentédecagone, & tous les polygones réguliers qui ont un nombre de côtés en progreſſion géométrique double, dont ceux-ci ſont les premiers : ainſi le triangle équilatéral donne les polygones réguliers de 6, 12, 24, 48, &c. côtés. Le quarré, ceux de 8, 16, 32, 64, &c. côtés. Le pentagone, ceux de 10, 20, 40, 80, &c. côtés. Le Pentédécagone, ceux de 30, 60, 120, 240, &c. côtés. Les autres polygones comme l'Eptagone, l'Enneagone, l'Endecagone, &c. ne ſe peuvent décrire géométriquement qu'en conſtruiſant des équations propres pour chacun, mais qui ſont fort élevées.

541. PROBL. IV. *Circonſcrire un Polygone régulier quelconque à un cercle donné.*

Solution générale. Diviſez 360° par le double du nombre des côtés du Polygone demandé, & ayant pris (Fig. 28) un arc FG égal au quotient, tirez par ſes extrémités F, G, un rayon CF, & une droite indéterminée CB ; élevez ſur l'extrémité F du rayon une perpendiculaire AFB qui rencontrera CB en un point B : portez FB en FA, & la ligne AB ſera un des côtés du Polygone cherché. Si donc du rayon CB on décrit un cercle BAHED, & ſi on porte par toute ſa circonférence la corde AB, on y inſcrira le Polygone BAHED, qui ſera en même tems circonſcrit au cercle donné.

DEM. Car il eſt aiſé de voir que par la conſtruction on forme des triangles rectangles égaux, dont le nombre eſt double de celui des côtés du Polygone cherché, & dont un des côtés perpendiculaires eſt le rayon du cercle donné.

Propriétés du Cercle.

542. THEOR. I. U*N cercle est un Polygone régulier d'une infinité de côtés infiniment petits.*

DEM. Il est évident que plus un Polygone régulier a de côtés, plus il se confond avec le cercle auquel il est inscrit ou circonscrit : donc s'il avoit réellement une infinité de côtés, il seroit entiérement confondu avec le cercle, & l'on pourroit prendre indistinctement le cercle pour le Polygone. Donc on peut supposer qu'un cercle est un Polygone régulier d'une infinité de côtés. Mais plus un Polygone régulier a de côtés, plus il faut que ses cotés soient petits pour être inscrits ou circonscrits au même cercle; donc on peut supposer qu'un cercle est un Polygone régulier d'une infinité de cotés infiniment petits.

543. HYPOTHESE. I. Soit le cercle DEB (fig. 29.) dont un diametre GB soit prolongé en-dehors en A, comme on voudra, qu'on suppose que la droite AB tournant sur son extremité fixe A, décrive de part & d'autre par son extremité B des arcs BNO, BML, ensorte qu'elle passe sur tout l'espace que renferme le cercle donné DEB.

Cela posé, il est évident que cette droite AB devenant autant de rayons qu'il y a de points dans les arcs BO, BL, tous ces rayons seront inégalement coupés, tant par la partie concave DYIBKZE, que par la partie convexe DSQE; en sorte qu'on peut dire en général......

544. THEOR. II. Que *de toutes les droites comme* AB, AI, AY, AD, AK, AZ, AE *qui partant d'un point* A *hors d'un cercle, sont terminées à sa circonférence concave...*

1°. *La plus longue est celle qui passe par le centre*, comme AB,

2°. *Celles-là sont d'autant plus courtes qu'elles passent plus loin du centre, en sorte que celles qui en passent à égales distances, sont égales.*

3°. *Les plus courtes sont les Tangentes* AD, AE.

4°. *Il ne peut y avoir plus de deux lignes égales entr'elles ;* ſçavoir, celles qui paſſent à égale diſtance du centre ; parce qu'elles vont toujours en diminuant de la même maniere de part & d'autre.

Au contraire, on conclura en général.....

545. THEOR. III. Que *de toutes les droites* AD, AS, AH, AG, AF, AQ, AE, *qui partant d'un point* A *hors d'un cercle, vont ſe terminer à ſa partie convexe.....*

1°. *La plus courte eſt celle qui étant prolongée paſſeroit par le centre.*

2°. *Celles-là ſont d'autant plus longues qu'étant prolongées, elles paſſeroient plus loin du centre ; en ſorte que celles qui en paſſeroient à égale diſtance, ſont égales.*

3°. *Les plus longues ſont les deux qui touchent le cercle.*

4°. *Enfin il ne peut y avoir plus de deux droites égales entre elles.*

Quoique tout cela ſoit démontré ſenſiblement, en décrivant du centre A & du rayon AG l'arc de cercle TGP, on peut cependant le démontrer rigoureuſement en cette maniere.

Tirez du centre C des rayons à tous les points de la circonférence où ces lignes ſont terminées ; & pour démontrer le Théorême II. on conſidérera toutes les droites AB, AI, AY, AD, AK, AZ, AE, comme troiſiémes côtés de triangles, leſquels doivent décroître (les deux autres côtés demeurans conſtans) à proportion que l'angle oppoſé décroît (496) : ainſi on peut regarder ACB comme un triangle dont les côtés ſont AC, CB, AB; l'angle ACB eſt infiniment obtus, & les angles CAB, CBA infiniment aigus; donc AB eſt le plus grand côté poſſible qui puiſſe joindre les extrémités des deux autres côtés conſtans CA, CB. Maintenant dans le triangle ACI où les côtés AC, CI ſont égaux aux côtés AC, CB du triangle ACB, l'angle compris ACI eſt plus petit que l'angle ACB, donc le côté oppoſé AI doit être plus petit que AB, &c. Enfin ſi IB=BK, c'eſt-à-dire, ſi les diſtances de AI, AK ſont égales, ces deux droites ſont égales, à cauſe des triangles égaux ACI, ACK ; il en eſt ainſi des autres.

Pareillement, pour démontrer le Théorême III. on considérera les droites AH, AG, AS, AD, AF, AQ, AE, comme les troisiémes côtés des triangles ACG, ACH, ACS, &c. qui doivent (496) être d'autant plus grands (les deux autres côtés restans les mêmes ou égaux), que les angles opposés deviennent plus grands ; ainsi la droite ACG étant considérée comme un triangle, dont l'angle ACG est infiniment petit, le côté opposé AG sera le plus petit qui puisse joindre les extrémités des côtés constans CA, CG ; mais dans le triangle ACH où les côtés AC, CH sont égaux aux côtés AC, CG du triangle ACG, l'angle compris ACH est plus grand que l'angle ACG, donc le côté AH doit être plus grand que AG. On prouvera aussi que le côté AF=AH si ils passent à égale distance du centre C, c'est-à-dire, si l'angle ACF=ACH, &c.

546. HYPOTHESE II. Si sur un point quelconque A (Fig. 30) pris dans un cercle GOBLG, & qui soit autre que le centre C, on fait tourner une ligne indéterminée ACB, elle sera toujours coupée inégalement par tous les points de la circonférence de ce cercle, & on conclura en général. . . . .

THEOR. IV. Que *de toutes les droites tirées depuis un point en-dedans du cercle autre que le centre, jusqu'à sa circonférence. . . . .*

1°. *La plus longue est celle qui passe le centre, comme* AB.

2°. *Celles-là sont d'autant plus courtes, qu'elles sont plus écartées du centre ; en sorte que celles qui en sont également éloignées sont égales, & qu'il n'y en peut avoir que deux qui soient égales entre elles.*

3°. *La plus courte est celle qui est diamétralement opposée au centre, comme* AG.

4°. *Les deux qui sont égales entre elles étant prolongées, deviennent des cordes égales*, à cause de leurs distances égales au centre, qui rendent leurs prolongemens égaux.

Tout cela se voit sensiblement en décrivant du rayon AG le cercle GPT ; mais on peut le démontrer par un raisonnement semblable au précédent, en tirant les rayons CN, CX,

CO, CQ, &c. & faisant voir que toutes les droites tirées depuis A jusqu'au cercle GOBLG, sont des troisiémes côtés de triangles, dont deux sont toujours égaux, sçavoir, AC & le rayon; & qu'ainsi ces troisiémes côtés doivent être d'autant plus grands ou plus petits, que ces lignes passent plus près ou plus loin du centre C, en sorte que celles qui en sont également éloignées, sont opposées à des angles égaux, & sont par conséquent égales.

547. COROLL. *Si trois lignes tirées d'un point pris dans le cercle jusqu'à la circonférence sont égales entr'elles, ce point en est le centre.*

548. THEOR. V. *Deux cercles égaux ou inégaux ne peuvent se couper en plus de deux points.*

DEM. S'ils se pouvoient couper en trois points, par exemple, en tirant du centre d'un de ces deux cercles, des droites à chaque point d'intersection, elles seroient trois rayons, & par conséquent trois droites égales tirées d'un point qui ne seroit pas le centre de l'autre cercle, & qui seroient cependant terminées par sa circonférence, ce qui est impossible (544.)

549. COROLL I. *Deux cercles qui ont trois points communs, ont le même centre & sont confondus.*

550. COROLL. II. *Deux cercles qui n'ont qu'un ou que deux points communs, sont excentriques*, c'est-à-dire *n'ont pas un même centre.*

551. THEOR. VI. *Deux cordes qui se coupent dans un cercle en tout autre point que le centre, ne peuvent se couper en deux également.*

DEM. Si deux cordes se coupoient en deux également ailleurs qu'au centre, une droite tirée du centre à leur intersection seroit en même tems perpendiculaire à ces deux cordes, puisque (449) elle les diviseroit chacune en deux parties égales, ce qui (439) est démontré impossible.

552. COROLL. *Donc si deux cordes se coupent en deux également dans un cercle, elles s'y coupent au centre, & elles sont deux diametres.*

553. THEOR. VII. *Si deux cercles se touchent, la droite qui passe par leur centre, passe aussi par leur point de contact.*

DEM. Car 1°. s'ils se touchent en dehors (Fig. 29.) le plus court chemin pour aller du centre A au centre C, est de passer par le point de contact G; puisqu'alors ce chemin n'est égal qu'à la somme des rayons AG+GC, & qu'en ne passant pas par G, il faut décrire, outre ces rayons, un espace compris entre les deux cercles.

2°. S'ils se touchent en-dedans (Fig. 30.) le point de contact G étant commun aux deux cercles, le plus court chemin pour aller du centre A au point G, doit être la plus courte ligne qu'on puisse mener de ce centre au grand cercle GLBOG: or (546) la plus courte ligne qu'on puisse mener d'un point autre que le centre, à la circonférence d'un cercle, est dans la direction du centre de ce cercle, donc la ligne GA qui passe par le centre A du petit cercle, & par le point de contact G, est aussi dans la direction du centre C du grand cercle GLBO.

554. PROBL. II. *D'un point donné hors d'un cercle, mener une tangente à ce cercle.*

SOLUTION. Soit donné le point A (Fig. 33.) d'où il faille mener une tangente au cercle donné EBH; tirez du point A au centre la droite AC, du milieu G de laquelle décrivez un demi-cercle AEC, dont elle soit un diametre, & par le point E, où le démi-cercle coupe le cercle donné, tirez la droite AEL qui sera tangente à ce cercle.

DEM. Car si on tire le rayon CE, on connoîtra (468.) que l'angle AEC est droit, que par conséquent AE est une droite perpendiculaire à l'extrémité du rayon CE, & qu'ainsi elle touche le cercle. (462.)

REM. Il est aisé de voir que ce problême a deux solutions ; puisqu'on auroit pû décrire le demi-cercle CFA du côté de H, & par conséquent mener une tangente de ce côté-là.

Des Lignes Proportionnelles.

555. HYPOTHESE. SI on coupe deux droites quelconques AB, AC. (Fig. 34.) qui font un angle quelconque BAC, par un nombre quelconque de paralléles DH, EI, FK, GL, &c. également éloignées les unes des autres...

1°. *Toutes les parties* AH, HI, IK, KL, &c. *de la ligne* AC *seront égales entr'elles, aussi-bien que les parties* AD, DE, EF, &c. *de la ligne* AB; car si de chaque point où chaque paralléle coupe les lignes AB, AC, on abbaisse des perpendiculaires AV, DM, EN, &c. AV, HQ, IR, &c. il est aisé de voir que les triangles rectangles ADV, DEM, EFN, &c. sont égaux entr'eux, (507) parce que la distance égale de ces paralléles, rend les perpendiculaires égales entr'elles, & que leurs intersections par la ligne AB, rendent égaux les angles ADV, DEM, EFN, &c. Par la même raison les triangles rectangles AHV, HQI, IRK, &c. sont égaux, donc les hypotenuses AD, DE, EF, &c. sont égales entr'elles, & AH, HI, IK, &c. sont aussi égales entre elles.

2°. *Un nombre quelconque des parties de* AC, *sera au nombre des parties de* AB *interceptées entre les mêmes paralléles, comme un autre nombre quelconque des parties de* AC, *au nombre des parties de* AB *contenues entre les mêmes paralléles*; car on peut regarder la ligne AC comme formée par une de ses parties quelconque AH, prise autant de fois qu'il y a de parties qui composent AC. De même on peut considérer la toute AB comme un produit d'une de ses parties quelconque, par le nombre de toutes ses parties; en général, on peut considérer deux parties quelconques comprises entre les mêmes paralléles, par exemple, DG, HL comme deux produits d'un même nombre multiplié l'un par AD, & l'autre par AH; or (296) les produits de deux quantités inégales multipliées par une même quantité, sont proportionnels à ces quantités inégales;

donc un nombre quelconque des parties de AC, eſt au même nombre des parties de AB, comme AH à AD, & par conſéquent comme un autre nombre quelconque des parties de AC, eſt au même nombre des parties de AB.

556. THEOR. I. fondamental. *Les triangles ſemblables ont tous leurs côtés homologues proportionnels entr'eux.*

DEM. Puiſque (509) deux triangles ſemblables poſés l'un ſur l'autre, comme on a vû à l'endroit cité, ont leurs troiſiémes côtés paralléles, ſi on ſuppoſe tout l'eſpace du triangle ABC (Fig. 16.) rempli de droites infiniment proches & paralléles à AC, les côtés BA, BC ſe trouveront dans le cas des droites AB, AC de la Fig. 34, & *fe* ſera une de ces paralléles : on aura donc BA : BC : : B*e* : B*f*; ou, en ſubſtituant, AB : BC : : DE : DF, ou (304) BA : DE : : BC : DF.

Si on avoit poſé l'angle E ſur l'homologue A, FD eut été parallèle à BC, & on eut eu AB : ED : : AC : EF.

Et ſi on avoit poſé l'angle F ſur l'égal C, on eut eu AC: EF : : BC: FD.

557. SCHOLIE. Il eſt évident auſſi (555.) que les parties A*e*, C*f* ſont proportionnelles aux côtés BA, BC; ou A*e*: C*f*:: BA : BC : : DE : DF.

558. THEOR. II. *Deux triangles qui ont les trois côtés homologues proportionnels, ſont équiangles & ſemblables.*

DEM. Si (Fig. 16) AC: BC :: FE : FD, & AC : AB :: FE : ED, je dis que les triangles ABC, DEF ſont équiangles; car ſi ſur EF on conſtruit un triangle FEG équiangle au triangle ABC, en faiſant l'angle GEF=BAC, & l'angle GFE =BCA, on aura (556) AC : BC :: FE : FG; mais on a ſuppoſé AC : BC : : FE : FD, donc FE : FG : : FE : FD, donc (306) FD=FG. Pareillement à cauſe des triangles ſemblables ABC, FEG, on a (556.) AC : AB : : FE: EG; mais on a ſuppoſé AC: AB : : FE : ED, donc FE : EG : : FE : ED, donc (306) EG=ED; donc les deux triangles FED, FEG, ſont équiangles & égaux (506.), ayant le côté commun FE, & les côtés FD=FG, & EG=ED; or, par la conſtruction, le triangle FEG eſt équiangle au triangle ABC; donc le triangle FED lui eſt auſſi équiangle.

559. THEOR. III. *Deux triangles qui ont deux côtés homologues proportionnels autour d'un angle égal, sont équiangles.*

DEM. Si dans les triangles ABC, DEF, l'angle D=B, & si DE : DF : : BA : BC, je dis que le triangle DEF est équiangle à ABC; prenez sur BA la partie B*e*=DE, & menez à AC la paralléle *ef*, les triangles ABC, *e*B*f*, sont équiangles, puisque la paralléle *ef* rend l'angle *fe*B=A, *ef*B=C, & que l'angle B est commun; donc (556) B*e* : B*f* : : BA : BC; mais on a supposé DE : DF : : BA : BC; donc B*e* : B*f* : : DE: DF, or B*e*=DE, donc (306.) B*f*=DF, donc (508.) les deux triangles B*ef*, DEF sont égaux & semblables; mais B*ef* est équiangle à ABC, donc DEF est équiangle à ABC.

560. THEOR. IV. *Une droite* AD *qui coupe en deux également un angle* BAC (Fig. 37.) *d'un triangle, coupe son côté opposé* BC *en deux parties* BD, DC, *proportionnelles aux côtés*, AB, AC, c'est-àdire, que BD : DC : : AB : AC.

DEM. Prolongez indéfiniment AC, & par B menez BE paralléle à AD, les triangles BCE; DAC seront semblables (510.) : donc (457.) BD : DC : : AE : AC : mais à cause des paralléles, l'angle BEA=DAC=DAB=ABE; donc (499) le triangle BAE est isoscele, donc AE=AB, donc en substituant BD : DC : : AB : AC.

561. THEOR. V. *Si de l'angle droit* E (Fig. 35.) *d'un triangle rectangle* CEL, *on abbaisse sur l'hypotenuse* CL *une perpendiculaire* EO; 1°. *Elle divisera le triangle en deux autres triangles rectangles* COE, OEL *semblables entr'eux, & au triangle* CEL. 2°. *Cette perpendiculaire* EO *sera moyenne proportionnelle entre les segmens* CO, OL *de l'hypotenuse.* 3°. *Chaque côté du triangle* CEL *sera moyen proportionnel entre l'hypotenuse* CL *& le segment contigu à ce côté.*

DEM. Il est évident d'abord que les triangles COE, OEL sont chacun semblables au triangle CEL, parce qu'outre un angle droit, il ont chacun un angle commun avec le triangle CEL, d'où il suit qu'ils sont aussi semblables entr'eux, & par conséquent . . . . .

Dans le triangle CEO, le petit côté CO est au moyen côté EO, comme dans le triangle EOL, le petit côté EO est au moyen LO, ou ∺ CO. EO. LO.

Dans le triangle CEO le petit côté CO est à son hypotenuse EC, comme dans le triangle CEL le petit côté EC est à l'hypotenuse LC; ou ∻ CO. CE. CL.

Dans le triangle EOL le moyen côté LO est à son hypotenuse EL, comme dans le triangle CEL le moyen côté EL est à l'hypoténuse LC; ou ∻ LO. LE. LC.

562. THEOR. VI. *La perpendiculaire* EO (fig. 41.) *menée de la circonférence d'un cercle sur un diametre* CL, *est moyenne proportionnelle entre les parties* CO, OL *de ce diametre. Ou*, ce qui est le même, *son quarré est égal au produit* CO×OL.

Car si du point E on méne aux extrémités de ce diametre les droites EC, EL, on connoîtra (468) que le triangle CEL est rectangle en E, d'où il suit (561) ∻ CO. EO. OL, ou (316) $EO^2 = CO \times OL$.

563. THEOR. VII. *Les parties de deux cordes* BA, DC (Fig. 38) *qui se coupent dans un cercle, sont réciproquement proportionnelles.*

DEM. Si on méne DA, CB, on connoîtra que les triangles BEC, DAE sont semblables, à cause des angles égaux en E, de l'angle C appuyé sur le même arc BD que l'angle A, & de l'angle B appuyé sur le même arc AC que l'angle D; donc AE : DE : : CE : BE.

564. THEOR. VIII. *Si deux lignes* EB, EC. (Fig. 39.) *partant d'un même point hors du cercle, vont se terminer à sa circonférence concave, leurs parties extérieures* EA, ED *sont réciproquement proportionnelles à ces lignes entieres* EB, EC, c'est-à-dire, EA : ED : : EC : EB.

DEM. Si on méne les cordes AC, DB, on verra aisément que les triangles EBD, EAC sont semblables, ayant l'angle E commun, & l'Angle B appuyé sur le même arc AD, que l'angle C, donc (556.) EA : ED : : EC : EB.

565. THEOR. IX. *Si de deux lignes* EB, Ed (Fig. 39.) *qui partent du point* E *hors du cercle, l'une* EB *entre dedans & l'autre* Ed *est touchante; cette touchante est moyenne proportionnelle, entre l'autre ligne* EB *entiere, & sa partie extérieure* EA; ou ∻ EB. E*d*. EA.

DEM. Car si on tire *d*B, *d*A, on verra que les triangles

EdB, EdA sont semblables, ayant un angle E commun, & l'angle EB*d*=A*d*E étant mesurés par la moitié de l'arc A*d*, (466. & 465.) donc l'angle *d*AE=E*d*B; donc (556.) EB : E*d* : : E*d* : EA.

566. THEOR. X. *Les parties de deux droites qui se coupent entre deux paralléles, sont proportionnelles entr'elles.*

DEM. Les triangles ABE, CED (Fig. 40.) sont semblables, à cause de l'angle E égal dans chacun (426.) de l'angle EAB=EDC (433.) & de l'angle EBA=ECD, donc (556.) EA : ED : : EB : EC.

567. PROBLEME I. *Trouver une quatriéme proportionnelle à trois droites données* EA, EB, ED. (Fig. 40.)

SOLUTION. Tirez deux droites indéfinies AD, BC qui se coupent sous un angle quelconque. Depuis leur intersection E marquez-y les droites EA, EB, ED : par les extrémités A & B des deux premieres données tirez AB, & par l'extrémité D de la troisiéme menez-lui la paralléle DH, laquelle coupera BC, de sorte que EC sera la droite cherchée (566).

568. PROBL. II. *Trouver à deux droites données* CO, OL (Fig. 41.) *une moyenne proportionnelle.*

SOLUTION. Joignez en ligne droite les deux données CO, OL, & de leur milieu F comme centre, décrivez un demi-cercle CEL, ensuite par le point O, où aboutissent les données, élevez la perpendiculaire OE, elle sera (562) moyenne proportionnelle entre CO & OL.

569. PROBL. III. *Trouver à deux droites données, une troisiéme proportionnelle*, c'est-à-dire, *une droite telle que la seconde soit moyenne proportionnelle entre la premiere, & la cherchée.*

SOLUTION. Ce problême se résoud comme le premier, en y supposant que la seconde & la troisiéme des données ne sont qu'une même ligne.

570. PROBL. IV. *Diviser une droite donnée* AC *dans la même raison qu'une droite* AB *est divisée* (Fig. 42.)

SOLUTION. Faites avec ces deux droites un angle quelconque BAC, & ayant joint leurs extrémités par la droite BC, tirez-lui par tous les points de division de AB les paralléles Gg, Ff, &c. & à cause des triangles semblables ABC, AGg, AFf, &c. la ligne AC aura (557.) toutes ses parties proportionnelles à celles de la ligne AB.

571. PROBL. V. *Diviser une droite donnée en deux parties, telles que la plus grande soit moyenne proportionnelle entre la toute & l'autre partie.*

SOLUTION. Soit donnée AB, élevez sur son extrémité (Fig. 42 B) la perpendiculaire AE égale à la moitié de AB, & du point E, rayon EA ayant décrit un cercle DAF, tirez par B & par E la droite BF; & du point B, rayon BD, menez l'arc DC, qui coupera AB comme il est demandé, c'est-à-dire, que ∺ AB. BC. AC.

DEM. A cause de la tangente BA, on a (565) BF : BA :: BA : BD; donc BF—BA : BA :: BA—BD : BD; or BF—BA=BD =BC; parce que FD est égale à BA étant double de EA moitié de AB; de même BA—BD=AC; donc en substituant BC : BA :: AC : BC. ou ∺ BA. BC. AC.

La solution de ce Problême, s'appelle *diviser une droite en moyenne & extrême raison.* On l'a aussi appellée *la section divine*, à cause des merveilleuses propriétés qu'on lui a attribuées.

De la comparaison des Figures.

572. DEux figures quelconques sont semblables, lorsqu'ayant un nombre égal de côtés, tous les côtés de l'une sont proportionnels aux côtés homologues de l'autre; & tous les angles de l'une compris entre ces côtés homologues, sont égaux à tous les angles de l'autre, chacun à chacun.

573. COROLL. I. *Tous les Polygones réguliers de la même espece, & parconséquent les cercles sont des figures semblables; & même des arcs quelconques d'un égal nombre de degrés, sont des figures semblables.*

574. COROLL. II. *Deux figures semblables ne different qu'en ce que l'une est plus petite que l'autre.*

575. THEOR. I. *De quelque maniere que deux figures semblables soient divisées en triangles par des diagonales, qui partent des angles homologues, les triangles homologues sont semblables.*

DEM. Si deux Polygones ABCDE, FGHIK (Fig. 43.

& 44.) font tels, que l'angle A=F, B=G, C=H, D=I, E=K; & fi AB : FG :: BC : GH :: CD : HI :: DE : IK :: EA : KF; je dis 1°. que fi on méne les diagonales AC, AD, FH, FI, les triangles ABC, FGH feront femblables, auffi-bien que ACD, FHI, & que ADE, FIK.

Car puifque l'angle B=G, & qu'ils font compris entre des côtés proportionels, il eft clair (558) que les triangles ABC, FGH font femblables, auffi-bien que les triangles ADE, FIK par la même raifon. Cela pofé l'angle BAC=GFH, & l'angle DAE=IFK; donc l'angle BAE —BAC—DAE=CAD=GFK—GFH—IFK=HFI; donc l'angle CAD=HFI : on prouve de même que les angles ACD, FHI font égaux auffi bien que ADC, FIH; donc les triangles ACD, FHI font auffi équiangles.

576. THEOR. II. Réciproquement : *deux figures quelconques font femblables, fi elles fe peuvent réduire en autant de triangles équiangles.*

DEM. Car les angles égaux des triangles équiangles, rendent égaux les angles homologues de chaque figure; & les côtés des figures étant auffi des côtés de triangles équiangles, font (556) proportionels; donc les figures font femblables. (572.)

577. THEOR. III. *Si dans deux Polygones femblables on tire des lignes quelconques de la même maniere, c'eft-à-dire, qui divifent les côtés homologues, ou les angles homologues dans la même raifon, 1°. ces lignes font proportionnelles entr'elles & aux côtés homologues quelconques de ces Polygones; 2°. Elles les divifent en parties, dont les homologues font des portions femblables des deux Polygones.*

DEM. Par exemple, 1°. ayant divifé BC en L (Fig. 43. & 44), & fon homologue GH en M, dans la même raifon, c'eft-à-dire, de forte que BC : GH :: LC : MH. Si on méne enfuite deux droites à volonté LN, MO, qui faffent des angles CLN, HMO égaux quelconques dans le même fens, ou qui divifent les côtés homologues ED, KI dans la même raifon, en forte que ED : KI :: DN : IO; je dis que LN : MO :: CD : HI :: BC : GH, &c.

Car si on méne NC, OH, on connoîtra que les triangles NCD, OHI sont semblables, (559.) ayant les angles égaux D, I, compris entre les côtés proportionnels ND, DC; OI, IH; donc (555) CD : HI :: CN : HO, & l'angle DCN=IHO. Si donc on les ôte des angles égaux DCL, IHM resteront les angles égaux NCL, OHM, donc aussi (558) les triangles NCL, OHM sont semblables; donc LN : MO :: LC : MH :: BC : GH :: CD : HI, &c.

2°. Si on tire encore de même deux autres droites dans ces deux figures; on prouvera qu'elles sont entr'elles comme deux côtés homologues quelconques, & par conséquent, qu'elles sont aussi proportionnelles aux lignes LN, MO.

3°. Enfin, il est évident que les lignes LN, MO, partagent les deux figures en quatre, dont les homologues ABLNE, FGMOK sont des figures semblables, & en même tems des portions semblables des deux Polygones, puisque leurs angles homologues sont égaux, leurs côtés homologues sont proportionnels, & qu'ainsi elles ne doivent différer entre elles, qu'en ce que l'une est plus grande que l'autre à proportion que l'un des Polygones est plus grand que l'autre. Il en est de même des portions LNDC, MOIH.

578. J'appellerai *dimensions homologues* deux lignes comme LN, MO, tirées de la même maniere dans deux figures semblables; ainsi deux côtés homologues de deux figures semblables, les rayons de deux cercles, leurs diametres, & même deux cordes qui soutendent dans chacun un arc d'un égal nombre de dégrés, &c. sont des dimensions homologues : & *la propriété des figures semblables est qu'elles ont toutes leurs dimensions homologues proportionnelles.*

SECONDE

SECONDE SECTION.

Des Surfaces.

Du contour des Surfaces, & de leur comparaison.

579. AXIOME, ou THEOR. I. LE *contour* ou perimetre *d'une figure quelconque, est égal à la somme de ses côtés.*

580. THEOR. II. *Les contours de deux figures semblables, sont entr'eux comme un côté, ou comme une dimension homologue quelconque dans chaque figure.*

DEM. Le contour de la premiere figure, est au contour de la seconde, comme la somme des côtés de la premiere, est à la somme des côtés de la seconde, & puisque les figures sont supposées semblables, elles ont (576.) tous leurs côtés proportionnels, en sorte que les côtés de la premiere sont les antécédens & les côtés homologues de la seconde sont les consequens : or (310.) la somme des antécédens est à la somme de leurs conséquens, comme un seul antecédent quelconque est à son conséquent ; donc le contour de la premiere figure est au contour de la seconde, comme un côté quelconque de la premiere, est au côté homologue de la seconde, ou (577) comme une dimension quelconque dans la premiere, à la dimension homologue dans la seconde.

581. COROLL. *Les circonférences des cercles, ou les longueurs de deux arcs d'un même nombre de degrés dans des cercles inégaux, sont entr'elles, ou comme les rayons de ces cercles, ou comme leurs diametres, ou enfin comme deux cordes qui soutendent dans chaque cercle ou dans chaque arc un égal nombre de degrés.* Car (577.) les cercles ou les arcs d'un égal nom-

bre de degrés sont des figures semblables, & les rayons, les diametres, &c. en sont des dimensions homologues. (578.)

Des mesures propres à déterminer la grandeur des surfaces.

582. ON appelle *surface, aire* ou *superficie* d'une figure, la quantité qui exprime l'espace renfermé par les côtés de la figure.

583. Une surface est une étenduë dans laquelle on considere deux dimensions à la fois (387.) La mesure précise de chacune de ces dimensions en particulier est la ligne droite, mais elle ne peut être la mesure d'une surface. Ainsi on n'auroit pas l'idée de la surface d'un terrein, si on disoit seulement qu'il a 100 pieds de long: mais si on ajoute qu'il a par tout 20 pieds de large, aussi-tôt on en conçoit toute l'étenduë, supposé qu'on sçache quelle est la longueur absoluë d'un pied, mais indépendamment de cette connoissance, on auroit une idée claire de la figure de ce terrein, qu'on concevroit comme un Parallélogramme dont la longueur est quintuple de la largeur.

584. Les mesures des surfaces doivent être des surfaces, de même que les mesures des lignes sont des lignes. Si on veut mesurer une surface en pieds, ou en toises, il y faut employer des surfaces d'un pied ou d'une toise chacune. Or on ne conçoit naturellement un pied en surface qu'en imaginant un espace (& par conséquent une figure terminée par des côtés) qui ait par tout un pied de long & un pied de large: cette longueur doit être mesurée (438.) par une perpendiculaire qui joint les deux côtés qui terminent la longueur de la figure, & la largeur doit être mesurée par une perpendiculaire qui joint les deux côtés qui terminent la largeur; donc l'espace d'un pied de surface doit être une figure quarrée, dont chaque côté est d'un pied. Il en est de même des autres espéces de mesures.

585. D'où on peut conclure en général que *le quarré est la mesure commune des surfaces*: Aussi pour désigner la

grandeur de la surface d'une figure quelconque, on dit qu'elle est de tant de pouces, pieds, toises, &c. quarrés, ce qui signifie qu'on peut couvrir tout l'espace qui y est enfermé par autant de quarrés d'un pouce, d'un pied, d'une toise, &c. chacun.

586. Il est aisé de voir que *le nombre des parties d'une mesure en surface est égal au quarré des parties de la même mesure en longueur* : Par exemple qu'un pied quarré doit contenir 144 quarrés d'un pouce chacun : Qu'une toise quarrée doit contenir 36 quarrés d'un pied chacun. Car un pied quarré contient évidemment 12 rangs de 12 pouces quarrés, parce que chaque pouce en hauteur répond à 12 pouces en longueur : de même une toise quarrée contient 6 rangs de 6 pieds quarrés chacun.

De la méthode générale de mesurer les surfaces.

587. SI on suppose que la ligne AB (Fig. 19. ou 21.) se meuve parallélement à elle-même jusqu'à ce qu'elle soit venuë en DC, on conçoit qu'elle aura recouvert toute la surface du parallélogramme ABCD, parce qu'à chaque pas qu'elle aura fait, elle aura couvert une partie de la surface égale à sa longueur AB: donc la surface entiere est égale à cette longueur AB prise autant de fois qu'elle a fait de pas pour venir de AB en CD. Or ce nombre de pas est mesuré par le nombre des points de la droite qui mesure la distance des deux paralléles AB, DC, laquelle droite doit être (438) une perpendiculaire menée d'un point quelconque de DC sur AB (prolongée s'il est nécessaire) telles que sont EF ou DG: donc la surface du parallélogramme ABCD est égale au nombre des points de AB, pris autant de fois qu'il y a de points dans EF ; ou, ce qui est la même chose; elle est égale au produit de la ligne AB multipliée par la ligne EF.

588. La perpendiculaire EF ou DG qui mesure la distance entre les deux côtés paralléles s'appelle *la hauteur* du parallélogramme, & un de ces deux côtés s'appelle *la Base*. Donc....

589. THEOR. I. *La surface d'un parallélogramme quelconque est égale au produit de sa base par sa hauteur.*

590. COROLL. I. *La surface d'un triangle quelconque est égale à la moitié du produit d'un de ses côtés quelconque multiplié par la perpendiculaire menée de l'angle opposé sur ce côté* (prolongé s'il est nécessaire.) Car un parallélogramme est divisé par une diagonale en deux triangles égaux : on peut donc regarder un triangle quelconque comme la moitié d'un parallélogramme, dont la hauteur est la perpendiculaire abbaissée de l'angle sur le côté opposé.

591. Ce corollaire peut être demontré indépendamment du parallélogramme de cette sorte.

592. La surface d'un triangle quelconque ABC (Fig. 34) est égale à la somme de toutes les lignes paralléles BC, GL, FK, &c. qu'on puisse mener depuis sa base BC jusqu'à son sommet ; or toutes ces paralléles décroissent en progression arithmétique, c'est-à-dire, elles ont toujours une même différence ; car GL différe de BC de la quantité BP + TC, & FK differe de GL, de GO + SL, &c. Or ces différences sont toutes égales entr'elles, puisque tous les petits triangles GBP, FGO, &c. sont égaux entr'eux (555) aussi-bien que les triangles LTC, KSL, &c. donc BP + TC = GO + SL. On peut donc regarder toutes ces paralléles qui remplissent la surface du triangle, comme une suite de quantités en progression arithmétique, dont la perpendiculaire AX exprime le nombre, BC est le dernier terme, & A qui est une paralléle infiniment petite, est le premier terme. Et (280.) la somme est égale à $\overline{BC+A} \times \frac{1}{2} AX$; ou, parce que A est une ligne infiniment petite, la somme de toutes ces paralléles est égale à $BC \times \frac{1}{2} AX$, ou à la moitié du produit de $BC \times AX$.

593. COROLL. II. *Un nombre quelconque de triangles*, & par conséquent *de parallélogrammes qui sont entre deux paralléles, & qui ont une même base, ou des bases égales, sont autant de surfaces égales ;* parce qu'alors elles ont aussi la même hauteur.

594. THEOR. III. *Les surfaces des Triangles quelconques, sont*

entr'elles en raiſon compoſée de leurs baſes & de leurs hauteurs.

DEM. Les ſurfaces des triangles ſont la moitié du produit de leurs baſes par leurs hauteurs : or les moitiés ſont entr'elles comme les tous (297). Donc les ſurfaces des triangles ſont comme les produits de leurs baſes par leurs hauteurs ; Mais (290.) la raiſon des produits eſt une raiſon compoſée de leurs racines ; donc les ſurfaces des triangles ſont en raiſon compoſée de leurs baſes & de leurs hauteurs.

595. COROLL *Les ſurfaces de deux triangles inégaux qui ont des baſes égales, ſont entr'elles comme leurs hauteurs ; & les ſurfaces des triangles inégaux qui ont des hauteurs égales ſont entr'elles comme leurs baſes.*

DEM. Car alors les ſurfaces ſont entr'elles comme les produits d'une même quantité multipliée par deux quantités inégales ; donc (296.) elles ſont comme ces quantités inégales.

596. THEOR. IV. *Si les hauteurs de deux triangles ſont en raiſon inverſe de leurs baſes, les ſurfaces ſont égales.*

DEM. Car alors la hauteur du premier étant à la hauteur du ſecond, comme la baſe du ſecond, à la baſe du premier ; le produit de la hauteur du premier par ſa baſe eſt égal au produit de la hauteur du ſecond par ſa baſe. (300.)

597. THEOR. V. Réciproquement ; *ſi les ſurfaces de deux triangles ſont égales, leurs dimenſions ſont en raiſon inverſe.*

DEM. Car alors les dimenſions du premier triangle ſont un produit égal à celui des dimenſions du ſecond. Donc (302.) les dimenſions d'un de ces triangles ſont les extrêmes d'une proportion, dont les dimenſions de l'autre ſont les moyens : par exemple, la hauteur du premier triangle eſt à la hauteur du ſecond, comme la baſe du ſecond eſt à la baſe du premier. Donc ces dimenſions ſont en raiſon inverſe.

598. THEOR. VI. *Les ſurfaces de deux triangles ſemblables, ſont entr'elles en raiſon doublée, ou comme les quarrés d'une de leurs dimenſions homologues priſes dans chacun.*

DEM. Puiſque (578) les figures ſemblables ont les dimenſions homologues proportionnelles, les ſurfaces de deux triangles ſont entr'elles comme deux produits de deux quantités proportionnelles : or (291.) les produits des quantités proportionnelles sont en raison doublée, ou (294.) comme les quarrés de leurs racines quelconques : donc les surfaces de deux triangles semblables, sont entr'elles en raison doublée d'une de leurs dimensions homologues quelconque ; ou comme le quarré d'un côté quelconque, par exemple, au quarré du côté homologue.

699. COROLL. *Dans un triangle rectangle* CEL (Fig. 35.) *le quarré de l'hypoténuse est égal à la somme des quarrés des deux côtés*, ou $CL^2 = CE^2 + EL^2$.

Car ayant abbaissé de l'angle droit la perpendiculaire EO, à cause des triangles ECO, EOL, ECL semblables (561.) on a, le triangle ECO est à CE^2, comme le triangle EOL à EL^2, comme le triangle ECL à CL^2 : ou $ECO : CE^2 :: EOL : EL^2 :: ECL : CL^2$. Donc (310) $ECO + EOL : CE^2 + EL^2 :: ECL : CL^2$. Or $ECO + EOL = ECL$. Donc $CE^2 + EL^2 = CL^2$.

600. SCHOLIE I. On a donc $CE^2 = CL^2 - EL^2$, & $EL^2 = CL^2 - CE^2$: c'est-à-dire, *que le quarré d'un côté quelconque d'un triangle rectangle est égal à l'excès du quarré de l'hypotenuse sur le quarré de l'autre côté.*

601. SCHOLIE. II. *La diagonale d'un quarré est incommensurable par rapport à un des côtés quelconque du quarré.*

DEM. Puisque les côtés d'un quarré sont égaux, le quarré de la Diagonale, est le quarré d'une hypotenuse d'un triangle rectangle dont les côtés sont égaux, & par conséquent le quarré de la diagonale étant égal à la somme des quarrés de ces deux côtés, il est double du quarré d'un des côtés quelconques. Or (183) il est impossible d'exprimer en nombres la racine d'un quarré double d'un autre : donc si la valeur du côté du quarré est exprimée en nombres, celle de la diagonale ne pourra pas l'être, & réciproquement.

602. THEOR. VII. *La surface d'une figure quelconque est égale à la somme des surfaces des triangles ausquels elle est réduite.*

603. THEOR. VIII. *Pour avoir la surface d'un Polygone irrégulier, il faut le diviser en triangles comme on voudra, prendre la surface de chacun,* (590) *la somme de toutes ces surfaces, sera égale à celle du polygone.*

604. THEOR. IX. *La surface d'un Polygone régulier est*

égale au produit de la perpendiculaire tirée du centre sur un de ses côtés, multipliée par la moitié de son contour.

DEM. Puisque tous les triangles ausquels on réduit un Polygone régulier par des rayons, sont égaux entr'eux, (531) & ont par conséquent une même hauteur $=$ CI, (Fig.26) la surface du Polygone régulier est égale à $CI \times \frac{1}{2} AB + CI \times \frac{1}{2} BD + CI \times \frac{1}{2} DE + CI \times \frac{1}{2} EF + CI \times \frac{1}{2} GF + CI \times \frac{1}{2} GH + CI \times \frac{1}{2} HA$. Or (222) tout ce produit est égal à CI multiplié par $\frac{1}{2} AB + \frac{1}{2} BD + \frac{1}{2} DE + \frac{1}{2} EF + \frac{1}{2} FG + \frac{1}{2} GH + \frac{1}{2} HA$, c'est-à-dire, par la moitié du contour du Polygone.

605. COROLL. *La surface d'un cercle est égale au produit de son rayon par sa demi-circonférence.*

606. THEOR. X. *Un Polygone quelconque* ABCDE (Fig. 36) *se peut réduire en un triangle* AFG *d'une même surface.*

DEM. Tirez une diagonale BD qui retranche le triangle DBC : Par son sommet C menez à cette diagonale la paralléle CF terminée au côté AB prolongé s'il est nécessaire : joignez DF, & vous aurez un Polygone AFDE égal en surface au Polygone proposé ; & qui aura un angle de moins. Car si des triangles DBC, DBF égaux en surface (593) on ôte le triangle commun DBH, restera le triangle DHC égal en surface au triangle BHF. Or par la construction le triangle DHC est exclus du nouveau Polygone, & le triangle BHF y est entré, donc ce Polygone est encore égal en surface au Polygone proposé. En operant de même on peut réduire le nouveau Polygone AFDE en un autre de même surface & qui ait un angle de moins, & ainsi successivement jusqu'à ce qu'il soit réduit à n'être plus qu'un triangle.

607. COROLL. Il suit delà & des Théorêmes précédens que *la surface d'une figure quelconque est ou un seul produit de deux dimensions, ou peut être réduite à un seul produit de deux dimensions.*

608. THEOR. XI. *Les surfaces de deux figures semblables sont entre elles en raison doublée ou comme les quarrés d'une de leurs dimensions homologues quelconque prise dans chacune.*

DEM. Puiſque (577) les triangles homologues auſquels on a réduit deux Polygones ſemblables, ſont des portions ſemblables de ces figures, il eſt clair (297) que les ſurfaces de ces deux Polygones ſont entre elles comme celle d'un des triangles quelconque pris dans l'un, eſt à celle du triangle homologue pris dans l'autre. Or (598) les ſurfaces de ces triangles ſont en raiſon doublée d'une de leurs dimenſions homologues quelconque priſe dans chacun, &(578) ces dimenſions ſont proportionnelles à toutes celles des deux Polygones; donc les ſurfaces de deux Polygones ſemblables ſont entr'elles en raiſon doublée, ou comme les quarrés d'une de leurs dimenſions homologues quelconque priſe dans chacun.

609. CORLL. I. *Les ſurfaces des cercles ſont entr'elles comme les quarrés de leurs rayons ou de leurs diametres.*

610. COROLL. II. Lors donc qu'on veut augmenter ou diminuer la ſurface d'un Polygone, en conſervant ſa figure, il faut faire cette proportion pour en trouver chaque côté. *Comme la ſurface du Polygone donné, eſt à la ſurface du Polygone cherché, ainſi le quarré d'un des côtés du Polygone donné, eſt au quarré du côté homologue du Polygone cherché:* ou bien en ayant trouvé un des côtés par cette proportion, on aura chaque autre par celle-ci. *Comme le côté du Polygone donné, eſt à ſon côté homologue trouvé par la premiere proportion: ainſi chaque autre côté du Polygone donné, eſt à chaque côté homologue du Polygone cherché.*

611. On veut, par exemple, faire un parallélogramme A dont la ſurface ſoit triple ou ſoit comme 3 à 1 par rapport à celle du parallélogramme B, dont le grand côté eſt de 6 pieds, & le petit de 4 pieds. On fera donc, comme 1 eſt à 3, ainſi 36, quarré de 6 pieds, ſont à 108, quarré du grand côté du parallélogramme A, la racine eſt 10,392 pieds, enſuite comme 6 ſont à 10,392, ainſi 4 ſont à 6,928 pieds, c'eſt le petit côté du parallélogramme A. Il faut donc donner 10 pieds 4 pouces 8 lignes au grand côté, & 6 pieds 11 pouces 1 ligne $\frac{1}{2}$ au petit côté, pour avoir le parallélogramme A triple en ſurface par rapport au parallélogramme B.

Remarques sur la quadrature du Cercle.

612. QUoique par les propositions précédentes, on connoisse les rapports qu'ont entr'elles les circonférences & les surfaces de deux cercles, cependant on n'a pu encore jusqu'ici déterminer précisément le rapport qui est entre le diametre d'un cercle & sa circonférence, de sorte que la grandeur d'un diametre étant donnée en nombres, on n'a pu encore assigner en nombres la grandeur précise de sa circonférence; ni par conséquent celle de sa surface qui est (602) le produit du demi-diametre par la demi-circonférence. C'est ce qu'on doit entendre, lorsqu'on dit qu'on n'a pas encore trouvé *la quadrature du cercle*, (ce nom de *quadrature* vient de ce que le quarré est (589) la commune mesure de toute surface.)

613. Tous les efforts des plus grands Mathématiciens se sont reduits à démontrer qu'il est impossible de la trouver par de certaines voyes, mais qu'il est facile d'en approcher à l'infini; & la justesse avec laquelle on en a approché est plus que suffisante pour l'application de la Géometrie à la pratique la plus scrupuleuse, en sorte que les habiles Géometres ne regardent à présent la quadrature absoluë du cercle, que comme une chose de pure curiosité, & aiment mieux employer leur tems à des recherches plus utiles, d'autant plus qu'il est certain que le rapport exact du diametre du cercle à sa circonférence ne peut être exprimé par de petits nombres. Mais la plûpart de ceux qui n'ont qu'une connoissance superficielle des Mathématiques, entreprennent avec confiance, la solution de ce fameux Problême, sans même entendre trop bien l'état de la question, & ils ne manquent gueres de se persuader qu'ils l'ont trouvée.

614. On a trouvé des méthodes pour quarrer absolument certains espaces renfermés entre des portions de cercles, ou même entre des portions de cercles & des lignes droites. Par exemple, un ancien Géométre Grec, nommé Hyppocrate de Chio, a prouvé que *si sur*

l'hypoténuse & sur les côtés d'un triangle rectangle on décrit des demi-cercles (comme dans la Fig. 45.) *on aura deux espaces curvilignes* AECGA, CFBHC, *dont la somme des surfaces sera égale à celle du triangle rectangle* ACB.

On appelle ces deux espaces les *Lunules* d'Hyppocrate.

DEM. Puisque (609) les surfaces des cercles sont entre elles comme les quarrés de leurs diamétres, les sommes de leurs surfaces sont entre elles comme les sommes des quarrés de leurs diamétres : or (599) le quarré du diamétre AB est égal à la somme des quarrés des diametres AC, BC ; donc la surface du demi-cercle ACHB, est égale à la somme des surfaces des demi-cercles AEC, CFB ; donc si du demi-cercle ACHB on ôte la partie CHB commune avec le demi-cercle CFB, & la partie AGC commune avec le demi-cercle AEC, resteront les lunules CFBHC+AECGA égales en surface au triangle ABC.

Si le triangle rectangle étoit isoscéle, en abaissant une perpendiculaire de l'angle droit sur l'hypotenuse, elle le diviseroit en deux triangles égaux, qui seroient chacun égaux à leur lunule.

On peut encore voir différentes portions de cercles quarrables dans les Mémoires de l'Académie Royale des Sciences, année 1701, *pag.* 17. & année 1703, *pag.* 21. voyez aussi dans la Fig. 45. B, une figure CDHAIBKC, terminée par des quarts de cercle, & égale au quarré CDAB.

615. Le rapport du diametre à la circonférence du cercle peut être déterminé à peu près, ou méchaniquement, par exemple, en comparant au diametre d'un cercle la longueur d'un fil qui auroit été plié exactement sur sa circonférence ; ou géométriquement en calculant le contour & les dimensions d'un Polygone régulier d'un très-grand nombre de côtés. C'est ainsi qu'Archimede a trouvé ce rapport à peu près comme de 7 à 22 ; d'autres l'ont mis comme de 1 à 3, 14159265, &c. en ajoûtant jusqu'à 127 décimales, ce qui fait une approximation presque infinie. D'autres enfin ont déterminé ce rapport de 113 à 355, qui approche de très-près du vrai.

616. Ainsi le diametre d'un cercle étant donné, pour calculer son contour il faut faire cette regle de proportion; comme 113 à 355, ainsi le diametre du cercle donné est à sa circonférence ; & si on veut sçavoir la surface de ce cercle, il faut (605.) multiplier la moitié du diametre par la moitié de la circonférence ainsi trouvée.

Propriétés des Surfaces Planes ou des Plans.

NOus avons jusqu'ici supposé que toutes nos lignes & nos figures étoient posées sur un plan, & que les espaces qu'elles renferment étoient décrits par le mouvement des points ou des lignes sur un plan, dont nous avons demandé (395.) la possibilité; nous allons montrer maintenant l'origine & la formation géométrique du plan.

617. HYPOTHESE. Concevez une droite AB posée en l'air, à laquelle soit perpendiculaire une droite indéfinie ED (Fig. 46.); concevez que la droite AB tourne sur elle-même sans sortir de place, & vous verrez évidemment que la droite ED décrira une surface plane CCCDDD; cette surface sera un plan perpendiculaire à la ligne AB.

Le plan est donc *une surface telle que tous les points d'une droite posée dessus & tournée en tout sens, la touchent toujours.*

618. Si les deux lignes n'étoient pas perpendiculaires l'une à l'autre, la figure décrite ne seroit pas un plan. Par exemple, si on fait tourner sur elle-même la droite MN (Fig. 54.) à laquelle est fixée la droite MB qui fait en M l'angle aigu NMB, il est aisé de voir que cette droite MB décrira une surface arrondie, convexe en pointe d'un côté, & creuse ou concave en dedans, sur laquelle par conséquent il ne sera pas possible de poser en tout sens des droites, dont tous les points touchent cette surface.

619. THEOR. I. *Une droite posée sur un plan ne peut être en partie sur ce plan, & en partie élevée au-dessus ou abaissée au-dessous.*

620. COROLL. I. *Si deux points d'une droite sont dans un plan, la droite y est toute entiere.*

621. COROLL. II. *Un même Plan A ne peut pas être en partie couché exactement sur un plan B, & en partie élevé au-dessus ou abaissé au-dessous.* Car alors une ligne droite posée sur le plan A pourroit être en partie sur le plan B, & en

partie élevée au-dessus ou abaissée au-dessous ; ce qui est impossible.

622. THEOR. II. *Trois points qui ne sont pas en ligne droite déterminent la position d'un plan.*

DEM. Qu'on pose un plan sur tant de points qu'on voudra en ligne droite, on conçoit aisément que tous ces points formeront tout au plus un appui autour duquel ce plan pourra tourner librement. Mais qu'on pose un plan sur trois points qui ne sont pas en ligne droite, ces trois points formeront un appui sur lequel le plan ne pourra plus tourner, mais qui le retiendra dans une position constante : donc trois points qui ne sont pas en ligne droite déterminent la position d'un plan.

623. COROLL. *Un triangle détermine un plan & sa position.*

624. THEOR. III. *Une droite perpendiculaire à un plan, est aussi perpendiculaire à toutes les droites qui, posées sur ce plan, passent par l'extremité de cette droite.* Ainsi AE est perpendiculaire sur toutes les droites CED, CED, &c.

625. THEOR. IV. *Deux droites perpendiculaires ou également inclinées du même sens sur un même plan, sont paralléles entr'elles*, & réciproquement.

626. THEOR. V. *Deux droites qui s'entrecoupent sont toutes deux dans un même plan.*

DEM. Car le point d'intersection & un autre point pris à volonté dans chacune, sont trois points qui ne sont pas en ligne droite, & qui forment par conséquent (622) un plan, sur lequel chacune de ces deux lignes a deux points : Donc (620) ces deux lignes sont toutes entieres dans ce plan.

627. THEOR. VI. *Si deux droites qui sont dans un plan sont coupées par une troisiéme, hors de leur point d'intersection, si elles en ont un, cette droite qui les coupe est aussi dans le même plan.* car elle a deux de ses points dans ce plan, sçavoir ses deux points d'intersection avec les deux droites.

628. THEOR. VII. *Trois points ne peuvent être communs à deux plans différens s'ils ne sont en ligne droite.*

DEM. Trois points qui ne sont pas en ligne droite détermitient un plan. Or si trois points non en ligne droite pouvoient être communs à deux plans différens, la surface renfermée entre ces trois points seroit une partie commune à chacun des deux plans, l'un de ces deux plans auroit donc une de ses parties couchée exactement sur un autre plan, & le reste élevé au-dessus ou abaissé au-dessous, ce qui est impossible (619.)

629. COROLL. *L'intersection de deux plans ne peut être qu'une ligne droite.* Car l'intersection de deux plans est une ligne dont tous les points sont communs aux deux plans.

630. HYPOTHESE. Supposons maintenant un plan immobile A sur lequel soit couché un autre plan B terminé par des lignes droites, tel que seroit un Polygone ordinaire : ces deux plans n'ayant aucune épaisseur, ne peuvent former qu'un seul & même plan. Mais si on fait tourner le plan B sur un de ses côtés qui reste toujours posé sur le plan A, il sera aisé de concevoir 1°. que dès le premier instant du mouvement il ne restera plus rien de commun aux deux plans que la droite sur laquelle le plan B tournera, 2°. que ce plan passera par tous les dégrés possibles d'inclinaison, si on le fait tourner jusqu'à le coucher sur le plan A de l'autre côté, 3°. qu'il deviendra perpendiculaire au plan A quand il ne sera pas plus incliné d'un côté que d'un autre, 4°. que les différens degrés d'inclinaison seront mesurés par le nombre de pas que chaque point aura décrit depuis qu'il aura quitté son point correspondant dans le plan A. Ce sera donc un arc de cercle, dont le centre sera dans la ligne sur laquelle le plan tourne : & parce qu'un centre doit être dans le plan du cercle, le centre de cet arc est nécessairement dans la ligne droite qui forme le plan de cet arc en tournant. Or (618) une droite qui tourne ne peut former un plan, si elle n'est perpendiculaire à la ligne sur laquelle elle tourne. Donc *le centre de l'arc qui mesure les degrés d'inclinaison d'un plan par rapport à un autre, est dans une perpendiculaire tirée d'un point quelconque de cet arc à la ligne de rencontre des deux plans.* Ainsi si on décrit un demi-cercle dont le centre soit dans la ligne commune à deux plans, & dont le plan soit perpendiculaire au plan immobile,

tous les degrés de ce demi-cercle mesureront toutes les inclinaisons possibles du plan mobile.

On conçoit aussi que si une partie du plan mobile B ayant traversé le plan A tournoit sur la ligne d'intersection, l'autre partie tourneroit en même-tems, & feroit avec le plan immobile les mêmes angles de l'autre côté.

D'où il suit en général, que deux plans qui s'inclinent l'un sur l'autre ont les mêmes propriétés que deux droites qui s'inclinent l'une sur l'autre. Donc......

631. THEOR. VIII. *Un plan qui rencontre un autre plan fait avec lui deux angles droits, ou égaux ensemble à deux droits.*

632. THEOR. IX. *Dans l'intersection de deux plans les angles opposés au sommet sont égaux.*

633. THEOR. X. *La somme des angles de tant de plans qu'on voudra qui ont une même ligne d'intersection, est de 360 degrés.*

634. THEOR. XI. *Il n'y a qu'une ligne qui passant par un point d'un plan, puisse lui être perpendiculaire & d'un point pris hors d'un plan, on ne peut lui abaisser qu'une perpendiculaire.*

635. THEOR. XII. *La distance d'un point à un plan est une perpendiculaire tirée du point sur le plan.*

636. THEOR. XIII. *Un plan qui coupe deux plans paralleles entr'eux, forme des angles alternes externes égaux, des angles alternes internes égaux, des angles internes supplémens l'un de l'autre, & des angles externes aussi supplémens l'un de l'autre,* & réciproquement.

637. THEOR. XIV. *Les intersections de deux plans paralléles par un troisiéme plan, sont deux droites paralleles :* car si elles n'étoient pas paralleles, elles pourroient se rencontrer, donc les deux plans dans lesquels elles sont, se rencontreroient aussi, donc ces deux plans ne seroient pas paralleles.

TROISIEME SECTION.

Des Solides.

638. On appelle *Corps* ou *Solide* toute quantité continuë qui a les trois dimensions de l'étenduë, sçavoir, la longueur, la largeur & l'épaisseur.

On considere ordinairement les solides en deux manieres. I°. Comme produits par le mouvement des plans, de même que le plan est formé par le mouvement de la ligne droite, & que la ligne est produite par le mouvement du point.

Suivant cette idée, un solide n'est autre chose qu'un composé de vestiges d'un plan, ou plûtôt un amas de plans d'une épaisseur infiniment petite, dont le nombre infini est égal au nombre des points de la ligne qui mesure le chemin du plan qui a formé le solide.

639. Ces solides sont produits ou par un mouvement rectiligne d'un plan parallélement à lui-même, ou par la révolution circulaire d'une figure sur une droite immobile, qui s'appelle *l'axe* du solide.

640. II°. On peut aussi regarder les solides comme composés d'autres solides semblables ou non, appliqués les uns contre les autres.

641. Les solides dont les faces sont planes s'appellent en général des *Polyedres*, & ils prennent le nom de *Tetraedre*, *Pentaedre*, *Exaedre*, &c. lorsqu'ils ont 4, 5, 6, &c. faces. Ils s'appellent *Polyedres Réguliers*, si leurs angles sont tous égaux & leurs faces des Polygones réguliers égaux & de la même espece.

Origine & propriétés des Solides, produits par un mouvement rectiligne.

642. I. HYPOTHESE. SOIT une figure plane quelconque ABCDE, (Fig. 47. ou 48) qui étant posée d'abord sur un plan, coule parallélement à elle-même le long de la droite MN, & s'arrête en FGHIK : cette figure aura produit par ses traces, un solide qui s'appelle *un Prisme.*

Dans ce mouvement il est clair I°. que les côtés AB, BC, CD, &c. auront décrit les parallélogrammes ABGF, BCHG, CDIH, &c,

II°. Que les bases du Prisme sont paralléles entr'elles, égales & semblablement posées. Donc en général....

643. *Le Prisme est un corps terminé par des bases qui sont des figures égales & paralléles, & par des faces qui sont des parallelogrammes.*

644. Le Prisme est *droit ou oblique*, selon que la ligne MN, le long de laquelle se meut le Polygone générateur (que j'appellerai *l'Elément* du solide) est perpendiculaire ou inclinée sur le plan de la base du Prisme.

645. La droite PQ (Fig. 48) ou Pq (Fig. 47) qui passe par le milieu de tous les élémens du solide, s'appelle *l'axe* du Prisme.

646. Une perpendiculaire PQ (Fig. 47) menée d'un des points quelconque d'une des bases sur le plan de l'autre base, prolongé s'il est néceſſaire, s'appelle *la hauteur* du Prisme.

647. COROLL. I. *La hauteur d'un Prisme droit est égale à son axe, & la hauteur d'un Prisme oblique est d'autant plus petite que l'axe, que ce solide est plus incliné sur le plan de sa base.*

648. COROLL. II. *La hauteur d'un solide exprime le nombre des Elémens dont il est composé.* Car elle exprime la distance des plans des deux extrémités du solide ; or il ne peut y avoir plus d'élémens entre ces deux plans, qu'il n'y a de points dans la ligne qui mesure leur distance. Donc la hauteur d'un solide exprime le nombre de ses élémens.

649.

649. Le Prisme prend différens noms, suivant l'espece du Polygone élémentaire. Si l'élément du Prisme est un triangle, le Prisme s'appelle *Triangulaire ;* si c'est un Quadrilatere, il s'appelle *Quadrangulaire ;* si c'est un Pentagone, il s'appelle *Pentagonal*, &c. si c'est un cercle, & si son mouvement s'est fait le long d'une ligne perpendiculaire à la base, le Prisme s'appelle un *Cylindre droit*, (voyez Fig. 49.)

650. Si l'élément du Prisme est un Parallélogramme, le Prisme s'appelle *Parallelopipede* : si le parallélogramme est un rectangle, & si le Prisme produit par ce rectangle est droit, il s'appelle un *Parallelopipede rectangle :* (voyez Fig. 50.) Si l'élément est un quarré, & si le Prisme formé par ce quarré est droit, & a son axe égal au côté du quarré, il s'appelle un *Cube* ou un *hexaedre régulier*, (voyez Fig. 51.)

651. II. HYPOTHESE. Soit une figure plane quelconque ABCDE, (Fig. 52. & 53) qui étant posée sur un plan, monte le long d'une ligne quelconque MN (perpendiculaire ou inclinée au plan de la figure,) de sorte qu'à chaque pas chaque côté de la figure décroisse en progression arithmétique. Par exemple, qu'après le premier pas infiniment petit, chaque côté perde $\frac{1}{\infty}$ de sa longueur, qu'après le second pas chaque côté perde encore $\frac{1}{\infty}$ de sa premiere longueur, &c. de maniere que la figure étant arrivée en M, n'ait plus que des côtés infiniment petits, ou soit réduite à n'être plus qu'un point: le solide produit de la sorte, s'appelle une *Pyramide.*

Il est clair que dans cette formation chaque côté AB, BC, CD, &c. de la figure, aura décrit les triangles ABM, BCM, CDM, &c. puisque (592) l'espace que renferme un triangle n'est qu'un amas d'une infinité de droites, qui vont en progression arithmétique, depuis zéro, qui est le sommet du triangle, jusqu'à sa base.

652. Donc I°. en général, *une Pyramide est un solide qui a pour base un Polygone, & qui est terminé par des faces triangulaires.*

653. II°. La ligne NM est aussi l'axe de la Pyramide, sa hauteur est la perpendiculaire MN ou M*n* qui est égale ou

N

plus courte que son axe ; selon que la Pyramide est droite ou inclinée.

654. La Pyramide prend aussi différens noms, suivant l'espece du Polygone qui lui sert d'élément, si c'est un triangle, elle s'appelle *triangulaire* : si l'élément est un triangle équilatéral, & si l'axe étant perpendiculaire, les faces sont aussi des triangles équilatéraux, la Pyramide s'appelle *Réguliere* ou *Tetraedre régulier*. Si l'élément est un Quadrilatere, la Pyramide s'appelle *Quadrangulaire* ou à quatre faces ; si c'est un Pentagone, elle s'appelle *pentagonale*, &c. enfin si c'est un cercle, & si l'axe est droit, elle s'appelle un *Cone droit*.

655. Si dans la formation de la Pyramide il arrivoit que le Polygone s'arrêtât, avant que d'être devenu infiniment petit, la Pyramide ou le Cone formés de cette sorte, s'appellent *Pyramides* ou *Cones tronqués*. (Voyez Fig. 55) Parce qu'on les peut concevoir comme des Pyramides ou des Cones, dont on auroit coupé une partie par un plan paralléle à la base.

Origine & propriétés des Solides produits par un mouvement circulaire.

656. I°. ON peut concevoir le Cylindre formé par un mouvement circulaire, en deux manieres ; ou en faisant tourner un rectangle MABN (Fig. 49) sur un de ses côtés immobile MN, & qui devient l'axe du cylindre, ou en supposant deux cercles immobiles AC, DB égaux & paralléles, & dont les centres M, N soient dans une même droite perpendiculaire à leurs plans, & en faisant tourner une droite AB tout autour de la circonférence de ces cercles.

657. On peut enfin concevoir le cylindre formé par un paquet de prismes droits infiniment minces, à bases égales & de même hauteur, & renfermés dans des cercles égaux, dont ils remplissent exactement l'espace, & dont le nombre est égal à celui des points de la surface de ces cercles.

658. II°. On peut concevoir le Cone droit formé par un

mouvement circulaire, 1°. en faisant tourner un triangle rectangle MNB (Fig 54) sur un de ses côtés MN qui sera l'axe du Cone, l'hypotenuse MB décrira la surface; & l'autre côté NB sera le rayon de la base. 2°. En supposant qu'à l'extrémité M d'une droite MN, élevée perpendiculairement sur le plan d'un cercle BD, & passant par son centre, soit fixée l'extrémité M d'une autre droite MB, & que l'autre bout B tourne autour du cercle BD.

659. Le Cone tronqué est formé par le mouvement d'un Trapeze ABND (Fig. 55) dont deux côtés AB, ND sont inégaux, paralléles entre eux; & perpendiculaires à la droite AN sur laquelle ce Trapeze tourne.

660. III°. Si on fait tourner un cercle sur un de ses diametres, le solide produit par ce mouvement, s'appelle un *Globe* ou une *Sphere*.

La Sphere est donc un solide, dont tous les points de la surface pris en tout sens, sont également éloignés d'un point en-dedans, qui en est le centre.

661. Si on imagine que l'on ait joint par des cordes BD, AE, PG, &c. (Fig. 58) tous les angles du cercle générateur, qui sont à égale distance de part & d'autre du diametre *d*L sur lequel on le fait tourner: on conçoit que dans le mouvement du cercle toutes ces cordes deviennent autant de diametres de cercles inégaux, & qu'ainsi on peut considérer la sphere comme un amas de cercles, posés les uns sur les autres, & dont les diametres croissent & décroissent dans le même rapport que toutes les cordes paralléles qu'on peut mener successivement dans un cercle.

662. On appelle *Axe* de la sphere toute droite qui passant par le centre, se termine de part & d'autre à sa surface.

663. Donc *tous les axes de la sphere sont égaux entr'eux*, puisqu'ils sont la somme de deux rayons.

664. La sphere étant produite, comme on vient de le dire, il est clair qu'à cause de la régularité & de l'uniformité de sa figure, on peut prendre un de ses axes quelconques pour l'axe du cercle générateur.

665. D'où il suit I°. Qu'*en quelque sens qu'on coupe la*

ſphere par un plan, les parties coupées ſeront terminées par des cercles ; car ſi par le centre de la ſphere on fait paſſer un axe perpendiculaire ſur le plan de la ſection, on pourra (664) le prendre pour l'axe du cercle générateur, & par conſéquent le plan coupera cet axe dans le ſens d'un des cercles qui ſont les élémens de la ſphere.

666. II°. *Que les ſections de la ſphere par un plan quelconque, ſont des cercles d'autant plus grands, que le plan coupant paſſe plus près du centre de la ſphere, & réciproquement ; en ſorte que la plus grande ſection poſſible, eſt celle qui paſſe par le centre ;* puiſque ces ſections ont pour diametres des cordes, qui ſont (453) d'autant plus grandes qu'elles ſont plus près du centre, & dont la plus grande de toutes eſt le diametre lui-même.

667. III°. C'eſt pourquoi on appelle *grand cercle de la Sphere*, celui qui a le même centre que la ſphere ; & on appelle *petit cercle de la Sphere*, celui dont le plan ne paſſe pas par le centre de la ſphere.

668. IV°. Enfin on peut conſidérer la ſphere comme compoſée d'une infinité de Pyramides égales infiniment minces, dont chacun des points de la ſurface de la ſphere eſt la baſe, & dont tous les ſommets concourent au centre de la ſphere.

Des Polyedres & de leurs comparaiſons.

669. ON appelle *angle ſolide*, un angle formé par le concours de pluſieurs angles plans, qui étant inclinés les uns ſur les autres, ſe réüniſſent en une ſeule pointe ; tels ſont les ſommets des Pyramides, les coins des Priſmes, &c. & on appelle *Angles ſolides égaux*, ceux qui ſont compoſés d'un même nombre d'angles plans, dont les homologues ſont égaux, & ſemblablement poſés.

670. THEOR. I. *Il faut au moins trois angles plans pour en former un ſolide ;* parce que deux angles plans inclinés

un sur l'autre, ne peuvent jamais former une pointe solide, & laissent nécessairement un vuide.

671. THEOR. II. *De plusieurs angles plans qui servent à former un angle solide, le plus grand doit être moindre que la somme de tous les autres;* car s'il étoit seulement égal à la somme des autres, on ne pourroit que le coucher sur celui-ci, & par conséquent on ne pourroit en former une pointe solide.

672. THEOR. III. *La somme de tous les angles plans qui composent un angle solide, où il n'y a pas d'angles rentrans, est moindre que de 360 degrés;* car si la somme de plusieurs angles plans est de 360°, en les réünissant tous en un même sommet, ils composeront un plan, & l'on n'en pourra jamais faire une pointe, qu'en retranchant quelque chose de ces angles.

673. THEOR. IV. *Il faut au moins qu'un Polyedre ait quatre faces;* car il faut déja au moins trois plans pour former un des angles solides d'un Polyedre; or un angle ainsi formé laisse un vuide en-dedans, il faut donc au moins un plan encore pour fermer le vuide, & afin que le Polyedre ait ses trois dimensions.

674. THEOR. V. *Il faut qu'un Polyedre ait au moins quatre angles.*

Car le vuide que laissent trois plans qui forment un angle solide, est une figure ou surface qui a au moins trois angles; (482) or on ne peut fermer les angles de ce vuide qu'en y formant autant d'angles solides, il faut donc qu'un Polyedre en ait au moins quatre.

675. THEOR. VI. *Il ne peut y avoir que cinq Polyedres réguliers, sçavoir, trois dont les faces soient des triangles équilatéraux; un dont les faces soient des quarrés, & un dont les faces soient des Pentagones réguliers.*

Car (670) puisqu'il faut au moins trois angles plans pour former un angle solide, & que (672) un angle solide ne peut être de 360 degrés; il est clair qu'il n'y a que cinq cas où on puisse faire un angle solide avec des plans de polygones réguliers. 1°. L'angle d'un triangle équilatéral étant de 60 degrés, trois joints ensemble font un angle solide de 180 degrés; & par conséquent quatre triangles de cette espece peuvent faire un *tetraedre*. 2°. Quatre triangles équilatéraux joints ensemble, peuvent faire un angle solide de 240 degrés, & former un corps régulier à huit faces, appellé *Octaedre*. 3°. Cinq de ces triangles joints ensemble, peuvent former un angle de 300°, & par conséquent on en peut composer un corps régulier à 20 faces, appellé *Icosaedre*; mais six joints ensemble, feroient 360°; ce qui ne peut être un angle solide. 4°. Chaque angle d'un quarré valant 90°, trois joints ensemble feront un angle solide de 270°; & par conséquent on en pourra composer un corps régulier à six faces, appellé *Hexaedre*; mais quatre de ces angles feroient 360°, ce qui ne peut faire un angle solide. 5°. Chaque angle du Pentagone régulier valant 108°; trois joints ensemble pourront faire un angle solide de 324°; & on en pourra faire un corps régulier à douze faces, appellé *Dodecaedre*; mais si on joignoit quatre de ces angles, on auroit 432°, angle solide impossible. Enfin l'angle de l'exagone régulier étant de 120°, si on en ajoute trois ensemble, la somme 360° montre qu'on ne peut faire d'angles solides, ni par conséquent de corps réguliers avec des exagones, & à plus forte raison n'en pourra-t-on pas faire avec des *Eptagones*, *Octogones*, &c. donc il ne peut y avoir que cinq corps réguliers.

Il est bon d'avoir en main, en lisant ceci, des Polygones réguliers égaux, faits de carton ou autrement.

De la comparaison des Solides.

676. ON appelle *solides semblables* ceux dont tous les angles homologues sont égaux, & dont les faces sont des figures semblables, qui par conséquent (575) peuvent se réduire en triangles semblables, & ont tous leurs dimensions homologues proportionnelles.

677. COROLL. *Deux polyedres réguliers quelconques de la même espece, & par conséquent deux spheres, sont des solides semblables.*

Pour avoir une idée claire de deux solides semblables, il faut les concevoir comme composés tous deux d'un égal nombre de plans semblables & semblablement posés, en sorte que leur inégalité consiste en ce que chaque plan élémentaire du plus grand solide a une surface & une épaisseur plus grande que n'est la surface & l'épaisseur du plan homologue du plus petit solide, mais ces plans homologues gardent toujours un même rapport. Par exemple, deux spheres sont deux solides semblables, 1°. parce qu'elles sont composées de plans circulaires qui sont des figures semblables; puisqu'ils sont des Polygones symmétriques & réguliers (542) d'un même nombre infini de côtés. 2°. Ces plans sont semblablement posés dans chaque sphere, car ils sont tous placés perpendiculairement à l'axe qui passe par leurs centres, & ils sont arrangés de sorte que leurs diametres suivent le rapport de toutes les cordes successives du cercle. 3°. Ils sont en égal nombre dans chaque sphere : parce que tous les cercles imaginables n'ont qu'un même nombre de côtés infiniment petits, & par conséquent ils ont chacun un égal nombre de cordes ; car les cordes sont des droites qui joignent tous les angles ou tous les côtés qui sont placés de la même maniere, & à égale distance de part & d'autre de l'axe.

La différence d'une grande à une petite sphere consiste : 1°. en ce que chaque diametre de tous les plans élémentaires de la grande sphere est plus grand (mais dans un rapport constant) que celui de chaque plan homologue de la petite. 2°. Que les côtés des plans élémentaires de la grande sphere étant (quoiqu'infiniment petits) plus grands que ceux de la petite sphere, les cordes qui les joignent de part & d'autre de l'axe, sont moins serrées, & par conséquent l'épaisseur des plans, qui est mesurée par l'intervalle de ces cordes, est plus grande dans la grande sphere que dans la petite.

678. J'appelle *points homologues de deux figures semblables* deux points P, *p*, tels qu'ayant tiré à deux angles homologues quelconques D, C; *d*, *c*, des droites PD, PC, *pd*, *pc*, les triangles PDC, *pdc*, soient semblables, (Fig. 56 & 57) ou bien tels qu'ayant mené par ces points P, *p* deux droites quelconques MN, *mn* qui fassent avec les côtés homologues de la figure, des angles égaux NMF, *nmf*, ces deux droites & les côtés de cette figure soient divisés proportionnellement, en sorte qu'on ait MF : *mf* :: NE : *ne* :: MP : *mp* :: NC : *nc*, &c.

679. Si par deux points homologues pris dans des faces homologues vers les extrémités de deux solides semblables, on fait passer une droite à travers du solide, on appellera cette droite *un axe homologue*.

680. THEOREME. I. *Si ayant fait passer à travers un solide quelconque* A *tant de plans paralléles & également éloignés entr'eux qu'on aura voulu, (lesquels par conséquent, étant pro-*

longés, s'il est nécessaire, font toujours avec l'axe du solide A *un même angle, & le divisent en parties égales*); *on fait ensuite passer au travers d'un solide semblable* B, *un même nombre de plans paralléles & également éloignés entr'eux, & qui fassent avec l'axe homologue de ce solide, le même angle que celui que les plans faisoient avec l'axe du solide* A; *ces deux solides* A, B *seront divisés en un même nombre de tranches homologues.*

DEM. Car 1°. si la distance des plans coupans est infiniment petite: le nombre de ces plans est infini, chaque tranche est infiniment mince, & comme elles sont terminées par des plans paralléles, elles sont semblablement posées: On peut donc (638) regarder chaque tranche comme un des plans élémentaires qui composent chaque solide, & puisque le nombre de ces tranches est égal dans chaque solide, il faut que chaque tranche prise dans le solide A soit semblable à sa tranche homologue dans le solide B, autrement leur amas ne pourroit faire deux solides semblables.

2°. Si la distance des plans coupans est finie: comme ces plans sont supposés paralléles & en même nombre dans chaque solide, chaque tranche du solide A est composée d'autant de plans élémentaires semblablement posés que la tranche homologue du solide B, donc chaque tranche est elle-même un solide semblable à sa tranche homologue.

681. THEOR. II. *Si ayant coupé le solide* A *en deux, comme on aura voulu, on coupe aussi le solide semblable* B, *de sorte que la section passe par tous les points homologues à ceux de la section du solide* A, *les deux parties coupées seront deux solides semblables, & les deux parties restantes le seront aussi.*

DEM. Car si, par exemple, la section du solide A passe par sa 100e tranche élémentaire, celle du solide B passera aussi par sa centiéme tranche, & comme ces tranches sont supposées homologues, elles sont semblablement posées; donc chaque partie coupée est composée de 99 tranches semblables & semblablement posées, & par conséquent chaque partie coupée est un solide semblable.

682. THEOR. III. Il est clair aussi que *les surfaces de ces sections sont des surfaces semblables*. Car par la supposition

les sections passent par des points qui sont tous homologues, & qui par conséquent sont arrangés de la même maniere, & forment des figures semblables.

683. THEOR. IV. *Si par trois points homologues pris (non en ligne droite) sur la surface de deux solides semblables on fait passer un plan à travers chaque solide, chaque solide sera coupé en deux parties dont les homologues seront des solides semblables.*

DEM. Tous les points qui sont dans un même plan composent évidemment un des plans élémentaires d'un solide. Or (622) trois points pris non en ligne droite déterminent un plan : Donc un plan mené par trois points pris non en ligne droite dans une tranche élémentaire, passe par tous les autres points de cette tranche : par conséquent la section qui passe par trois points homologues dans deux solides semblables, passe par des tranches homologues, & divise ces solides en parties semblables.

684. THEOR. V. *Deux droites quelconques* PQ, pq (Fig. 56. & 57) *qui passent par deux points homologues pris dans deux solides semblables, sont entr'elles comme deux côtés homologues quelconques de ces solides.*

DEM. Car si par deux points homologues quelconques M, *m*, & par les droites PQ, *pq* on fait passer les plans MPNEQH, *mpneqh*, il est clair que ces plans seront deux surfaces semblables (682) dans lesquelles se trouveront deux droites PQ, *pq*, tirées d'une même maniere; & par conséquent (577) ces droites sont entr'elles comme MF à *mf*. Or à cause des points homologues M, *m*, on a (678) MF : *mf* :: FD : *fd*. Donc PQ : *pq* :: FD : *fd*, &c.

685. THEOR. VI. *Si des angles homologues quelconques* C, c, *on abbaisse sur les plans homologues voisins ou opposés, prolongés ou non, des perpendiculaires* CR, cr *qui mesurent la hauteur des angles* C, c *sur ces plans, elles seront proportionnelles aux côtés ou lignes homologues quelconques*; par exemple, CR : *cr* :: CE : *ce* :: PQ : *pq*, &c.

Car à cause de la ressemblance des solides, les côtés homologues CE, *ce* sont également inclinés sur les plans homologues GHEF, *ghef*, & par conséquent ils font des angles égaux CER, *cer*; donc les triangles rectangles CER, *cer* ſont ſemblables; donc CR : *cr* :: CE : *ce* :: PQ : *pq*, &c.

686. J'appellerai *dimenſions homologues* de deux ſolides ſemblables, les côtés homologues, ou les lignes tirées de la même maniere, comme on vient de le montrer. *La propriété générale des ſolides ſemblables eſt donc d'avoir toutes leurs dimenſions homologues proportionnelles.*

De la meſure des Surfaces de chaque eſpece de Solides.

687. NOus appellerons dans la ſuite *la ſurface d'un ſolide*, celle de ſes faces ſeulement, en exceptant ſes baſes, s'il en a, & nous appellerons *ſurface totale d'un ſolide*, celle de ſes faces & de ſes baſes enſemble.

688. AXIOME OU THEOR. I. *La ſurface totale d'un ſolide ou Polyedre quelconque, eſt égale à la ſomme des ſurfaces des figures qui compoſent ſes faces & ſes baſes.*

689. THEOR. II. *La ſurface d'un Priſme quelconque eſt égale au produit de ſa hauteur, par le contour de ſa baſe*; car elle eſt égale à la ſomme des ſurfaces des parallélogramme de ſes faces, qui ſont chacune égales au produit de chaque côté du contour de ſa baſe par la hauteur du Priſme.

690. COROLL. *La ſurface d'un Cylindre droit eſt égale au produit de ſon axe par la circonférence du cercle qui forme ſa baſe.*

691. THEOR. III. *La ſurface d'une Pyramide droite, dont la baſe eſt un Polygone régulier, eſt égale au produit de la moitié du contour de ſa baſe, multipliée par une perpendiculaire menée du ſommet ſur un des côtés de ſa baſe.* On appelle cette perpendiculaire, *l'Apothême* de la Pyramide.

Car ſa ſurface eſt égale (688) à la ſomme des ſurfaces des Triangles qui compoſent ſes faces. Or tous ces triangles étant égaux : la ſomme de leurs ſurfaces eſt égale au produit de la hauteur d'un de ces triangles (c'eſt-à-dire de l'Apothême) par la moitié de la somme de leurs bases, c'est-à-dire par la moitié du contour du pied de la pyramide.

692. REMARQUE. Si la pyramide n'étoit pas droite, ou si la base n'étoit pas un Polygone régulier, on n'en pourroit avoir la surface qu'en prenant successivement la surface de chacun des triangles qui forment les faces.

693. COROLL. *La surface d'un Cone droit est égale à la moitié du produit de la circonférence de sa base, par la longueur de ses côtés, ou par un de ses apothêmes.*

694. THEOR. IV. *La surface de chaque face d'une Pyramide quelconque tronquée par un plan parallèle à sa base, est égale à la moitié du produit de ce qui reste de l'apothême sur cette face, par la somme de la base & de la section, ou de la droite qui termine la partie coupée.* Ou, ce qui revient au même (281), *elle est égale au produit du reste de l'Apothême par une paralléle à la base tirée sur cette face du point de milieu du restant de l'Apothême.*

DEM. Chaque face d'une Pyramide est (651) un Triangle dont la surface est (592) une suite infinie de droites paralléles à la base, lesquelles sont en progression arithmétique dont le premier terme est le sommet de ce triangle, le dernier est la base même, & le nombre des termes est désigné par la perpendiculaire abbaissée du sommet sur la base. Or la surface d'une face de Pyramide tronquée parallélement à sa base, est cette même suite dont on a retranché des termes vers le commencement, & dont le premier terme est la droite qui termine la partie coupée, le dernier est encore la base, & leur nombre est déterminé par le restant de la perpendiculaire ou apothême : Donc cette surface est (280) égale à la moitié du produit de la somme de la section & de la base par le restant de l'apothême, ou (281) au produit de la droite moyenne entre la section & la base par le restant de l'apothême, c'est-à-dire, par une perpendiculaire à la base tirée d'un point pris dans la section.

695. COROLL. I. Si la Pyramide est droite & à base réguliere, toutes les faces restantes sont égales, & les droites moyennes entre la section & la base font le contour de l'é-

lément de la Pyramide moyen entre les deux extrémités. Donc *la surface d'une Pyramide droite à base réguliere & tronquée parallélement à sa base est égale au produit d'une perpendiculaire tirée sur une face d'un point pris dans la ligne de section, par le contour de l'élément moyen entre les deux extrémités de la Pyramide.*

696. COROLL. IV. *La surface d'un Cone droit tronqué est égal au produit d'un de ses côtés par le contour du cercle moyen entre ses deux extrémités.*

697. THEOR. V. *La surface de la sphere est égale au produit de la circonférence de son grand cercle, multipliée par son axe.*

DEM. Le demi-cercle générateur *d*RSL (Fig. 50) est une moitié de Polygone régulier symmétrique d'une infinité de côtés infiniment petits représentés par FD, DE, FG, GH, &c. & en tirant sur *d*L les perpendiculaires F*d*, DT, EX, &c. les trapezes *d*TDF, TDEX, &c. forment dans le mouvement du demi-cercle générateur autant de cones tronqués BOFD, ABDE, PAEG, &c. qui sont les élémens de la sphere, en sorte que sa surface est égale à la somme de celles de tous ces cones tronqués. Si donc on démontre que la surface de chacun de ces cones tronqués, est égale au produit de son axe ou épaisseur par une circonférence, dont le diametre est un axe de sphere, on aura démontré (222) que la somme des surfaces de tous ces cones tronqués, & par conséquent que la surface de la sphere, est égale au produit de la somme de tous leurs axes, (laquelle forme l'axe entier *d*L de la sphere) multipliée par la circonférence de son grand cercle.

Pour cela, par Y milieu du côté ou apothême AB du cone tronqué ABDE pris à volonté, menez YR paralléle aux plans BD, AE; & YS perpendiculaire, qui passera (459) par le centre de la sphere, & en sera un axe. Par B menez BZ perpendiculaire sur AE, & vous aurez BZ égal à l'axe TX du cone tronqué; tirez RS, les triangles rectangles ABZ, YRS seront semblables, ayant outre l'angle droit, l'angle BAZ = RSY. Car à des paralléles YR, AE, l'angle

BAZ=BYR. Or l'angle BYR a pour mesure (465) la moitié de l'arc Y*d*R, aussi-bien que l'angle RSY; Donc l'angle RSY=BAZ, donc aussi ABZ=RYS. Donc (556) AB: BZ ou TX :: YS: YR, or (581) les circonférences des cercles sont entr'elles comme leurs diametres; donc AB est à TX, comme la circonférence du cercle dont YS seroit diametre, c'est-à-dire, comme celle d'un grand cercle de la sphere, à la circonférence dont YR est le diametre, donc (300) le produit de AB par la circonférence dont le diametre est YR, est égal au produit de TX par la circonférence d'un grand cercle de la sphere; or (696) la surface du cone tronque BAED, est égale au produit de l'apothême AB, par la circonférence dont YR est diametre, donc la surface de ce cone tronqué est aussi égale au produit de son axe TX par la circonférence d'un des grands cercles de la sphere.

698. COROLL. I. *La surface de la sphere est quadruple de celle de son grand cercle*, car la surface du grand cercle de la sphere est égale au produit de son demi-diametre $\frac{1}{2}d$, par sa demi-circonférence $\frac{1}{2}p$ (605) lequel est $\frac{1}{4}pd$; au lieu que la surface de la sphere est égale au produit pd de son diametre ou axe d, par la circonférence p de son grand cercle.

699. COROLL. II. *La surface de la sphere est égale à celle d'un cylindre dont l'axe est egal à celui de la sphere, & la base égale au grand cercle de la sphere; si on veut y comprendre les bases du cylindre, sa surface totale est à celle de la sphere comme 3 à 2*, parce qu'alors la surface de la sphere vaut quatre fois la base du cylindre, & la surface totale du cylindre vaut six fois celle de sa base.

700. COROLL. III. *La surface convexe d'une portion quelconque de sphere déterminée par la section d'un plan ou de deux plans paralléles, est égale à la surface d'un cylindre qui auroit à sa base un même diametre que la sphere, & une hauteur égale à l'épaisseur de cette portion.*

Comparaisons des Surfaces des Solides.

ON a vû jusqu'ici que si on excepte les bases des solides ; leurs surfaces sont toujours égales au produit de deux dimensions, d'où il suit en général....

701. THEOR. I. *Que les surfaces de deux solides quelconques de la même espece, sont en raison composée de leurs deux dimensions de même nom.*

702. COROLL. I. *Si deux solides de la même espece ont chacun une dimension égale, leurs surfaces seront entr'elles comme l'autre dimension*, c'est-à-dire, si deux prismes, deux cylindres ont une même hauteur, ou si deux pyramides droites à base réguliere, deux cones, &c. ont un même apothême, leurs surfaces sont comme le contour de leurs bases. Et si deux prismes, deux cylindres, deux pyramides droites à bases régulieres, deux cones, &c. ont des contours de bases égaux, leurs surfaces sont entr'elles comme leurs apothêmes. Car alors (296) elles sont comme des produits de deux quantités inégales par une même quantité.

703. COROLL. II. *Si les deux dimensions de même nom de deux solides de la même espece, sont en raison inverse, les surfaces sont égales & réciproquement.* Ainsi la surface d'un cylindre est égale à celle d'un autre cylindre, ou même d'un prisme, lorsque la hauteur du premier est au contour de sa base, comme le contour de la base du second est à sa hauteur ; & réciproquement, (596 & 597).

704. THEOREME II. *Les surfaces même totales de deux solides semblables quelconques, sont entr'elles comme le quarré d'une dimension quelconque de l'un, est au quarré de la dimension homologue de l'autre ; ou en raison doublée de leurs dimensions homologues.*

DEM. Deux solides semblables quelconques, ont toutes leurs dimensions homologues proportionnelles (686) ; leurs surfaces sont donc entr'elles comme les produits de quantités proportionnelles, & par conséquent (291) en raison doublée de ces dimensions.

705. COROLL. *Les surfaces des spheres quelconques sont entr'elles comme les quarrés de leurs axes, ou de leurs rayons ;* puisque (677) les spheres sont des solides semblables, & que leurs axes & leurs rayons en sont des dimensions homologues.

De la mesure des Solidités de chaque espece de Solides.

706. ON appelle *Solidité* ou *Volume* un espace déterminé, soit qu'il soit vuide de matiere, soit qu'il soit occupé par un corps : parce que l'idée de tout espace déterminé réunit les trois dimensions de l'étenduë. C'est pourquoi il faut bien distinguer la solidité d'un corps de sa *masse* & de sa *densité*. Sa solidité est l'espace de l'univers renfermé entre les surfaces des faces de ce corps. Sa masse est la quantité absoluë de matiere dont il est composé, & sa *densité* est le rapport de son volume à sa masse, en sorte qu'on conçoit qu'un corps est d'autant plus dense qu'il contient plus de matiere en un plus petit espace.

707. Le volume d'un espace ou la solidité d'un corps est égale à la somme des élémens dont il est censé composé. Ces élémens sont eux-mêmes des solides, mais d'une épaisseur infiniment petite, & qu'on peut par conséquent ne considérer que comme de simples surfaces. La solidité d'un corps est donc une somme de surfaces, de même qu'une surface est une somme de lignes, & une ligne une somme de points.

708. En faisant sur les solides des raisonnemens semblables à ceux qui ont été faits (587. & suiv.) sur les surfaces, on verra clairement, 1°. *que les cubes sont les mesures communes des solidités ou volumes*. Par exemple, un solide de 100 pieds, doit occuper un espace tel qu'il puisse être exactement rempli par cent cubes d'un pied chacun. 2°. *Que le nombre des parties d'une mesure en solidité est égal à la troisiéme puissance des parties de la même mesure en longueur.*

Ainſi un pied ſolide contient 1728 petits cubes d'un pouce chacun, parce qu'il eſt compoſé de douze couches, dont chacune a un pouce d'épaiſſeur, & un pied ou 144 pouces de ſurface. De même une toiſe ſolide contient 216 pieds cubes.

709. THEOR. I. *La ſolidité d'un priſme & d'un cylindre eſt égale au produit de ſa hauteur par la ſurface de ſa baſe.*

DEM. Puiſque (638) le priſme, & par conſéquent le cylindre, eſt compoſé d'autant de traces d'un polygone, qu'il y a de points dans la perpendiculaire qui meſure la diſtance des deux baſes du priſme, il ſuit que pour avoir ſa ſolidité, il faut ajouter à elle-même autant de fois la ſurface du Polygone générateur qu'il y a de points dans cette perpendiculaire, c'eſt-à-dire, il faut multiplier la ſurface du polygone générateur par la hauteur du priſme ou du cylindre.

710. THEOR. II. *La ſolidité d'une pyramide quelconque ou d'un cone, eſt égale au tiers du produit de la ſurface de ſa baſe par ſa hauteur.*

DEM. Une pyramide eſt compoſée d'une infinité de ſurfaces ſemblables, dont les côtés conſécutifs croiſſent uniformément de $\frac{1}{\infty}$ depuis le ſommet juſqu'à la baſe, ou comme la ſuite des nombres naturels 1.2.3.4.5.6.7, &c. Or (608) les ſurfaces ſemblables ſont entr'elles comme les quarrés des côtés homologues : Donc tous les élémens d'une pyramide ſont conſécutivement comme la ſuite des quarrés 1. 4. 9. 16. 25. 36. &c. dont le dernier repréſente la ſurface de la baſe de la pyramide. Or (383) la ſomme des quarrés conſécutifs des nombres naturels eſt le tiers du produit du dernier quarré par leur nombre. Donc la ſolidité de la Pyramide eſt égale au tiers du produit de la ſurface de ſa baſe par le nombre de ſes élémens, c'eſt-à-dire (648) par ſa hauteur. Il en eſt de même du cone.

711. COROLL. *Une pyramide n'a que le tiers de la ſolidité d'un priſme de même baſe & de même hauteur que la pyramide.*

712. THEOR. III. *La ſolidité d'une ſphere eſt égale aux deux tiers du produit de ſon axe par la ſurface de ſon grand cercle.*

DEM.

DEM. La ſphere étant compoſée (668) d'une infinité de pyramides égales, infiniment petites, qui ont pour hauteur le rayon de la ſphere, & dont le nombre eſt égal à celui de tous les points de la ſurface de la ſphere, ſa ſolidité eſt égale à la ſomme des ſolidités de toutes ces pyramides; elle eſt donc égale (710) au tiers du produit du rayon par tous les points de la ſurface de la ſphere, ou, ce qui eſt la même choſe, au tiers du produit de l'axe entier par la moitié de la ſurface de la ſphere, ou enfin aux deux tiers du produit de l'axe entier par le quart de la ſurface de la ſphere: Or le quart de la ſurface de la ſphere eſt égal (698) à la ſurface du grand cercle: Donc la ſolidité de la ſphere eſt égale aux deux tiers du produit de ſon axe par la ſurface de ſon grand cercle.

713. COROLL. *La ſolidité d'une ſphere n'eſt que les $\frac{2}{3}$ de celle d'un cylindre circonſcrit à la ſphere, ou dont la baſe ſeroit égale au grand cercle de la ſphere, & la hauteur égale à l'axe de la ſphere.* Car la ſolidité de ce cylindre eſt égale au produit de la ſurface de ſa baſe par ſon axe (709.)

714. SCHOLIE. Pour avoir la ſolidité des autres corps, comme des Polyedres irréguliers, il faut les réduire en priſmes ou pyramides, de même que pour avoir la ſurface des figures irrégulieres, il faut (603) les réduire en triangles: il faut prendre la ſolidité de chacun de ces priſmes ou de ces pyramides, & la ſomme ſera la ſolidité du Polyedre.

Mais lorſque le Polyedre eſt petit & trop irrégulier, comme ſi on vouloit meſurer la ſolidité d'un caillou brut, d'un ouvrage de metal travaillé en figures de relief, &c. on le fera méchaniquement en cette ſorte: on le mettra dans un vaſe creux d'une figure aiſée à meſurer, tel qu'un vaſe cylindrique ou priſmatique rectangle, qu'on remplira d'eau ou de quelque autre fluide qui ne puiſſe pénétrer le corps & s'y imbiber, ayant enſuite retiré le corps hors du vaſe, on meſurera très-exactement le volume de la partie du vaſe qui ſe trouvera vuide, il ſera à très-peu près égal à celui du corps qu'on y aura plongé.

De la comparaiſon des Solidités des Solides.

715. ON vient de voir que la ſolidité de tout corps étoit un produit d'une ſurface par une hauteur ; & comme une ſurface eſt toujours (607) égale à un produit de deux dimenſions, il ſuit que toute ſolidité eſt un produit de trois dimenſions ; donc......

716. THEOR. I. *Les ſolidités de deux ſolides quelconques, ſont entre elles en raiſon compoſée de leurs trois dimenſions de même nom.*

717. THEOR. II. *Les ſolidités de deux ſolides ſemblables, ſont entre elles en raiſon triplée, ou comme les cubes d'une dimenſion homologue quelconque priſe dans de chacun ces ſolides.*

DEM. Les ſolides ſemblables ont toutes leurs dimenſions homologues proportionnelles (686), donc leurs ſolidités ſont des produits de trois quantités proportionnelles, & par conſéquent (291 & 298) elles ſont en raiſon triplée d'une de ces dimenſions quelconque priſe dans chacun de ces ſolides.

718. COROLLAIRE I. *Les ſolidités des ſpheres ſont en raiſon triplée de leurs rayons ou de leurs diametres ;* ainſi ſi une ſphere a une diametre double, triple, quadruple, &c. de celui d'une autre ſphere ; ſa ſurface ſera 4, 9, 16 fois, &c. plus grande, & ſa ſolidité ſera 8, 27, 64 fois, &c. plus grande. En général, un vaiſſeau dont toutes les dimenſions ſont doubles, triples, quadruples, des dimenſions d'un autre, contient 8, 27, 64, &c. fois plus que celui-ci.

719. COROLL. II. Pour conſtruire un ſolide ſemblable à un autre qui ait une capacité ou un volume double, triple, &c. il faut que toutes ſes dimenſions ſoient à toutes celles de l'autre comme $\sqrt[3]{2}$, $\sqrt[3]{3}$, &c. à 1.

De la Trigonométrie.

720. LA Trigonométrie eſt l'art d'appliquer le calcul arithmétique à la Géométrie. C'eſt une ſcience abſolument néceſſaire pour paſſer de la Théorie à la pratique. Elle s'appelle ainſi, parce qu'elle enſeigne à calculer toutes les parties des Triangles, & qu'en effet toutes les figures ſe meſurent par les triangles auſquels on les réduit.

721. Un triangle a ſix parties, trois angles & trois côtés; L'objet de la Trigonométrie eſt de donner des regles pour réſoudre ce problême dans tous les cas. *Les grandeurs de trois des ſix parties d'un triangle étant données, trouver celle des trois autres qu'on voudra.*

722. Ces regles conſiſtent à faire des trois données les trois premiers termes d'une proportion ou d'une *analogie;* ce qu'on cherche eſt le quatriéme : mais parce que les côtés des triangles n'ont pas des rapports ſimples avec les angles, dont les meſures ſont des arcs de cercle, il a fallu ſubſtituer aux angles ou aux arcs qui les meſurent, différentes lignes droites, qui répréſentaſſent ces arcs, & qui puſſent être proportionnelles aux côtés des triangles.

723. La différence entre un angle ou un arc quelconque & 180°, s'appelle le *ſupplément* de cet angle ou de cet arc, & ſa différence avec 90°. s'appelle *ſon complément.*

724. D'où on voit que *dans un triangle rectangle un des angles aigus eſt complément de l'autre* (490.)

725. Soit un angle quelconque ACB (Fig. 59) décrivez du ſommet C avec un rayon à volonté un cercle AHaG. Prolongez AC en *a*, & élevez y en C la perpendiculaire CH. Il eſt clair (723) que l'angle BCH ou l'arc HB eſt le complément de l'angle ACB ou de l'arc AB & même de l'angle BC*a* ou de l'arc de BH*a* : & l'angle BC*a* ou ſon arc B*a* eſt le ſupplément de l'angle ACB ou de ſon arc AB. Réciproquement BA eſt le complément de HB & le ſupplément de *a*B.

726. La perpendiculaire BD menée d'une des extrémités B du rayon de l'arc AB qui mesure l'angle ACB sur l'autre rayon CA, s'appelle *le sinus* de l'arc AB ou de l'angle ACB ; la perpendiculaire AE élevée à l'extrémité A d'un des deux rayons jusqu'à la rencontre de l'autre prolongé autant qu'il est nécessaire, s'appelle *la tangente* de ce même arc AB, & la droite CE s'appelle *la secante* de cet arc. La partie AD du rayon comprise entre l'arc & le sinus s'appelle le *sinus verse* de l'arc AB. La perpendiculaire BI s'appelle le *sinus de complément* de l'arc AB la perpendiculaire HK en est la *tangente de complément* ; CK est la *secante de complément*, & HI le *sinus verse de complément* de l'arc AB.

Pour abreger on dit *Cosinus*, *Cotangente*, *Cosecante*, *Cosinus verse*, au lieu de sinus de complément, tangente de complément, &c.

Nous écrirons aussi dans la suite pour abreger R pour désigner le rayon, *sin* pour le sinus, *tang* pour la tangente, *cosin* pour le cosinus, *cotang* pour la cotangente, *sin* v pour le sinus verse. Nous ne ferons point usage des secantes ni des sinus verses dans les calculs de la Trigonométrie.

727. Il suit de ces définitions. I°. *Que le sinus, le cosinus, la tangente & la cotangente, &c. d'un angle obtus* BCa *sont les mêmes que pour l'angle aigu* ACD *qui est son supplément.* Car d'une des extrémités B ou *a* d'un des rayons, on ne peut abaisser de perpendiculaire que sur le prolongement de l'autre, telles sont BD & *ad* : de même la tangente ne peut être que *ae*, or à cause des triangles égaux *a*C*d*, BCD, & C*ac*, CAE, on a *ad*=BD, *ae*=AE. Et l'arc BH étant le complément de *a*B aussi-bien que de AB, il est clair que BI est le cosinus de *a*B, & HK est sa cotangente.

728. II°. *Que le sinus* BD *d'un arc* AB *est la moitié de la corde* BG *qui soutend l'arc* BAG *double de* AB (448.)

729. III. *Que le plus grand de tous les sinus est celui de l'angle droit* HCA, parce qu'alors ce sinus est le rayon même, ce qui fait qu'on l'appelle *sinus total*.

730. IV° *Que les sinus croissent à mesure que les angles*

croissent depuis 0 jusqu'à 90°. & qu'ils décroissent ensuite de la même maniere depuis 90°. jusqu'à 180°.

731. V°. *Que le sinus d'un arc de 30° est égal à la moitié du rayon ;* puisque le rayon est (533) la corde d'un arc de 60°: & (728) qu'un sinus est la moitié de la corde d'un arc double : Ainsi *le côté opposé à un angle de 30° dans un triangle rectangle , est la moitié de l'hypotenuse de ce triangle ;* car si ACB étoit de 30°, BG seroit égal à BC, & BD en seroit la moitié.

732. VI°. *Que les tangentes croissent à mesure que les angles croissent depuis 0° jusqu'à 90° mais de sorte que la tangente qui répond de 90°. est infinie*, puisque le rayon CH de l'angle droit HCA ne peut rencontrer la tangente AE pour la terminer, à moins que ces deux droites ne soient prolongées à l'infini.

733. VII° *Que la tangente de 45°. est égale au rayon:* Car si l'angle ACB étoit de 45° le triangle rectangle CAE seroit isoscele, & AE seroit égal à AC.

734. VIII°. Que le sinus verse AD d'un arc AB moindre que de 90° est égal à la différence entre le rayon CA & le cosinus CD=BI, que son cosinus verse HI est la différence entre le rayon CH & le sinus CI = BD, & que le sinus verse de supplément, qui est D*a*, est égal à la somme du rayon & du cosinus.

735. IX°. Qu'à cause des triangles rectangles semblables CDB, CAE, CIB, CHK on a CA: CD ou BI : : AE: BD. ou R : *cosin* : : *tang* : *sin*.

736. X°. On a aussi CH: CI ou BD : : HK : IB. Ou R : *sin* : : *cotang* : *cosin*.

737. XI. On a encore AE : CA : : CH ou CA : HK. Ou ∺ *tang* : R : *cotang*. D'où il suit que *les tangentes des arcs sont reciproquement comme leurs cotangentes :* Car soient deux arcs A & B, on a (316) RR=*tang* A×*cotang* A, & RR=*tang*B× *cotang*B. Donc *tang* A×*cotang* A=*tang* B×*cotang* B. Donc (309) *tang* A : *tang* B : : *cotang* B : *cotang* A.

De ces proportions on deduit des formules pour substituer les sinus aux tangentes, &c. & réciproquement.

738. Dans les calculs Trigonométriques on met à la place des angles donnés ou cherchés leurs ſinus, tangentes, coſinus, ou cotangentes, ſelon les différens cas où ces lignes peuvent être en proportion avec les côtés des triangles; & c'eſt dans la connoiſſance de ces cas que conſiſte la ſcience du calcul Trigonométrique.

739. Pour faire cette ſubſtitution il a donc fallu faire d'abord des calculs pour trouver tout d'un coup la valeur du ſinus, du coſinus, de la tangente, de la cotangente de chaque degré & minute de tous les angles aigus poſſibles, (car ceux des obtus ſe connoiſſent par leurs ſupplémens). Des Mathématiciens habiles en ont dreſſé des tables connuës ſous le nom de *Tables de ſinus*. On y ſuppoſe que le rayon du cercle qui meſure chaque angle eſt $=1$, & on y a mis vis-à-vis chaque degré & minute, la valeur en fractions décimales, de ſon ſinus, de ſa tangente, de ſon coſinus & de ſa cotangente.

Voici en peu de mots ſur quels principes on a conſtruit ou pû conſtruire ces tables.

Principes pour la conſtruction des Tables.

740. THEOR. I. C*Onnoiſſant pour un arc quelconque* AB (Fig. 59) *une de ces quatre choſes, ſon ſinus, ſon coſinus, ſon ſinus verſe, ſon coſinus verſe, on a celle des trois autres qu'on veut.*

Car on voit (600) que $CD=\sqrt{(CB^2-BD^2)}$ ou $cosin=\sqrt{(RR-sin^2)}$. Que $DA=CA-CD$ ou $sin\ verse=R-cosin$. Que $HI=CH-CI$ ou $cosin\ verse=R-sin$, &c.

741. THEOR. II. *Les calculs faits pour un arc ſervent à trouver ce qu'il faut pour ſa moitié ou pour ſon double.*

Car, 1°. ayant tiré la Corde BA (Fig. 60) & de C ayant abbaiſſé la perpendiculaire CE, à cauſe des connues BD, DA, on a (600) $BA=\sqrt{\overline{BD}^2+\overline{DA}^2}$, ainſi FA ou $sin\frac{1}{2}=\frac{1}{2}\sqrt{sin^2+sin\ v^2}$. Et $CF=\sqrt{\overline{CA}^2-\overline{AF}^2}$. Donc $cosin\frac{1}{2}=$

$\sqrt{RR - sin^2 \frac{1}{2}}$. 2°. Regardant AE comme l'arc donné, les triangles ſemblables FCA, DBA donnent CA : CF :: AB : BD. ou R : *coſin Arc* :: 2 *ſin Arc* : *ſin Arc double.*

742. THEOR. III. *Etant donnés les ſinus* BD, KL *de deux arcs* AB, KB, *on a le ſinus* KM *de leur ſomme* (Fig. 61) *ou de leur différence* (Fig. 62).

Car on a (740) CD & CL, or CB : CL :: BD : LP ou OM : donc $OM = \frac{sin AB \times cosin KB}{R}$; & à cauſe des triangles rectangles ſemblables KOL, OLQ, CMQ, CBD, on a CB : CD :: KL : KO, donc $KO = \frac{sin KB \times cosin AB}{R}$, donc en faiſant $R = 1$, KM ou $sin (BK \pm AB) = sin BK \times cosin AB \pm sin AB \times cosin KB$.

743. THEOR. IV. *La ſomme du ſinus* KM (Fig. 63) *d'un arc* KA *moindre que de* 30° *& du produit de* $\sqrt{3}$ *par le ſinus* KI *de la différence entre cet arc &* 30°, *eſt égale au ſinus* FN *d'un arc* FA *qui excede autant* 30°, *que l'arc* KA *eſt moindre.*

Soit l'arc AB de 30° & BF = BK, à cauſe des triangles rectangles ſemblables SIF, SQG, l'angle IFS = GQS = BCA = 30°. Donc l'angle KFG = 30°, donc (731) $GK = \frac{1}{2} FK = IK = FI$. Or $FK^2 - GK^2 = FG^2$, ou $4IK^2 - IK^2 = FG^2$. Donc $3IK^2$, ou $IK^2 \times 3 = FG^2$. Donc extrayant les racines $IK \times \sqrt{3} = FG$, & $IK \times \sqrt{3} + KM = FN$.

744. THEOR. V. *La ſomme du ſinus* FT *d'un arc* HF *moindre que de* 60° *& du ſinus* FI *de ſa différence avec* 60°, *eſt égale au ſinus* KO *d'un arc* HK *qui excede autant* 60° *que* HF *en eſt moindre.* Car à cauſe de FI = GK, on a FT + GK = KO. Ainſi, par exemple, *ſin* 55° + *ſin* 5° = *ſin* 65°.

745. On peut trouver tous les ſinus par le moyen de ces Théorêmes. Car le ſinus de 30° étant connu (731), par le Théorême 1 & 2 on peut avoir les ſinus de 15°, puis de $7^{\circ}\frac{1}{2}$, enſuite de $3^{\circ}\frac{3}{4}$, & ainſi de ſuite en allant par les moitiés juſqu'à la douziéme opération qui donne le ſinus de 52″ 44‴ 3⁗$\frac{3}{4}$, lequel eſt confondu ſans erreur ſenſible avec ſon arc

Et parce que des ſinus ainſi confondus avec leurs arcs leurs ſont proportionnels, en faiſant comme cet arc eſt à ſon ſinus, ainſi l'arc de 1' eſt à ſon ſinus : ayant le ſinus de 1', on aura (741) celui de 2', puis (742) celui de 3', celui de 4', &c. jusqu'à 30°. Enſuite (743) depuis 30° jusqu'à 60°, enfin (744) depuis 60 jusqu'à 90. Après quoi le calcul des tangentes eſt facile, à cauſe de leur analogie (735) avec les ſinus.

Principes pour la Théorie du Calcul Trigonométrique.

746. THEOR. I. *EN tout triangle les ſinus des angles ſont comme les côtés oppoſés.*

DEM. Ayant inſcrit un triangle dans un cercle, chaque côté eſt la corde d'un arc double de celui qui meſure l'angle oppoſé (466.) Donc la moitié de chaque côté eſt (728) le ſinus de l'angle oppoſé : Donc les moitiés étant (297) comme les tous, chaque côté eſt comme le ſinus de l'angle oppoſé.

747. COROLL. I. Le ſinus d'un angle droit étant (729) égal au rayon, & le côté oppoſé étant l'hypotenuſe (485). *Dans un triangle rectangle le rayon eſt à l'hypotenuſe, comme le ſinus d'un des angles aigus, eſt au côté oppoſé à cet angle.*

748. COROLL. II. Dans un triangle rectangle le coſinus d'un des angles aigus eſt (724) le ſinus de l'autre, donc (746) le ſinus d'un des angles aigus eſt à ſon coſinus, comme le côté oppoſé à cet angle, eſt à l'autre côté. Mais (735) le ſinus eſt au coſinus, comme la tangente au rayon : Donc *dans le triangle rectangle la tangente d'un des angles aigus eſt au rayon, comme le côté oppoſé à cet angle aigu eſt à l'autre côté.*

749. COROLL. III. *La connoiſſance des trois angles d'un triangle ne peut donner que celle du rapport des côtés &*

non les valeurs absolues des côtés. Car tout ce qu'on peut deduire de la connoissance de ces angles, c'est que les trois côtés opposés sont dans le rapport des sinus de ces angles. Et on ne peut déterminer ces côtés de grandeur, parce qu'on peut construire une infinité de triangles inégaux, qui soient semblables, & qui ayent par conséquent leurs angles homologues égaux.

750. THEOR. II. *Dans un triangle quelconque* ABC (Fig. 64) *on a cette analogie, le plus grand côté* AC, *est à* AB + BC *la somme des deux autres, comme* AB — BC *leur différence, est à la différence des segmens* AE, CE *du plus grand côté, formés par la rencontre d'une perpendiculaire* BE *menée du plus grand angle* B *sur le plus grand côté* AC.

DEM. Car si de l'angle B comme centre à l'intervalle du plus petit côté BC, on décrit un cercle CHD, & si on prolonge AB en G, il est clair que AG = AB + BC, & que AP = AB — BC : & parce que (448) CE = ED, on a EA — CE = AD. Or (564) AC : AG :: AP : AD.

751. THEOR. III. *En tout triangle rectiligne* ABC (Fig. 64) *la somme* AB + BC *de deux côtés quelconques, est à leur différence* AB — BC; *comme la tangente de la demi-somme des deux angles* A, C *opposés à ces côtés, est à la tangente de la demi-différence de ces deux angles.*

DEM. Soit = 2P la somme des deux angles A & C, soit = 2Q leur différence. Le plus grand angle C est donc (232) = P + Q, & le plus petit A est P — Q. Cela posé, (746) AB : BC :: *sin*C : *sin*A :: *sin*P + Q : *sin*P — Q. Ou (742) :: *sin*P × *cosin*Q + *cosin*P × *sin*Q : *sin*P × *cosin*Q — *cosin*P × *sin*Q. Donc (300) AB × *sin*P × *cosin*Q — AB × *cosin*P × *sin*Q = BC × *sin*P × *cosin*Q + BC × *cosin*P × *sin*Q. Ou $\overline{AB - BC} \times sinP \times cosinQ = \overline{AB + BC} \times cosinP \times sinQ$: donc en divisant chaque chaque membre par *cosin*P × *cosin*Q, & réduisant; $\overline{AB - BC} \times \frac{sinP}{cosinP} = \overline{AB + BC} \times \frac{sinQ}{cosinQ}$: or de ce que (735) R : *cosin* :: *tang* : *sin*, on tire, en faisant R = 1, $\frac{sinP}{cosinP} = tangP$, &

$\frac{\sin Q}{\operatorname{cosin} Q}$ = *tang*Q : donc en substituant $\overline{AB - BC} \times tang P = \overline{AB + BC} \times tang Q$. Donc (302) AB+BC : AB—BC :: *tang*P : *tang*Q : *tang* $\frac{A+C}{2}$: *tang* $\frac{A-C}{2}$.

752. SCOLIE. *Cette analogie se peut réduire à ces deux, comme le plus petit côté* BC *est au plus grand* BA, *ainsi le rayon est à la tangente d'un angle dont il faut ôter* 45°, *ensuite comme le rayon est à la tangente du reste, ainsi la tangente de la demi-somme des angles* A & C *est à la tangente de leur demi-différence.*

DEM. Ayant pris BP=PT=BC, puis PM=BA; alors TM=AB—BC. Tirez BN qui fasse l'angle NBA de 45°, & des points T, M abbaissez sur BN les perpendiculaires TK, MN, & joignez KP. Alors les triangles BKP, BKT, BNM sont rectangles, isosceles & semblables, donc BK=KT, BP=PK=PT=BC, & BN=NM. Cela posé dans le triangle rectangle PKM, on a (748) PK ou BC : PM ou AB :: R : *tang*PKM. De cet angle ôtant 45°, reste TKM=KMN. Or (748) R : *tang*KMN :: MN ou BN : KN :: BM ou AB+BC : TM ou AB—BC :: *tang* $\frac{A+C}{2}$: *tang* $\frac{A-C}{2}$ (751).

Usages de la Théorie précédente pour les calculs Trigonométriques.

753. DAns les calculs Trigonométriques, on ne se sert plus que des Logarithmes tant des sinus, cosinus, tangentes & cotangentes, que des nombres qui expriment la valeur des côtés : c'est pour cela que les tables de sinus qui sont à présent en usage, contiennent les Logarithmes des sinus, cosinus, &c. & une table de Logarithmes des nombres naturels depuis 1 jusqu'à 10000 ou 20000 ; ce qui est suffisant pour la pratique.

754. Dans les tables de sinus on a supposé le rayon ou sinus total =10000000000, de sorte que la Caracteristique du Logarithme du rayon est 10, d'où on voit, I°. que *pour ajouter le Logarithme du rayon à un autre Logarithme, il suffit de mettre 1 devant la caracteristique de ce logarithme si elle est au-dessous de 10, comme c'est l'ordinaire, ou d'ajouter 1 aux dixaines de cette Caracteristique si elle excéde 10 :* au contraire, *pour ôter le Logarithme du rayon, il faut ôter 1 des dixaines de la Caracteristique du Logarithme dont on veut soustraire celui du rayon.*

755. II. Que *les calculs des triangles rectangles où le rayon entre*, comme il arrive dans presque tous les cas, ainsi qu'on le va voir, *se reduisent à une simple addition de deux Logarithmes, si le rayon est au premier terme de l'Analogie ; ou à une simple soustraction de deux Logarithmes, si le rayon est au second ou au troisiéme terme*, ce qui rend ces calculs beaucoup plus courts que ceux des autres triangles, car l'addition ou la soustraction de 1, ne doit pas être comptée pour une opération.

Calculs des Triangles rectangles.

756. POur faciliter la pratique du calcul des triangles rectangles nous supposerons qu'on appelle A l'angle droit (qui est toujours censé une des trois données), qu'on appelle B un des angles aigus, & C l'autre angle : & on trouvera dans la table suivante l'analogie ou le calcul, qu'il faut faire dans tous les cas.

	Etant données	trouver	ANALOGIES OU REGLES DE CALCUL.
1	AB,AC	BC	$BC = \sqrt{AC^2 + AB^2}$. Ou AB: AC :: R : *tang*B, puis *sin*B : R : : AC:BC.
2		B	AB : AC :: R : *tang*. B.
3		C	AC : AB :: R : *tang*. C.
4	AB, BC	AC	$AC = \sqrt{BC^2 - AB^2}$. Ou *log* AC = $\frac{1}{2}$ *log* (BC+AB) + $\frac{1}{2}$ *log* (BC−AB)
5		B	BC : AB : : R *cosin*B.
6		C	BC : AB : : R *sin*C.
7	AC,BC	AB	$AB = \sqrt{BC^2 - AC^2}$. Ou *log* AB = $\frac{1}{2}$ *log* (BC+AC) + $\frac{1}{2}$ *log* (BC−AC)
8		B	BC : AC : : R : *sin*B.
9		C	BC : AC : : R : *cosin*C.
10	AB, B	AC	R : *tang*B : : AB : AC.
11		BC	*Cosin*B : R : : AB : BC.
12	AB, C	AC	R : *cotang*C : : AB : AC.
13		BC	*Sin*C : R : : AB : BC.
14	AC, B	AB	R : *cotang*B : : AC : AB.
15		BC	*Sin*B : R : : AC : BC.
16	AC, C	AB	R : *tang*C : : AC : AB.
17		BC	*Cosin*C : R : : AC : BC.
18	BC, B	AB	R : *cosin*B : : BC : AB.
19		AC	R : *sin*B : : BC : AC.
20	BC, C	AB	R : *sin*C : : BC : AB.
21		AC	R : *cosin*C : : BC : AC.

757. Toutes ces analogies ne sont autre chose que l'application des Corollaires I. & II. (747 & 748) à tous les cas des triangles rectangles. La 1e, 4e, & 7e Regles, sont fon-

dées sur ce que (564) le quarré de l'hypotenuse est égal à la somme des quarrés des deux côtés. Mais parce que le calcul des quarrés est incommode, on a substitué à la premiere Regle deux analogies ; la premiere pour calculer un des angles, & la seconde, pour calculer l'hypotenuse au moyen de cet angle & de son côté opposé connu. On a substitué à la 4ᵉ & à la 7ᵉ une Regle par les logarithmes, qui peut être exprimée ainsi : *La moitié de la somme des logarithmes de la somme & de la différence de l'hypotenuse & d'un des côtés, est le logarithme de l'autre côté.* Elle est fondée sur ce que $BC^2 - AB^2 = (BC + AB) \times (BC - AB)$, donc (340) $log\,(BC + AB) + log\,(BC - AB) = log\,AC^2 = \frac{1}{2}\,log\,AC$ (343). Il en est de même pour la septiéme Regle.

Calculs des Triangles obliquangles.

758. I. Etant donnés deux angles & un côté, trouver les autres côtés.

Comme le sinus de l'angle opposé au côté connu,
A ce côté ;
Ainsi le sinus de l'angle opposé au côté cherché,
A ce côté cherché. (746.)

759. II. Etant donnés deux cotés & un angle opposé à l'un des deux, trouver l'angle opposé à l'autre, *pourvû qu'on sçache auparavant s'il est aigu ou obtus.*

Comme le côté opposé à l'angle donné,
Au sinus de cet angle ;
Ainsi l'autre côté,
Au sinus de l'angle qui lui est opposé.

C'est l'inverse de la précédente, au moyen de laquelle on trouvera si on veut, le troisiéme côté.

760. III. Etant donnés deux côtés, & l'angle compris, trouver les autres angles.

Comme la somme des côtés donnés,
A leur différence ;
Ainsi la tangente de la demi-somme des angles inconnus,
A la tangente de leur demi-différence. (751.)

Par exemple, soit AB (Fig. 64) 865. pieds, CB 517. & l'angle ABC 96° 36' par les Logarithmes, on fera.....

AB..865 ABC........96° 36'
BC..517 Supplém......83 24... c'est (491) la somme
Som. 1382 Demi-somme 41 42 des 2. autres angles
Diff... 348... Log.... 254158
Tang. 41° 42'... 994986

1249144
Log. 1382... 314051

935093 Log. Tang. 12° 39' demi-diff.
La demi-somme.... 41 42
Le plus grand angle. 54 21
Le plus petit angle. 29 3

L'angle ACB opposé au plus grand côté AB, est le plus grand, il est par conséquent de 54° 21' & l'autre angle BAC est de 29° 3'.

761. IV. *Etant donnés deux côtés, & l'angle compris, trouver le troisiéme côté.*

Il faut chercher les angles par la Regle précédente, & le troisiéme côté, par la premiere. (758.)

762. V. *Etant donnés les trois côtés, trouver les trois angles.*

Si on a (Fig. 64) les trois côtés AC, AB, BC pour trouver un angle quelconque comme A, il faut d'abord faire cette analogie :

Comme le plus grand des trois côtés AC,
Est à la somme des deux autres AB+BC;
Ainsi la différence des deux autres côtés AB—BC,
Est à la différence AD *des segmens* CE, EA du plus grand côté, faits par une perpendiculaire BE menée de son angle opposé B.

AC étant donc la somme des segmens CE, EA; & AD étant leur différence, CE sera (232) égale à la moitié de AC—AD; & EA sera égale à la moitié de AC+AD; c'est pourquoi dans les triangles rectangles CEB, BEA, on connoîtra les deux côtés BC, CE, & AB, AE, on pourra donc trouver la valeur des angles (756).

TRAITÉ ANALYTIQUE DES SECTIONS CONIQUES.

Notions préliminaires sur les courbes en général, & sur la maniere d'en exprimer les principales propriétés par l'analyse.

763. ON appelle *fonction d'une quantité* ce qui la rend composée, ou ce qui empêche qu'on ne la considere comme simple. ?ar exemple, on appelle en général fonction de a, une des puissances quelconque de a, une racine quelconque, une somme, une différence, ın produit, un quotient, &c. de la quantité a.

764. Pour déterminer la position d'un point sur un plan, la maiere la plus commode & la plus usitée parmi les Géometres, est de le apporter à deux droites différemment posées sur ce plan, ce qui se fait acilement lorsqu'on connoît sa distance à chacune de ces droites, & e quel côté il est placé à leur égard. Comme si le point M (Fig. 65) evoit être placé au-dessous de la droite AS donnée de position, & en tre éloigné d'une quantité égale à DE; & à gauche de la droite SF à ne distance égale à BC : alors en tirant au-dessous de AS une droite GH qui lui soit parallele, & telle que toutes les perpendiculaires irées entre elles soient égales à DE, il est clair que le point M doit tre quelque part dans cette droite : tirant de même à gauche de SF, ne parallele KI, telle que toutes les perpendiculaires menées entre lles soient égales à BC, & sur laquelle par conséquent le point M oit aussi se trouver; il est clair que ce point doit être dans l'intersection es deux droites KI, GH.

765. Si en donnant la distance du point M aux deux droites S, SF, on ne disoit pas de quel côté ce point doit être placé à leur gard, sa position seroit indéterminée, car on la trouveroit également ux quatre points M, m, μ, m; pour éviter cette ambiguité, les éomètres sont convenus que l'on désigneroit les positions opposées ar les signes + & —; par exemple, la droite AS servant de terme our y rapporter les droites qui sont en-dessus ou en-dessous, on appelera les unes positives, & les autres négatives : & la droite SF servant e terme pour distinguer les droites qui sont à gauche de celles qui ont à droite, on appellera les unes positives, & les autres négatives. e choix en est d'abord arbitraire, mais étant une fois fait, on ne doit lus y rien changer dans tous les calculs algébriques appliqués à la mêe figure.

766. Si du point M déterminé ci-dessus, on abaisse les perpen-

diculaires MT, MR, les triangles rectangles MTV, MPR sont semblables, parce que si des angles droits TMP, VMR on ote l'angle commun TMR, reste TMV=PMR. On a donc MV : MP :: MT ou DE : MR ou BC. Donc aux perpendiculaires MT, MR qui mesurent les distances données on eut pu substituer les paralleles MV, MP, & déterminer le point M par ces conditions, qu'il doit étre au-dessous de AS, & à gauche de SF; & que les paralleles à AS & à SF tirées de ce point doivent être égales l'une à MP, & l'autre à MV. Car ayant pris sur SP au-dessous de AS une partie SP=MV, & par P ayant tiré à AS la parallele GH, il n'y auroit plus qu'à y porter de P une droite égale à PM, & le point M seroit parfaitement déterminé comme cidessus.

767. On considere ordinairement une courbe plane comme une suite de pas égaux tracés par un point mobile sur un plan; & pour qu'on puisse raisonner sur la nature & les propriétés de cette courbe, il faut que cette suite de pas soit une suite de points M, M (Fig. 68), déterminés d'une maniere uniforme à l'égard de deux droites AS, SF différemment posées sur ce plan, que quelque même fonction de chaque droite MP soit à quelque même fonction de la droite SP correspondante dans un certain rapport constant: il faut donc pour cela que le point mobile qui décrit la courbe, se meuve en suivant toujours une certaine même loi dans les angles infiniment petits de ses détours.

L'équation algébrique qui exprime cette loi ou le rapport constant des fonctions de chaque MP à chaque SP, s'appelle l'*Equation à la courbe*; la droite SF à laquelle aboutissent toutes les paralleles MP, MP, s'appelle *la ligne des abscisses*, parce qu'on appelle *abscisses* ou *coupées* les parties SP, SP, &c. de cette ligne comprises depuis le point déterminé S (qu'on appelle l'*origine des abscisses*) par lequel passe la droite AS, à laquelle toutes les droites MP (qu'on appelle *les ordonnées* ou *les appliquées*) doivent être paralleles. D'où on voit que pourvu que l'on sçache la position d'une des ordonnées, & l'origine des abscisses, la droite AS est inutile.

768. Pour éclaircir ceci, supposons que SMS (Fig. 69) soit un demicercle, donc Ss soit le diametre. On sçait (562) que si d'un point quelconque M on y abaisse la perpendiculaire MP, on a $MP^2 = SP \times Ps$. Si donc on prend Ss pour la ligne des abscisses, le point S pour leur origine, l'équation au cercle doit exprimer que le quarré de chaque ordonnée MP est égal au produit de chaque abscisse SP par le reste Ps du diametre. Ainsi faisant $Ss = d$, $MP = y$, $SP = x$; (remarquez qu'on désigne ordinairement les ordonnées des courbes par y, & leurs abscisses par x, ensorte que dans le discours familier on dit les x & les y d'une courbe, pour dire ses abscisses & ses ordonnées;) on a $Ps = d - x$, & $yy = dx - xx$ est l'équation au cercle, parce qu'elle exprime l'égalité constante entre une méme fonction de chaque ordonnée, (c'est son quarré), & une méme fonction de chaque abscisse correspondante (c'est son produit par le reste du diametre.)

769. On voit de-là que chaque ordonnée d'une courbe & chaque abscisse

abſciſſe correſpondante, doivent être deux quantités indéterminées ou variables, mais déduiſibles l'une de l'autre par les diverſes ſuppoſitions de grandeurs que l'on fait à l'une des deux, & par les grandeurs déterminées ou *conſtantes* qui ſont contenues dans l'équation, d'où l'on peut facilement décrire la courbe. Par exemple, dans l'équation du cercle, d doit être une quantité conſtante ou invariable, ſi donc $d=10$, & ſi ſur Ss on prend tant d'abſciſſes SP qu'on voudra, (on les prend pour une plus grande commodité en progreſſion arithmétique, ou de ſorte que les intervalles PP ſoient égaux) comme ſi on faiſoit SP ou x ſucceſſivement $=1, 2, 3, 4, 5, 6, 7, 8, 9, 10$, on trouvera par l'équation $yy=dx-xx$ que les ordonnées correſpondantes MP ou y, ſont ſucceſſivement $3, 4, \sqrt{21}, \sqrt{24}, 5, \sqrt{24}, \sqrt{21}, 4, 3, 0$, de ſorte qu'en élevant de chaque point P des perpendiculaires à Ss, & les faiſant ſucceſſivement égales à $3, 4, \sqrt{21}$, &c. on a autant de points M par leſquels on pourra faire paſſer une courbe qui ſera un demi-cercle décrit avec d'autant plus d'exactitude, que les ordonnées MP ſeront moins éloignées les unes des autres.

Et parce que $yy=dx-xx$ donne les racines négatives $-3, -4, -\sqrt{21}, -\sqrt{24}$, &c. auſſi-bien que les poſitives $3, 4, \sqrt{21}, \sqrt{24}$, &c. on voit que ſi ſur le prolongement de chaque MP on prend (765) à droite de Ss, autant de Pm=MP, on aura le cercle entier SMsm.

770. On voit auſſi que ſi on avoit voulu prendre SP plus grand que Ss, ou x plus grand que d, l'ordonnée correſpondante ſeroit devenue imaginaire ou impoſſible, car $dx-xx$ ſeroit devenue une quantité négative dont la racine quarrée eſt impoſſible (242). Ainſi le demi-cercle eſt abſolument terminé en s, & la branche SMM ne peut deſcendre plus bas.

771. L'équation à une courbe renfermant toujours des fonctions de deux quantités indéterminées x & y, on les a partagées en différentes claſſes ſelon le degré de l'équation. On appelle *lignes du premier genre ou du premier ordre*, celles dont l'équation eſt du premier degré, *lignes du ſecond genre* ou *du ſecond ordre*, celles dont l'équation eſt du ſecond degré, & ainſi de ſuite. Il n'y a que la ligne droite qui ſoit du premier genre; il n'y a que les quatre ſections coniques qui ſoient du ſecond; il y en a 72 du troiſiéme ordre, & un plus grand nombre du quatriéme, &c. Ceci ne ſe doit entendre que des courbes qu'on appelle *Géométriques*, car c'eſt ainſi qu'on appelle celles dont les abſciſſes & les ordonnées ſont des lignes droites, & dont le rapport peut être déterminé géométriquement, c'eſt-à-dire, ne contient pas d'expreſſions de grandeurs qu'on n'ait pu encore meſurer géométriquement comme ſeroient des droites égales à des arcs de cercles : autrement, c'eſt-à-dire ſi les ordonnées ou les abſciſſes n'étoient pas des droites, ou ſi étant droites on étoit obligé de faire entrer dans leurs expreſſions des droites égales à des arcs de cercle, par exemple, la courbe ſeroit *méchanique* ou *tranſcendente*.

772. Si la courbe MSm (Fig. 66) ſoit géométrique, ſoit méchanique, eſt telle que les ordonnées, étant prolongées au-delà de la ligne SF des abſciſſes, juſqu'à la courbe en m, on ait toujours Pm=PM,

P

cette ligne SF s'appelle *un diamétre*, le point S de la courbe par où elle passe, s'appelle l'*origine du diametre*, ce point est ordinairement l'origine des abscisses. Et si les ordonnées sont perpendiculaires à ce diamétre, on l'appelle alors *l'axe de la courbe*.

773. Toutes les courbes qui ont un diamétre, & qui par conséquent ont à son égard deux branches SMM, *Smm* égales & semblablement posées, ont cette propriété, que la parallele SA aux ordonnées tirée de l'origine S du diamétre touche la courbe en ce point S. Car à cause de l'arc *SM* égal à l'arc *Sm*, le point de contact ou le côté infiniment petit qui est en S, est coupé en deux également par le diamétre SF, ce côté est donc la plus petite double ordonnée qu'il est possible de mener à ce diamétre ; donc étant prolongé il est parallele aux autres ordonnées : or une tangente n'est autre chose que le prolongement fini d'un côté infiniment petit ; donc la parallele aux ordonnées tirée du point S, est le prolongement fini du côté infiniment petit qui est en S, donc elle est tangente à la courbe en ce point.

774. Quand un diamétre ou un axe SP (Fig. 78) est rencontré par une tangente MT, la partie TP de ce diamétre comprise entre le point de rencontre T & l'ordonnée MP à ce diamétre menée du point de contact M, s'appelle la *soutangente*. Et si par le même point de contact M on éleve à la tangente MT une *perpendiculaire* ou *normale* MN, la partie PN comprise entre la rencontre de l'ordonnée & celle de la normale, s'appelle la *souperpendiculaire* ou la *sounormale*.

775. Quand une courbe n'est pas rentrante par rapport à son diamétre, c'est-à-dire, quand ses branches s'en écartent toujours, alors on peut mener de tous ses points M, M, &c. (Fig. 66) des droites MQ, MQ paralleles au diamétre SP, jusqu'à la rencontre de la droite SQ tirée de l'origine S des abscisses parallelement aux ordonnées, ensorte que ces droites MQ, MQ soient toutes en-dehors de la courbe. En ce cas il est clair qu'elles forment des parallélogrammes semblables PQ, PQ, &c. & qu'on peut prendre les droites MQ, MQ pour les abscisses SP, SP, & les droites SQ, SQ pour les ordonnées. Ces sortes d'ordonnées s'appellent *coordonnées* ; le parallélogramme PQ s'appelle *le parallélogramme des coordonnées*, & l'angle QSP s'appelle *l'angle des coordonnées*.

776. Puisqu'on suppose que les courbes ne sont que des pas égaux d'un même point qui se détourne après chaque pas en suivant une certaine loi constante dans la variation des angles infiniment petits de ses détours, il suit, 1°. Qu'*on ne peut considérer en Géométrie de ligne mixte*, c'est-à-dire, en partie droite, & en partie courbe : puisqu'alors il n'y auroit pas de loi constante dans la marche du point qui la décriroit.

777. 2°. *Que le contact d'une courbe par une droite ne se peut faire qu'en un seul point*, ou qu'*une droite ne peut toucher une courbe en deux ou trois points contigus* : car si cela étoit possible, le point décrivant auroit fait deux ou trois pas sans se détourner, ce qui auroit interrompu la loi de ses détours.

778. 3°. Que *la courbure d'une courbe est d'autant plus grande que les angles de ses détours sont plus grands à proportion de la grandeur des pas du point mobile qui l'a décrite.*

Par exemple, un cercle est une courbe décrite par un point qui s'est détourné toujours également à chaque pas égal: & parce qu'un grand & un petit cercle sont deux polygones réguliers d'un même nombre de côtés, mais dont ceux du plus petit cercle sont plus petits que ceux du plus grand dans la raison de leurs rayons, tandis que les angles de détour des côtés du plus grand, sont égaux aux angles de détours des côtés du plus petit, il est évident que chacun des côtés du grand cercle est d'autant moins écarté de la ligne droite, qu'il est plus grand ou que le rayon du cercle est plus grand, parce que le point qui le décrit fait des pas en ligne droite d'autant plus grands: donc *la courbure d'un cercle est d'autant plus petite que son rayon est plus grand.* D'où il suit que *la grandeur du rayon d'un cercle est une quantité propre à donner une idée de sa courbure.*

779. Les principaux problêmes qu'on doit se proposer lorsqu'on a une courbe à examiner, consistent, 1°. à chercher de quelle maniere on la doit décrire si on en connoît l'équation, ou réciproquement quelle équation on doit déduire de la construction connue. 2°. Comment on y peut mener une tangente en un point donné. C'est la même chose que de chercher quelle est la position du côté infiniment petit où ce point est situé; ou si l'on veut, quelle étoit la direction de la route du point mobile en décrivant ce côté infiniment petit. Cette recherche conduit naturellement à celle des valeurs de la soutangente, de la normale & de la sounormale. 3°. Quelle est la courbure de la courbe en un petit arc donné. Pour cela on suppose que par les trois points infiniment proches qui forment cet arc, on ait fait passer la circonférence d'un cercle, dans laquelle par conséquent l'arc de la courbe est confondu, & le rayon de ce cercle déterminé par le moyen de l'équation de la courbe, donne la courbure de cet arc. Ce rayon s'appelle *rayon de courbure*, *rayon osculateur*, *rayon de la développée.* 4°. On cherche quelle est la quadrature de la courbe, c'est-à-dire, quelle aire ou surface est renfermée dans la courbe entiere si elle est fermée, ou dans une de ses parties données; comme si on demandoit la surface comprise entre l'arc LM (Fig. 67) d'une courbe, une partie CP de son diamétre, & ses deux ordonnées MP, CL, dont l'une comme CL part de l'origine des x de l'équation de la courbe. Pour cela on suppose que depuis cette origine on ait disposé parallelement à l'ordonnée CL ou MP, autant de parallélogrammes *pqmn* terminés à la courbe d'une part, & de l'autre à la ligne des abscisses CP, qu'il y a de points depuis C jusqu'en P, tous ces parallélogrammes qui sont infinis en nombre, sont donc si étroits, que les droites *pn*, *qm* sont confondues, & qu'ils peuvent être pris pour de simples ordonnées au diamétre CP. Or CP étant la derniere x, toutes les x comprises entre l'origine C, & qui répondent à chacune de toutes ces ordonnées comprises entre CL & PM, croissent selon cette suite ou progression arithmétique

$1\frac{x}{\infty}$, $2\frac{x}{\infty}$, $3\frac{x}{\infty}$, $4\frac{x}{\infty}$ .... $\infty\frac{x}{\infty} = x$. Car la premiere y infiniment proche de CL, a pour son x une partie infiniment petite de CP, c'est-à-dire, $1\frac{x}{\infty}$; la seconde a son x double du précédent, puisqu'elle répond au second point compris entre C & P, & compté depuis C; cette x est donc $2\frac{x}{\infty}$: la troisiéme y a son x triple, ou $3\frac{x}{\infty}$, & ainsi de suite, d'où il est évident qu'on peut représenter toutes ces x par la suite infinie ÷ 1. 2. 3. 4........ x. Or l'équation à la courbe ne renfermant d'indéterminées que x & y, on peut prendre autant de valeurs de y qu'on en peut supposer à x, c'est-à-dire, qu'il y a de termes dans cette suite : on aura donc par ce moyen une suite infinie d'ordonnées comprises entre CL & PM; & si on peut sommer cette suite, on aura la quadrature exacte de l'aire CLMP : si on ne la peut sommer, & si cette suite est assez convergente, on n'aura la quadrature qu'à peu près, & d'autant plus exactement que l'on sommera effectivement plus de termes consécutifs de cette suite d'ordonnées.

On verra des exemples de tout ceci dans les Articles suivants.

De la nature & des principales propriétés des sections coniques décrites sur un plan, & considérées par rapport à leurs axes.

780. J'APPELLE *section conique* toute ligne telle que les deux distances de chacun de ses points l'une MG (Fig. 70, 71, 72) à une même droite AG, (que j'appelle *la directrice de la section*), & l'autre MF à un même point F placé hors de cette droite AG, (j'appelle ce point F *le foyer de la section*,) soient toujours en même raison.

781. La section est une *Ellipse*, si MG est plus grande que MF, une *hyperbole* si MG est plus petite que MF, une *parabole* si MG est égale à MF, un *cercle* si MG est infinie par rapport à MF, & une *droite* si MG est infiniment petite par rapport à MF.

Nous ne considérerons ici que les trois premiers rapports, qui donnent les courbes qu'on appelle proprement *les sections coniques*.

782. Une droite FA qui passe par le foyer F, & qui est perpendiculaire à la directrice AG, s'appelle l'*axe principal* de la section. Le point S compris entre F & A, & qui est tel que SA soit à SF dans le rapport constant de la section, s'appelle *le sommet* de la section, ou bien l'*origine*, *l'extrémité* de l'axe principal.

783. D'où il suit qu'*une section conique est une ellipse, une hyperbole ou une parabole selon que son sommet est plus près, plus loin, ou autant éloigné du foyer que de la directrice.*

784. La directrice AG étant donnée de position, le foyer F & le sommet S, pour trouver tant de points qu'on voudra de la section, & par

conséquent pour décrire la courbe, il faut du sommet S élever perpendiculairement à l'axe une droite SB=SF, tirer la droite indéfinie ABD, & ayant mené tant de droites PD, PD, PD, &c. qu'on voudra perpendiculaires à l'axe, & si l'on veut, tant en-deçà qu'au-delà du sommet S, il faut marquer sur chacune de ces droites, autant qu'il sera possible, un point M tel que chaque FM soit égale à chaque PD; il faut prendre de l'autre coté de l'axe sur les prolongemens de chaque PD un point *m* tel que PM soit =P*m*, & faire passer une courbe par tous les points M, M, *m*, *m*, qui sera la section demandée. Car si d'un de ces points on abaisse sur la directrice la perpendiculaire MG, à cause des triangles semblables ASB, APD, on a DP ou FM : PA ou MG :: SB ou SF : SA.

Et parce que les points *m*, *m*, sont placés sur les mêmes droites & à mêmes distances de l'axe que les points M, M; ce qui se dira de la branche SMM doit s'entendre aussi de la branche S*mm*, qui lui est égale & semblable, & qui a par conséquent toutes les mêmes propriétés.

De cette construction on déduit facilement les propriétés suivantes.

785. I. *Dans la parabole l'angle* SAB *est de* 45 *degrés: dans l'ellipse il est plus petit, & dans l'hyperbole il est plus grand.*

786. II. Il sera toujours possible de déterminer sur les PD les points M de la courbe, tant que les FP seront moindres que les PD, parce que les PD doivent (784) être égales aux FM, lesquelles doivent être les hypotenuses des triangles rectangles FPM, & par conséquent plus grandes que les côtés FP. D'où l'on voit que si une droite FP étoit égale à la droite PD correspondante, le point M tomberoit sur le point P qui est dans l'axe, & que si les FP sont plus grandes que leurs PD, il est impossible de déterminer les points M. Cela posé.......

Dans l'ellipse (Fig. 70) les droites AP croissent plus rapidement que leurs PD, à cause que AS est plus grand que SB (784): donc les droites FP qui sont au-delà du foyer F à l'égard du sommet S, doivent bien-tôt égaler, puis surpasser leurs correspondantes PD: soit FP‴= P‴D‴, alors le point M‴ tombe sur l'axe & y ferme la courbe. Car si on prenoit une PD au-delà de P‴D‴, ou même entre A & SB, elle seroit désormais trop courte pour qu'on y pût marquer un point M tel que FM=PD. Donc l'*ellipse est une courbe dont les branches* SMM, Smm, *vont d'abord en s'écartant de part & d'autre de l'axe, puis elles se rapprochent & se rejoignent en* s, *de sorte que son axe principal est terminé en ce point* s, *qui devient un autre sommet de l'ellipse.*

787. Dans l'hyperbole (Fig. 71) à cause de AS plus petit que SB, les droites AP croissent moins que leurs correspondantes PD: ainsi aucune FP prise au-delà de F par rapport à la directrice, ne peut devenir égale à sa PD, de sorte que *les branches* SMM, Smm, *de l'hyperbole s'écartent à l'infini de part & d'autre de l'axe* SP. Mais si ayant prolongé BA vers H on prend des FP au-delà de la directrice, elles sont d'abord plus grandes que leurs PD, mais comme ces PD croissent plus rapidement que leurs FP, on parviendra bien-tôt à en avoir une comme FP‴ égale à P‴D‴, on aura ensuite des FP moindres que leurs

PD, or à cauſe de $FP'''=P'''D'''$ le point P''' appartient à l'hyperbole, puiſqu'alors les triangles rectangles ſemblables $D'''P'''A$, ASB donnent cette proportion, $P'''A : P'''F$ ou $P'''D''' :: AS : SB$. Et à cauſe que les PD qui ſont au-delà de $P'''D'''$ croiſſent toujours, & deviennent de plus en plus grandes à l'égard de leurs FP, on peut y marquer des points μ tels que les $F\mu$ ſoient égales à ces PD, ce qui forme de part & d'autre de l'axe deux nouvelles branches hyperboliques infinies qui appartiennent au foyer F & à la directrice AG, & la droite SP''' ou Ss devient un axe commun & déterminé de longueur entre les ſommets S, *s* de ces deux hyperboles oppoſées.

788. Dans la parabole (Fig. 72) à cauſe de $AS=SB$, & par conſéquent de $AP=PD$, les FP priſes en-deçà du point S par rapport à la directrice, ſont néceſſairement plus longues que leurs PD, & les FP qui ſont au-delà, ſont toujours plus courtes : donc on peut avoir une infinité de points M ſur autant de PD qui ſont au-delà du ſommet S, & *la parabole eſt une courbe compoſée ſeulement de deux branches égales, & qui ont un cours infini en s'éloignant de plus en plus de l'axe.*

789. III. Etant données (Fig. 70, 71, 72) la directrice AG, le foyer F, & le ſommet S d'une ſection conique, pour ſçavoir ſi elle doit avoir un axe terminé & par conſéquent un autre ſommet *s*; par le foyer F, il faut faire paſſer une droite indéfinie FH qui faſſe avec l'axe un angle de 45 degrés; & du point H où elle rencontre la droite AB (prolongée s'il eſt néceſſaire) il faut abaiſſer ſur l'axe la perpendiculaire Hs qui terminera l'axe en *s*, & donnera l'autre ſommet de la ſection. Car alors le triangle rectangle FsH eſt iſoſcele, donc $Fs=sH$, & on a $sA : sH$ ou $sF :: SA : SB$ ou SF. Donc le point *s* eſt un point de la courbe qui eſt dans ſon axe : donc il eſt le ſommet de la ſection.

790. D'où on voit que l'*Ellipſe & l'hyperbole ont toujours un axe Ss déterminé.* Cet axe ſe termine dans l'ellipſe au-delà du foyer F par rapport au ſommet S, parce que l'angle SAB eſt moindre que de 45 degrés (785). Et dans l'hyperbole il ſe termine au-delà, parce que l'angle SAB eſt de plus de 45°. Mais *dans la parabole l'axe eſt infini*, parce que FH eſt parallele à AB, & ne la peut rencontrer qu'à une diſtance infinie de part ou d'autre vers A ou vers D.

791. IV. Si ſur le prolongement de l'axe Ss on prend $Sa=SA$ (Fig. 70. & 71.), & ſi ſur celui de $P'''D'''$ on prend $sb=SB$, la droite indéfinie *abd* ſera parallele à ABD à cauſe des angles alternes égaux SAB, *sab*, & les paralleles Dd, Dd, &c. ſeront toutes égales à l'axe principal Ss. Car dans l'ellipſe (Fig. 70) l'axe $Ss=sF+FS=sH+sb=bH$. Et dans l'hyperbole (Fig. 71) $Ss=sF-FS=sH-sb=bH$. Or toutes les dD ſont égales à bH.

792. On peut dire auſſi qu'à égale diſtance des deux ſommets S, *s* on a $Ss=PD\pm PD$. C'eſt-à-dire, dans l'ellipſe l'axe principal Ss eſt égal à la ſomme des deux PD qui ſont également éloignées des deux ſommets S, *s*; parce que les PD, qui ſont entre SB, *s*H & à égales diſtances, ſont en proportion arithmétique. Et dans l'hyperbole l'axe principal Ss eſt égal à la différence des deux PD qui ſont à égales diſtances des ſommets S, *s*.

793. V. D'où il suit, que *les ordonnées qui sont également éloignées des sommets S, s sont égales*, à cause des triangles rectangles aPm, APM qui sont alors égaux, ayant les angles égaux en A, a, & les côtés AP, aP aussi égaux.

794. VI. Il suit aussi que si on tire $a\gamma$ parallèle à AG, & si on prend sur Ss un point f, tel que $sf = SF$, l'ellipse & l'hyperbole auroient pu être décrites par le moyen du point f comme foyer, & de la directrice $a\gamma$, de même qu'elles l'ont été par le foyer F, & la directrice AG.

795. VII. Il suit encore que $Ss = FM \pm fM$, (le signe + est pour l'ellipse, & — pour l'hyperbole.) Car chaque FM est égale à sa PD, & chaque Mf, à la PD qui est autant éloignée du sommet s, que l'autre PD est éloignée du sommet S. Donc $MF \pm Mf = PD \pm Pd$: mais (793) à égale distance des sommets on a $PD \pm Pd = Ss$, donc $MF \pm Mf = Ss$.

796. VIII. On peut donc dire, *l'ellipse est une courbe dont la somme des deux distances de chacun de ses points à deux points fixes, est toujours constante ou égale à son axe principal : & l'hyperbole est une courbe dont la différence des deux distances de chacun de ses points à deux points fixes, est constante ou égale à son axe principal.*

797. De-là on tire une maniere fort simple de décrire une grande ellipse sur le terrein. On plante deux piquets F, f (Fig. 70) à l'endroit où doivent être les deux foyers : on y engage une corde $FfMF$, dont les deux bouts sont réunis, on fait tourner autour de ces piquets une pointe M qui tient toujours la corde tendue, cette pointe trace une ellipse. Car soit la pointe en S, alors il est clair que la corde est égale à $2Ff + 2SF$, ou à $2Ff + SF + sf$; c'est-à-dire, à $Ss + Ff$: or pendant tout le mouvement la partie Ff de la corde ne mesure que la distance des foyers, donc le reste qui est égal à Ss, mesure la distance de chaque point de la trace à chacun des deux foyers; donc chaque point est dans une ellipse.

798. IX. De ce qui a été dit ci-dessus (793) il suit encore que l'on a $Ss : Ff :: SA : SB$. Car $sA : sF :: SA : SB$. Donc $sA \mp SA$ ou Ss : $sF \mp SB$ ou $Ff :: SA : SB$: le signe — est pour l'ellipse, & + pour l'hyperbole.

799. X. Il suit aussi que les doubles ordonnées mM à l'ellipse (Fig. 70) vont en croissant depuis chaque sommet S, s, jusqu'à celle qui est au milieu entre eux, laquelle est par conséquent la plus grande de toutes, & mesure la plus grande largeur de l'ellipse, (comme Ss en mesure la longueur) : c'est pourquoi on l'appelle le petit axe ou le second axe de l'ellipse ; c'est ici la droite m'' CM'' : le point C où elle rencontre le grand axe Ss, s'appelle le centre de l'ellipse : d'où il est aisé de voir, 1°. que le petit axe coupe en deux également tout l'espace renfermé dans l'ellipse, de meme que le grand axe : & qu'ainsi l'*ellipse est partagée en quatre parties égales par ses deux axes.* 2°. Qu'étant donnés le grand axe Ss, & les deux foyers F, f pour déterminer le petit axe, il faut couper Ss en deux également par une perpendiculaire d'' D'', & la terminer de part & d'autre en m'' & M'', en y por-

tant d'un des deux foyers une droite comme FM″ égale à la moitié du grand axe. Car alors M″ F=M″f, à cause des triangles rectangles égaux FCM″, fCM″, & on a M″F+M″f=Ss. 3°. Réciproquement étant donnés les deux axes, pour trouver les foyers, il faut de l'extrémité du petit axe porter de part & d'autre sur le grand axe une droite égale à la moitié du grand axe.

800. Dans l'hyperbole (Fig. 71) les doubles ordonnées vont aussi en croissant depuis chaque sommet S, s jusqu'à l'infini: & pour conserver l'analogie entre l'ellipse & l'hyperbole, on appelle centre de l'hyperbole le point C qui est au milieu entre les sommets S, s: l'axe Ss s'appelle *premier axe*, *axe principal*, *axe transverse*, & on appelle *second axe*, *axe droit*, la droite lCL, perpendiculaire au premier axe, & terminée en l, L en y portant d'un des sommets S ou s, une droite SL égale à la moitié FC de l'intervalle Ff des foyers. D'où on voit facilement ce qu'il faut faire pour déterminer les deux foyers lorsqu'on a les deux axes.

801. La double ordonnée qui passe par le foyer d'une section conique, s'appelle *le parametre* de l'axe principal de cette section.

802. XI. De la construction générale des sections coniques, il suit encore que toutes celles de même espece, par exemple, toutes les ellipses qui seront construites de sorte que les distances AS de leurs sommets à leurs directrices, soient proportionnelles aux distances SF de ces mêmes sommets au foyer le plus proche, toutes ces sections, dis-je, seront des figures semblables. Car alors toutes les AP, les PD ou les FM d'une section seront proportionnelles aux AP, aux PD, ou aux FM homologues dans l'autre, & par conséquent toutes les dimensions homologues de ces deux sections seront proportionnelles, ce qui les rendra des figures semblables.

803. COROLL. I. *Deux ellipses ou deux hyperboles sont semblables, lorsque les axes de l'une sont proportionnelles aux axes de l'autre, ou que les distances des sommets sont proportionnelles aux intervalles des foyers.*

804. COROLL. II. *Toutes les paraboles sont des figures semblables*, puisqu'on a toujours AS=SF (Fig. 72.)

805. PROBLEME I. *Faire passer une tangente par un point* M *donné sur une section conique.*

SOLUT. Par les deux foyers F, f de la section (Fig. 76. & 77) & par le point donné M, faites passer deux droites indéfinies fM, FM. Tirez une droite TM qui divise en deux également l'angle FMm dans lequel la courbe se trouve comprise, cette droite sera la tangente cherchée.

DEM. Du point M comme centre avec le rayon MF, décrivez l'arc Fm qui mesure l'angle FMm: il est clair que fm=Ss, puisque fm=Mf±MF. Or si d'un point quelconque A pris sur TM autre que le point M, on tire Af, AF, Am, on aura (441) AF=Am; donc Af±AF=Af±Am. Or dans l'ellipse (Fig. 76) Af+Am excede fm (494), ce qui fait voir que le point A est hors de la courbe (795): & dans l'hyperbole (Fig. 77) si on avoit Af—Am=fm, ce qui est nécessaire (795) pour que le point A appartienne à l'hyperbole, on auroit

$Af = Am + fm$, ce qui eſt (545) impoſſible. Donc il n'y a que le point M de la droite TM qui ſoit à la ſection.

806. SCOLIE I. On peut appliquer la ſolution précédente à la parabole, en faiſant paſſer par le point donné M (Fig. 78) une droite MF, & une droite Mm parallele à l'axe, & par conſéquent cenſée partie de l'autre foyer qui eſt à une diſtance infinie du foyer F, & en diviſant en deux également l'angle FMm.

807. COROLL. I. *L'angle* bMf *au point de contact* (Fig. 76. & 78) *entre la tangente* Mb *& une droite* Mf *dirigée à un des foyers, eſt toujours égal à l'angle* FMT *entre la même tangente & la droite* MF *tirée à l'autre foyer.* Dans l'hyperbole (Fig. 77) $bMf = bMF$, ce qui revient toujours à la même expreſſion.

808. COROLL. II. La corde Fm eſt toujours diviſée perpendiculairement par la tangente & en deux parties égales KF, Km.

809. REMARQUE. Dans tout ce traité nous appellerons *abſciſſes* d'une ordonnée à un axe, ou en général à un diamétre, la diſtance de chaque extrémité de ce diamétre au point où l'ordonnée rencontre ce diamétre ou ſon prolongement : ainſi l'ellipſe, le cercle, l'hyperbole, ont toujours deux abſciſſes pour chaque ordonnée. Mais comme on ne peut déſigner par x ces deux différentes abſciſſes, nous déſignerons par x, & nous appellerons *coupée* une partie du diamétre compriſe entre l'ordonnée & un point déterminé ſur ce diamétre, lequel point s'appellera *l'origine des coupées.*

810. PROBLEME II. *Déterminer l'équation qui renferme le rapport entre les fonctions des ordonnées & celles de leurs abſciſſes, en comptant les coupées depuis un ſommet.*

SOLUTION. Soit dans l'ellipſe (Fig. 76) $Ss = 2a$, $Ll = 2b$, SF ou $sf = c$, $SP = x$, $PM = y$, donc $Ps = 2a - x$, $PC = a - x$, $PF = x - c$, $CF = a - c$, $Ff = 2a - 2c$, & $Pf = 2a - c - x$. Dans le triangle rectangle FlC on a (599), $Fl^2 = FC^2 + lC^2$, ou $aa = aa - 2ac + cc + bb$, d'où on tire $cc = 2ac - bb$. Cela poſé dans le triangle FMf on a (750) $fM + MF\ (2a) : Ff\ (2a - 2c) :: fP - PF\ (2a - 2x) : fM - MF = 2a - 2x - 2c + \frac{2cx}{a}$. Donc (232) $MF = a - a + x + c - \frac{cx}{a} = x + c - \frac{cx}{a}$. Or dans le triangle rectangle PMF, on a $PM^2 = FM^2 - PF^2$, ou $yy = xx + 2cx + cc - \frac{2cxx}{a} - \frac{2ccx}{a} + \frac{ccxx}{aa} - xx + 2cx - cc$, & en réduiſant, $yy = 4cx - \frac{2cxx - 2ccx}{a} + \frac{ccxx}{aa}$: & mettant $2ac - bb$ à la place de cc, puis réduiſant, on a $yy = \frac{2bbx}{a} - \frac{bbxx}{aa}$.

Dans l'hyperbole (Fig. 77) faiſant de même $Ss = 2a$, $Ll = 2b$, SF ou $sf = c$, $SP = x$, & $PM = y$, on a $Ps = 2a + x$, $PC = a + x$, $PF = x - c$, $Pf = x + 2a + c$, CF ou $Sl = a + c$ (800). Et dans le triangle rectangle SCl, on a $Sl^2 = Cl^2 + SC^2$, ou $aa + 2ac + cc = bb + aa$. Donc $cc = bb - 2ac$. Enſuite ayant ſuppoſé une droite $M\varphi = MF$, & portée de M de l'autre côté de l'ordonnée MP, ce qui donne $P\varphi = PF$, dans le triangle $\varphi M f$ on a $fM - FM\ (2a) : \varphi F\ (2a+2x) :: Pf - P\varphi\ (2a+2c) : FM + fM = 2a+2c+2x+\frac{2cx}{a}$. Donc $FM = c+x+\frac{cx}{a}$. Donc à cause de $PM^2 = FM^2 - PF^2$ on a en substituant & réduisant comme ci-dessus, $yy = \frac{2bbx}{a} + \frac{bbxx}{aa}$ pour l'*équation aux axes de l'hyperbole*.

811. REM. I. Ces deux équations ne peuvent se réduire à la parabole à cause de l'expression des deux axes qui y entre.

812. II. Les calculs de l'ellipse & de l'hyperbole se font tous de même, & leurs résultats ne different ordinairement que dans les signes : c'est pourquoi lorsque nous ferons dans la suite des calculs qui seront communs aux deux sections, & qui auront seulement quelques termes précédés de $\pm$ ou de $\mp$, il faudra se souvenir que le signe supérieur est toujours pour l'ellipse, & l'inférieur pour l'hyperbole. Par exemple, les deux équations précédentes se réduisent à celle-ci, $yy = \frac{2bbx}{a} \mp \frac{bbxx}{aa}$.

813. COROLL. De ce que $cc = \pm 2ac \mp bb$, on a $bb = \pm 2ac \mp cc = c \times (\pm 2a \mp c) = SF \times Fs$, il suit que *la moitié du second axe est moyenne proportionnelle entre les distances d'un foyer aux deux sommets.*

814. PROBLEME III. *Trouver l'expression du paramétre de l'axe principal d'une section conique.*

SOLUTION. Dans l'équation non-réduite $yy = 4cx \mp \frac{2cxx \mp 2ccx}{a} + \frac{ccxx}{aa}$, faites $x = c$, & vous aurez $yy = 4cc \mp \frac{4c^3}{a} + \frac{c^4}{aa}$, extrayant les racines, $y = 2c \mp \frac{cc}{a}$, & c'est la valeur de l'ordonnée qui passe par le foyer F, son double est (801) la valeur du paramétre p : on a donc $p = 4c \mp \frac{2cc}{a}$.

815. COROLL. I. Dans la parabole, à cause de $a = \infty$, on a $p = 4c$.

816. COROLL. II. *Le paramétre de l'axe principal d'une section conique, est quadruple de la distance du sommet au foyer dans la parabole, plus que le quadruple dans l'hyperbole, moins que le quadruple dans l'ellipse.*

817. COROLL. III. Si dans l'équation $p = 4c \mp \frac{2cc}{a}$ on substitue à cc sa valeur $\pm 2ac \mp bb$, on aura $p = \frac{2bb}{a}$ ou $p = \frac{4bb}{2a}$, ce qui donne

cette proportion $2a : 2b :: 2b . p$. C'est-à-dire, *le paramétre de l'axe principal est une troisiéme proportionnelle à cet axe & au second axe.*

818. PROBLEME IV. *Trouver une équation qui contienne la relation du parametre de l'axe principal aux fonctions des abscisses & des ordonnées d'une section conique.*

SOLUTION. Puisque $p = \frac{2bb}{a}$ donc $\frac{1}{2}ap = bb$; donc en substituant dans l'équation générale $yy = \frac{2bbx}{a} \mp \frac{bbxx}{aa}$ on aura $yy = px \mp \frac{pxx}{2a}$.

819. COROLL. I. Dans la parabole à cause de $a = \infty$, on a $yy = px$; & *c'est-là l'équation à la parabole.*

820. COROLL. II. L'équation générale $yy = px \mp \frac{pxx}{2a}$ ou $2ayy = 2apx \mp pxx$, se réduit à cette proportion $yy : 2ax \mp xx :: p : 2a$. Or $2ax \mp xx = (2a \mp x) \times x = sP \times PS$. Donc en général *les quarrés des ordonnées à l'axe principal des ellipses & des hyperboles, sont aux produits des abscisses correspondantes, comme le parametre est à l'axe principal.* Et parce que le rapport du paramétre à son axe est constant dans une même section conique, on peut dire en général que *les quarrés des ordonnées sont entre eux comme les produits de leurs abscisses.*

Mettant de même en proportion l'équation aux axes $yy = \frac{2bbx}{a} \mp \frac{bbxx}{aa}$, on a $yy : 2ax \mp xx :: bb : aa$, c'est-à-dire, *dans l'ellipse & l'hyperbole les quarrés des ordonnées à l'axe principal, sont aux produits de leurs abscisses, comme le quarré du second demi-axe, est au quarré du demi-axe principal.*

821. COROLL. III. Dans la parabole à cause du paramétre constant p, le rapport de yy à x est constant. *Donc dans la parabole les quarrés des ordonnées sont entre eux comme les abscisses.*

822. PROBLEME V. *Trouver l'expression de la souperpendiculaire ou sounormale* PN (Fig. 76. & 77.)

SOL. Fm étant (808) perpendiculaire à MT, est parallele à la normale MN, & les triangles fMN, fmF sont semblables. Donc fm $(2a)$: fF$(2a \mp 2c)$::Mm ou FM$(x + c \mp \frac{cx}{a})$: $\text{FN} = x + c \mp \frac{cc}{a} \mp \frac{2cx}{a} + \frac{ccx}{aa}$. Or $\text{PN} = \text{FN} \mp \text{FP}$, & $\text{FP} = \mp x \mp c$; donc $\text{PN} = 2c \mp \frac{cc}{a} \mp \frac{2cx}{a} + \frac{ccx}{aa}$. Substituant $\pm 2ac \mp \frac{1}{2}ap$ à la place de cc (814), & réduisant, $\text{PN} = \frac{1}{2}p \mp \frac{px}{2a}$. Et si on met $\frac{2bb}{a}$ à la place de p (817), on aura $\text{PN} = \frac{bb}{a} \mp \frac{bbx}{aa}$.

823. COROLL. I. *Dans la parabole la sounormale est la moitié du parametre, & par conséquent toujours constante*, à cause de $a = \infty$, ce qui rend $\text{PN} = \frac{1}{2}p = \text{FA}$ (Fig. 78.)

824. COROLL. II. *Dans une section conique la sounormale est par rapport au demi-parametre de l'axe principal égale dans la parabole, plus petite dans l'ellipse, plus grande dans l'hyperbole.*

825. PROBLEME VI. *Trouver l'expression de la soutangente* PT.

SOLUTION. Dans le triangle rectangle NMT, on a (561) ∴ PN. PM. PT. Donc $PT = \frac{PM^2}{PN}$. Divisant donc $px \mp \frac{pxx}{2a}$ par $\frac{1}{2}p \mp \frac{px}{2a}$, & réduisant, on a $PT = \frac{2ax \mp xx}{a \mp x}$.

826. COROLL. I. Dans la parabole $PT = 2x$, car à cause de $a = \infty$, on a $PT = \frac{2\infty x \mp xx}{\infty \mp x} = \frac{2\infty x}{\infty} = 2x$.

827. COROLL. II. *Dans une section conique la soutangente est à l'égard du double de l'abscisse égale dans la parabole, plus grande dans l'ellipse, plus petite dans l'hyperbole.* Car mettant la formule en proportion, on a pour l'ellipse $PT : 2a - x :: x : a - x$, & multipliant la seconde raison par 2, $PT : 2a - x :: 2x : 2a - 2x$: or $2a - x$ est plus grand que $2a - 2x$, donc (306) PT est plus grand que $2x$. Et dans l'hyperbole $PT : 2a + x :: 2x : 2a + 2x$, or $2a + x$ est moindre que $2a + 2x$, donc PT est plus petit que $2x$.

828. COROLL. III. $PT - SP = ST$, donc $ST = \frac{ax}{a \mp x}$, & dans la parabole $ST = x$. On voit donc que ST *est à l'égard de l'abscisse égale dans la parabole, moindre dans l'ellipse, plus grande dans l'hyperbole.*

829. REMARQUE. La parabole & l'hyperbole ayant des branches infinies, x peut devenir $= \infty$: or dans la parabole à cause de $ST = x$, ST deviendroit aussi infini; mais dans l'hyperbole faisant $x = \infty$ dans l'équation $ST = \frac{ax}{a + x}$, elle se réduit à $ST = a$; ce qui fait voir, 1°. que *le point de rencontre* T *de toutes les tangentes possibles de l'hyperbole avec son axe principal, est toujours compris entre le sommet & le centre.* 2°. Que *par le centre de l'hyperbole on peut mener de chaque côté de l'axe une droite qui aille toucher chaque branche à son extrémité infinie.* On appelle ces deux tangentes *les asymptotes* de l'hyperbole.

830. COROLL. IV. $CP \pm PT = CT$. Donc $CT = \frac{aa}{a \mp x}$, ce qui étant mis en proportion, donne $a \mp x : a :: a : CT$. Donc CP, CS, CT sont en proportion continue, & par cette proportion on trouve facilement le point T sur l'axe principal, par où doit passer une tangente qu'on se propose de mener d'un point donné M.

831. PROBLEME VII. *Trouver l'expression de la perpendiculaire* SB (Fig. 76. & 77) *à l'axe principal de la section conique, élevée depuis le sommet* S *jusqu'à la tangente* TM.

SOLUTION. Les triangles TPM, TSB étant semblables, on a TP $\left(\frac{2ax \mp xx}{a \mp x}\right)$: TS $\left(\frac{ax}{a \mp x}\right)$ :: PM : SB, ou à cause du même dénominateur $a \mp x$, on a $2ax \mp xx : ax :: PM : SB$: ou enfin (296) $2a \mp x : a :: PM : SB$. Elevant au quarré & mettant pour PM^2 sa valeur (812), on a $4aa \mp 4ax + xx : aa :: \frac{2abbx \mp bbxx}{aa} : SB^2$. Donc $SB^2 = \frac{2abbx \mp bbxx}{4aa \mp 4ax + xx}$, ou bien mettant $\frac{1}{2}ap$ à la place de bb (820), on aura $SB^2 = \frac{aapx \mp \frac{1}{2}apxx}{4aa \mp 4ax + xx}$.

832. COROLL. I. Dans la parabole $SB = \frac{1}{2}PM = \frac{1}{2}y$, car $a = \infty$, donc $SB^2 = \frac{\infty^2 px}{4\infty^2} = \frac{1}{4}px = \frac{1}{4}yy$: donc $SB = \frac{1}{2}y$.

833. COROLL. II. Dans l'hyperbole faisant $x = \infty$, la premiere formule de SB^2 se réduit à $SB^2 = \frac{bb\infty^2}{\infty^2} = bb$. Donc $SB = b$. Donc en faisant SB, Sβ (Fig. 74) égales à la moitié du second axe, & faisant passer par le centre C les droites $b\beta$, bB, elles seront les asymptotes des hyperboles MS*m*, OS*o*.

834. PROBLEME VIII. *Trouver l'expression de la normale* NM.

SOLUTION. Dans le triangle rectangle NPM, on a $NM^2 = PM^2 + PN^2$. Donc $NM^2 = \frac{2a^3bbx \mp aabbxx + aab^4 \mp 2ab^4x + b^4xx}{a^4}$, & y faisant entrer le parametre, $NM^2 = \frac{4aapx \mp 2apxx + aapp \mp 2appx + ppxx}{4aa}$.

835. COROLL. I. Dans la parabole où $a = \infty$, on a $NM^2 = px + \frac{1}{4}pp$.

836. COROLL. II. Si on fait $x = 0$ dans la seconde formule, elle se réduira à $NM^2 = \frac{1}{4}pp$, donc $NM = \frac{1}{2}p$. Et si on fait $x = a$ dans la premiere, on aura pour l'ellipse $NM = b$. Ce qui fait voir, 1°. que *dans toute section conique la normale est au moins égale à la moitié du parametre ou à l'ordonnée qui passe par le foyer*; puisque si on prend le point M si près du sommet S, que l'abscisse correspondante à l'ordonnée MP soit infiniment petite ou nulle, la normale $= \frac{1}{2}p$. 2°. Que *dans l'ellipse la normale ne peut excéder la moitié du petit axe.*

837. PROBLEME IX. *Trouver l'expression de* SN, c'est-à-dire, *de la distance du sommet* S *à la rencontre de la normale* MN.

SOLUTION. $SN = SP + PN = \frac{abb \mp bbx + aax}{aa} = \frac{ap \mp px + 2ax}{2a}$, & dans la parabole $SN = \frac{1}{2}p + x$.

838. COROLL. Si on fait $x = 0$, on a $SN = \frac{1}{2}p$: & parce que les quantités a & p sont additives & constantes dans les formules de la parabole & de l'hyperbole, il est clair que plus x sera grand, plus SN sera grand dans ces deux sections. D'où l'on voit que *la normale tombe toujours au-delà du foyer par rapport au sommet, & jamais entre le sommet & le foyer le plus proche.*

839. PROBLEME X. *Trouver l'expression de la tangente* TM.

SOLUTION. $PM^2 + PT^2 = TM^2$, donc $TM^2 = \frac{2abbx \mp bbxx}{aa} +$

$\frac{4aaxx \mp 4ax^3 + x^4}{aa \mp 2ax + xx}$. Ou $TM^2 = px \mp \frac{pxx}{2a} + \frac{4aaxx \mp 4ax^3 + x^4}{aa \mp 2ax + xx}$. Et dans le parabole $TM^2 = px + 4xx = 4AS \times SP + 4SP^2$.

840. PROBLEME XI. *Trouver une équation aux axes de l'ellipse & de l'hyperbole en comptant les coupées depuis le centre* (Fig. 76. & 77.)

SOLUTION. Ayant gardé toutes les mêmes dénominations que dans les Problêmes précédens, exceptés que $CP = x$, ce qui fait l'abscisse $SP = \pm a \mp x$, & $sP = a + x$, on a (820) $yy : \pm aa \mp xx :: bb : aa :: p : aa$. Donc l'équation aux axes est $yy = \pm bb \mp \frac{bbxx}{aa}$. Et l'équation au parametre, $yy = \pm \frac{1}{2}ap \mp \frac{pxx}{2a}$.

841. COROLL. I. Pour l'ellipse. L'ordonnée MH au petit axe de l'ellipse (Fig 76) étant $= CP = x$, & $CH = PM = y$, on a les abscisses $LH = b - y$, & $Hl = b + y$: donc $LH \times Hl = bb - yy$. Or l'équation $yy = bb - \frac{bbxx}{aa}$ se réduit à cette proportion $xx : bb - yy :: aa : bb$. Donc *les quarrés des ordonnées au petit axe d'une ellipse sont aux produits de leurs abscisses, comme le quarré du grand axe au quarré du petit.* Et par conséquent si on fait $\div 2b.\ 2a.\ q.$ ou si on prend $q = \frac{2aa}{b}$, en appellant q le parametre du petit axe; en substituant dans la proportion, on aura $xx : bb - yy :: q : 2b$, c'est-à-dire, *les quarrés des ordonnées au petit axe sont aux produits de leurs abscisses, comme le parametre du petit axe est au petit axe.* Et en général *les quarrés des ordonnées au petit axe sont entre eux comme les produits de leurs abscisses.*

842. COROLL. II. *Les ordonnées au petit axe de l'ellipse, ont précisément les mêmes propriétés que celles du grand axe.*

843. COROLL. III. Si on décrit un cercle SNsQ (Fig. 81) dont le diametre Ss soit le grand ou le petit axe d'une ellipse, & si on y mene NP, *np* ordonnées à ce diamétre, leurs quarrés sont entre eux (768) comme les produits de leurs abscisses $sP \times PS$, $sp \times pS$. Or les quarrés de MP, *mp* sont dans le même rapport, donc les quarrés des ordonnées aux cercles, sont comme les quarrés des ordonnées correspondantes à l'ellipse, & par conséquent *les ordonnées au cercle sont entre elles comme les ordonnées à l'ellipse*, *ou* elles sont entre elles comme OC ou CS à LC, c'est-à-dire, *comme l'axe sur lequel le cercle a été décrit, est à l'autre axe.*

844. REMARQUES I. Le rapport des ordonnées au second axe de l'hyperbole, ne peut être réduit à la même proportion; car si on met en proportion l'équation à l'hyperbole $yy = -bb + \frac{bbxx}{aa}$, on a $xx : yy + bb :: aa : bb$ dont le second terme $yy + bb$ exprime la somme des quarrés de CH & de CL (Fig. 77) & non pas le produit des abscisses HL, H*l*, lequel à cause de $HL = y - b$, & de $Hl = y + b$ est $yy - bb$.

Mais indépendamment de cette proportion, on a la formule générale $xx = aa \mp \frac{aayy}{bb}$ pour l'équation au second axe de l'ellipse & de l'hyperbole, en comptant les coupées depuis le centre, & en appellant l'ordonnée x, & la coupée y.

845. II. On peut à l'imitation de cette solution trouver des équations en comptant les coupées depuis le foyer, ou même depuis un point quelconque pris dans l'axe.

846. COROLL. IV. En calculant sur les équations de ce Problême les mêmes triangles que dans les Problêmes V, VI, VII, VIII, IX, & X, on trouve les formules suivantes; $PN = \frac{bbx}{aa} = \frac{px}{2a}$, $PT = \frac{\pm aa \mp xx}{x}$,

$CT = \frac{aa}{x}$, $ST = \frac{\pm aa \mp ax}{x}$, $SB^2 = \frac{\pm a^4bb \mp 2a^3bbx \pm 2abbx^3 \mp bbx^4}{a^4 - 2aaxx + x^4}$

ou $\frac{\pm a^5p \mp 2a^4px \pm 2aapx^3 \mp apx^4}{2a^4 - 4aaxx + 2x^4}$, $NM^2 = \frac{\pm a^4bb \mp aabbxx + b^4xx}{a^4} =$

$\frac{\pm 2a^3p \mp 2apxx + ppxx}{4aa}$, $SN = \frac{\pm a^3 \mp aax + bbx}{aa} = \frac{\pm 2aa \mp 2ax + px}{2a}$,

$MT^2 = \frac{a^6 - 2a^4xx + aax^4 \pm aabbxx \mp bbx^4}{aaxx}$, ou

$MT^2 = \frac{2a^5 - 4a^3xx + 2ax^4 \pm aapxx \mp px^4}{2axx}$.

847. COROLL. V. Parce que c n'entre dans aucune de toutes les formules des Problêmes précédens, il suit qu'elles conviennent aussi au second axe de l'ellipse & de l'hyperbole, & qu'elles en expriment les propriétés en faisant les changemens nécessaires dans les lettres.

848. COROLLAIRE VI. Puisque le second axe Ll des hyperboles opposées MSm, Oso (Fig. 74) a été déterminé en portant CF ou Cf de S en L & en l, & les asymptotes (833) en faisant SB, Sβ égales à CL ou Cl; il suit que si on prend CΦ, Cφ égales à LS ou ls, & que si on tire $b\beta$, B$\mathcal{C}$, elles passeront par les points L, l, & on aura Lb, Lβ; lB, $l\mathcal{C}$, égales à Cs ou CS: d'où on voit qu'avec les points Φ, φ comme foyers, & Ll comme axe principal, on peut décrire deux hyperboles opposées dD; Nn, dont Ss sera le second axe, & dont Bb, $\beta\mathcal{C}$ seront aussi les asymptotes. Ces deux hyperboles s'appellent *conjuguées* aux deux MSm, Oso: & réciproquement celles-ci s'appellent conjuguées à celles-là.

849. Il est évident que *toutes les équations, formules & propriétés qui conviennent aux hyperboles* MSm, OSo, *conviennent aussi à leurs conjuguées en y faisant les changemens nécessaires*; par exemple, appellant Ll l'axe principal, & Ss le second axe, &c.

850. Il est clair aussi que *les huit branches des quatre hyperboles conjuguées doivent se joindre, sans se couper, aux points où les asymptotes touchent leurs extrémités, & que de cette maniere elles forment une figure fermée par quatre points de réunion infiniment éloignés du centre*;

de ſorte qu'on peut conſidérer l'eſpace compris entre ces quatre hyperboles, de même qu'on conſidere celui qui eſt renfermé dans une ellipſe. C'eſt pourquoi dans la ſuite nous parlerons de cet eſpace comme s'il étoit terminé par une ſeule courbe.

Propriétés des ſections coniques rapportées à leurs diamétres.

851. ON appelle *diametre* d'une ſection conique, toute droite qui paſſe par ſon centre, parce qu'on fera voir que leur propriété eſt de couper en deux également des droites qui deviennent leurs doubles ordonnées.

852. Un diamétre eſt déterminé de grandeur par les deux points où il rencontre la ſection de part & d'autre, & ces points ſont appellés l'*origine* de ce diamétre. Ainſi OM, ND (Fig. 74. & 75) ſont des diamétres déterminés dont les origines ſont aux points O, M, & N, D.

853. Il ſuit de-là que *le diamètre d'une parabole eſt une droite indéfinie, tirée d'un point de la parabole, lequel eſt ſon origine, parallelement à l'axe*, puiſque le centre de la parabole eſt infiniment éloigné de ſon ſommet, telle eſt M*f* (Fig. 78.)

854. On appelle *diamétre conjugué à un autre diamétre*, celui qui eſt parallele aux ordonnées de celui-ci, ou à la tangente qui paſſe par ſon origine. Ainſi ND (Fig. 74. & 75) eſt un diamétre conjugué au diamétre MO, parce que ND eſt parallele à la tangente qui paſſe par le point M. Réciproquement MO eſt appellé diamétre conjugué au diamétre ND.

855. D'où on voit que *la parabole n'a pas de diamétres conjugués.*

856. THEOREME I. *Un diamétre quelconque* ND (Fig. 74 & 75) *eſt coupé en deux également au centre* C.

DEM. Par N menez NQ ordonnée à un des axes, & ayant pris CE=CQ élevés au même axe la perpendiculaire ED, je dis qu'elle rencontrera le diamétre ND dans un point D qui ſera dans la ſection. Car par la conſtruction les triangles CQN, CED ſont égaux, donc CD=CN & DE=NQ. Or (793) les ordonnées également éloignées du centre ſont égales, donc NQ étant une ordonnée, ſon égale DE en eſt une auſſi, donc ſon extrémité D eſt dans la ſection.

857. THEOREME II. *Si des extrémités* M, N *de deux diamétres conjugués, on méne* MP, NQ *ordonnées à l'axe principal* Ss, *le quarré* CQ^2 *de la coupée compriſe entre le centre* C *& la rencontre d'une des ordonnées eſt égal au produit* $sP \times PS$ *des abſciſſes de l'autre ordonnée.*

DEM. Gardant toutes les mêmes dénominations que dans le Problême XI, faiſant de plus $CQ=u$, on a $SQ=a+u$, & $sQ=a+u$. Dans l'ellipſe on a (820) $sP \times PS$ $(aa-xx)$: $SQ \times Qs$ $(aa-uu)$: : $PM^2 : NQ^2$. & dans l'hyperbole (844) $sP \times PS$ $(-aa+xx)$: CS^2+CQ^2 $(aa+uu)$: : $PM^2 : NQ^2$. Donc $\pm aa \mp xx : aa \mp uu :: PM^2 : NQ^2$. Or à cauſe des triangles

triangles semblables TPM, CNQ, on a $PM^2 : NQ^2 :: TP^2$ $\left(\frac{(\pm aa \mp xx)^2}{xx}\right) : CQ^2\ (uu)$, d'où il est aisé de tirer $uu = \pm aa \mp xx$, ou $CQ^2 = sP \times PS$.

858. Coroll. I. Dans l'ellipse aucune des coupées ne peut être au-delà du sommet par rapport au centre ; ainsi on a toujours CE^2, ou $CQ^2 = SP \times Ps$, & $CP^2 = sQ \times QS$. Cette derniere égalité ne se trouve pas dans l'hyperbole, où $CP^2 = CS^2 + CQ^2$, à cause de $xx = aa + uu$.

859. Coroll. II. Pour l'ellipse. $aa : bb :: sQ \times QS$ ou $CP^2\ (xx) : NQ^2 = \frac{bbxx}{aa}$. Or dans les triangles rectangles CPM, CNQ, on a $CM^2 = CP^2 + PM^2$: donc $CM^2 = xx + bb - \frac{bbxx}{aa}$, & $CN^2 = CQ^2 + NQ^2$, donc $CN^2 = aa - xx + \frac{bbxx}{aa}$. Donc $CM^2 + CN^2 = bb + aa$. Donc *la somme des quarrés de deux diamétres conjugués quelconques d'une ellipse, est égale à la somme des quarrés des deux axes, & par conséquent à la somme des quarrés de deux autres diamétres conjugués.* Ou ce qui revient au même, *dans l'ellipse la somme des quarrés de deux diamétres conjugués quelconques est constante.*

860. Coroll. III. Pour l'hyperbole. $aa : bb :: CS^2 + CQ^2$ ou $CP^2\ (xx) : NQ^2 = \frac{bbxx}{aa}$. Or $CM^2 = CP^2 + PM^2$, donc $CM^2 = xx - bb + \frac{bbxx}{aa}$, & $CN^2 = CQ^2 + NQ^2$. Donc $CN^2 = xx - aa + \frac{bbxx}{aa}$. Donc $CN^2 - CM^2 = bb - aa$. Donc *la différence de deux diamétres conjugués quelconques d'une hyperbole est constante.*

861. Theor. III. *Le quarré d'une droite* IH *tirée en-dedans d'une section conique & ordonnée à un diamétre* MO *quelconque, est au produit* $MH \times HO$ *de ses abscisses, comme* CN^2 *le quarré du diamétre conjugué, est au quarré* CM^2 *du diamétre auquel* IH *est ordonnée.* Ou $IH^2 : MH \times HO :: CN^2 : CM^2$.

Dem. Ayant mené IG ordonnée à l'axe Ss, & par H les perpendiculaires HR, HK ; faisant GK ou $HR = r$, $CK = t$, $CM = d$, on a $SG = r \pm a \mp t$, & $sG = a \mp r + t$. A cause des triangles semblables CPM, CHK on a d'abord CP (x) : CM (d) :: CK (t) : $CH = \frac{dt}{x}$, donc $MH = \pm d \mp \frac{dt}{x}$, & $HO = d + \frac{dt}{x}$, ainsi $MH \times HO = \pm dd \mp \frac{ddtt}{xx}$. On a aussi CP (x) : PM (y) :: CK (t) : KH ou $RG = \frac{ty}{x}$, & à cause des triangles semblables TPM, HIR, on a TP $\left(\frac{\pm aa \mp xx}{x}\right)$:

Q

PM (y) :: HR (r) : RI $= \frac{rxy}{\pm aa \mp xx}$. Donc $IG^2 = (IR+RG)^2 = \frac{rrxxyy}{(\pm aa \mp xx)^2} + \frac{2rtyy}{\pm aa \mp xx} + \frac{ttyy}{xx}$. Or (840) $sP \times PS$ ($\pm aa \mp xx$) : $sG \times GS$ ($2rt \pm aa \mp rr \mp tt$) :: PM^2 (yy) : IG^2. Prenant cette valeur de IG^2, & l'égalant à celle qu'on vient de trouver, on a l'équation $\frac{2rtyy \pm aayy \mp rryy \mp ttyy}{\pm aa \mp xx} = \frac{rrxxyy}{(\pm aa \mp xx)^2} + \frac{2rtyy}{\pm aa \mp xx} + \frac{ttyy}{xx}$. De laquelle on tirera la valeur de HR^2 ou $rr = aa - xx + tt - \frac{aatt}{xx}$. Cela posé je dis que $MH \times HO$ $\left(\pm dd \mp \frac{ddtt}{xx}\right)$: CM^2 (dd) :: HR^2 $\left(aa - xx + tt - \frac{aatt}{xx}\right)$: CQ^2 ($\pm aa \mp xx$), puisque le produit des extrêmes est égal au produit des moyens. Enfin dans les triangles semblables HIR, CNQ, on a $HR^2 : CQ^2 :: IH^2 : CN^2$. Donc $MH \times HO : CM^2 :: IH^2 : CN^2$, ou $IH^2 : MH \times HO :: CN^2 : CM^2$.

862. COROLL. Les ordonnées à un diametre quelconque de l'ellipse ne pouvant tomber en-dehors de la section, ce Théoréme est vrai à l'égard d'un diamétre quelconque de l'ellipse ; & il est aisé de voir que *dans toutes les sections coniques les propriétés des axes qui ne dépendent pas nécessairement de celles des foyers, conviennent aussi aux diamétres conjugués.* Et il n'y a de différence qu'en ce que les ordonnées aux axes leur sont perpendiculaires, au lieu que les ordonnées aux diamétres leur sont obliques. Ainsi si du point I on mene Ih ordonnée au diamétre DN, on fera voir comme ci-dessus (841) que dans l'ellipse $Ih^2 : Dh \times hN :: CM^2 : CD^2$, & dans l'hyperbole (844) que $Ih^2 : Ch^2 + CD^2 :: CM^2 : CD^2$: de sorte qu'on peut se servir des mêmes équations pour les diamétres que pour les axes conjugués, dont les paramétres seront des troisiémes proportionnelles comme au n° 817. Mais à l'égard de celui d'un diamétre Mf (Fig. 78) de la parabole, il sera toujours le quadruple de la distance Mm de son origine M à la directrice Am ou au foyer de l'axe. Car (839) $MT^2 = 4AS \times SP + 4SP^2$: Or si par le sommet S on tire SO ordonnée au diamétre Mf, on a $SO = MT$, & son abscisse $MO = ST = SP$ (828). Mais parce que les ordonnées aux diamétres ont les mêmes propriétés que celles de l'axe, $SO^2 = MO \times p$ (819) ou $4AS \times SP + 4SP^2 = SP \times p$, ou divisant par SP, $4AS + 4SP = p$. Or $4AS + 4SP = 4AP = 4Mm = 4MF$. Donc $p = 4Mm = 4MF$.

863. THEOR IV. *Si de l'extrémité* M *d'un diamétre quelconque* CM (Fig. 79 & 80) *on abaisse sur son conjugué la perpendiculaire* MR, *on a cette proportion* MR : CL :: CS : CD.

DEM. On a (859 & 860) $CD^2 \pm CM^2 = bb \pm aa$. Or $CM^2 = xx \pm bb \mp \frac{bbxx}{aa}$; donc $CD^2 = \frac{bbxx \mp aaxx \pm a^4}{aa}$. Du centre C ayant abaissé sur la tangente la perpendiculaire CI, & continué CL jusqu'à sa rencontre en X, les triangles semblables CIX, MNP donnent CI ou MR: CX :: MP ou CV: NM. Donc $MR \times NM = CX \times CV$. Mais (830 & 847) $CX \times CV$

$=CL^2$. Donc $MR \times NM = CL^2$. Donc NM^2 $\left(\frac{b^4xx \pm a^4bb \mp aabbxx}{a^4}\right)$: $CL^2(bb) :: CL^2(bb) : MR^2 = \frac{a^4bb}{bbxx \pm a^4 \mp aaxx}$. Donc $MR^2 \times CD^2 = aabb = CS^2 \times CL^2$. Donc $MR^2 : CL^2 :: CS^2 : CD^2$. Ou $MR : CL :: CS : CD$.

864. COROLL. La ſurface d'un parallélogramme formé ſur les demi-diamétres conjugués CM, CD ſeroit égale à celle d'un rectangle formé ſur les demi-axes CS, CL; car l'une ſeroit meſurée par $CD \times MR$, & l'autre par $CS \times CL$. Il en eſt de même des diamétres entiers & des axes entiers. Donc *la ſurface d'un parallélogramme formé autour de deux diamétres conjugués quelconques, eſt égale à celle du rectangle formé autour des axes, & par conſéquent égale auſſi à celle d'un autre parallélogramme formé autour de deux autres diamétres conjugués quelconques.*

Propriétés de l'hyperbole rapportée à ſes aſymptotes.

865. PUISQUE pour tirer les aſymptotes $C\beta$, bB (Fig 74) on a fait SB, $S\beta$ égales à CL (833), il ſuit que *l'angle des aſymptotes* βCB *doit être aigu droit ou obtus, ſelon que le premier demi-axe* CS *eſt plus grand, égal ou plus petit que ſon conjugué* CL. Car l'angle SCB qui en eſt la moitié, eſt plus petit égal ou plus grand que de 45°, ſelon que SB eſt plus petit égal ou plus grand que CS.

866. Les diagonales SL, $C\beta$ du rectangle $CL\beta S$ formé ſur les demi-axes étant égales & ſe coupant en deux également en Υ, on a $S\Upsilon = C\Upsilon$, & $C\Upsilon^2$ ou $S\Upsilon^2 = \frac{1}{4}CS^2 + \frac{1}{4}CL^2 = \frac{1}{4}aa + \frac{1}{4}bb$.

867. Quand l'angle des aſymptotes eſt droit, l'hyperbole s'appelle *Equilatere*, d'où on voit, 1°. que *le parametre d'une hyperbole équilatere eſt égal à chacun des axes, qui ſont alors égaux.* 2°. qu'en comptant les coupées depuis le ſommet, *l'équation à l'axe principal d'une hyperbole équilatere, eſt* $yy = 2ax + xx$, & en comptant les coupées du centre, $yy = aa + xx$: à cauſe de $a = b$, & de $p = 2a = 2b$, qu'il faut ſubſtituer dans les équations aux axes de l'hyperbole. 3°. Que les équations au cercle étant $yy = 2ax - xx$, & $yy = aa + xx$, ſelon que les coupées ſont comptées du ſommet ou du centre, *le cercle eſt à l'hyperbole équilatere, ce qu'eſt l'ellipſe à l'hyperbole ordinaire.*

868. THEOREME V. *Ayant prolongé de part & d'autre une ordonnée quelconque* PM *à l'axe principal juſqu'aux aſymptotes en* A, a, *on a* $AM \times Ma = CL^2$, *ou* $AM : CL :: CL : Ma$.

DEM. De l'équation $yy = \frac{bbxx}{aa} - bb$ (840) on tire bb ou $CL^2 = \frac{bbxx}{aa} - yy = \left(\frac{bx}{a} - y\right) \times \left(\frac{bx}{a} + y\right)$. Or à cauſe des triangles ſemblables CSL, CAP, on a $CS : CL :: CP : PA = \frac{bx}{a}$: donc $AM = \frac{bx}{a} - y$, & $Ma = \frac{bx}{a} + y$, donc $AM \times Ma = CL^2$.

869. COROLL. On a donc aussi IV×Iu=CL²=AM×Ma=am×mA =iu×iV.

870. THEOR. VI. *Si par un point* M *d'une hyperbole on tire à l'asymptote voisine* CA *une droite* MR *parallele à l'autre asymptote* CB, on a MR×RC=Cϒ²=Sϒ², ou MR : Sϒ :: Sϒ : RC.

DEM. Tirez MX parallele à AC pour avoir MX=RC. A cause des triangles semblables MAR, Sβϒ, on a MR : Sϒ :: MA : Sβ ou CL. Or (868) MA : CL :: CL : Ma. Et à cause des triangles semblables Sβϒ, MaX, on a Sβ : Ma :: βϒ ou Sϒ : MX ou RC. Donc MR : Sϒ :: Sϒ : RC.

871. COROLL. I. Toute droite comme MR tirée des points de l'hyperbole à l'asymptote CA, & parallele à l'autre asymptote CB, peut être regardée comme une ordonnée dont l'asymptote CA est la ligne des abscisses. Car l'asymptote CB étant une tangente à l'hyperbole, sa position détermine (772) celles des ordonnées, l'origine des abscisses est en C, ainsi CR est l'abscisse de cette ordonnée MR. Si donc on fait CR=x, MR=y, Cϒ ou Sϒ=d, on aura $xy=dd$, ou $xy=\frac{1}{4}aa+\frac{1}{4}bb$ pour l'*équation de l'hyperbole rapportée à ses asymptotes.*

872. COROLL. II. Si on prolonge MR jusqu'à l'hyperbole conjuguée dLD, on aura DR=RM. Car DR×CR=Cϒ²=MR×CR.

873. THEOR. VII. *Les deux parties* EG, FI (Fig 85) *d'une droite quelconque* FE *menée à travers une hyperbole, & interceptées entre la courbe & les asymptotes, sont égales entre elles.*

DEM. Par les points G, I, faites passer DT, BQ perpendiculaires à l'axe; on a (869) DR×RT ou GT×GD=BI×IQ : donc IQ : GT :: GD : BI. Mais à cause des paralleles DT, BQ, les triangles GTE, EIQ sont semblables, aussi-bien que FBI, FGD, donc GD : BI :: GF : IF. Et IQ : TG :: IE : GE. Donc GF : IF :: IE : GE. Et GF—IF : IF :: IE—EG. EG. Donc IG : IF :: IG : GE. Donc IF =GE.

874. COROLL. I. On tire de-là une maniere de décrire une hyperbole entre deux asymptotes données, & qui passe par un point I donné, car si par ce point I on fait passer tant de droites AP, BQ, FE, &c. qu'on voudra, en prenant PH=AI, QK=BI, GE=FI, &c. on aura les points H, K, G, &c. par où l'hyperbole doit passer : ensuite un des points trouvés peut servir de même que le point donné I, à en déterminer d'autres.

875. COROLL. II. Si on prend encore un point autre que le point I en-dedans ou hors de l'hyperbole RSH déja décrite, on pourra en décrire une autre qui aura les mêmes asymptotes, & qui ne rencontrera l'hyperbole RSH qu'à l'extrémité de ses branches infinies.

876. COROLL. III. *Une tangente se terminée aux asymptotes, est divisée en deux également par le point de contact* t. Car si la droite FE tirée à volonté n'entroit qu'infiniment peu dans l'hyperbole, les points G & I seroient confondus au point de contact, & on n'auroit pas moins FI=GE.

877. COROLL. IV. *Une tangente eg terminée aux asymptotes* (Fig.

74) *est égale au diamétre* DN *conjugué au diamétre* MO *qui passe par le point* M *de contact*, à cause du parallélogramme DMgC, où Mg=Me=DC.

878. THEOR. VIII. *Si des deux points quelconques* I, R, (Fig. 85) *pris sur une hyperbole, on tire à volonté deux paralleles* IA, RX *terminées à l'asymptote voisine, & deux autres paralleles* IE, RΥ *terminées à l'autre asymptote*, on a IA×IE=RX×RΥ.

DEM Les perpendiculaires a l'axe BQ, DT terminées aux asymptotes, & menées par les points I, R, forment les triangles semblables BIA, DRX, & IQE, TRΥ. Donc IB : IA :: DR : RX. Et IQ : IE :: RT : RΥ. Donc IB×IQ : IA×IE :: DR×RT : RX×RΥ. Or BI×IQ =DR×RT (869): donc IA×IE=RX×RΥ.

879. COROLL. I. *Si on tire à travers une hyperbole deux droites à volonté* FE, ZΥ *paralleles entre elles & terminées aux asymptotes, on aur*a *toujours* FI×IE=ZR×RΥ.

880. COROLL. II. Si une de ces paralleles est tangente en f on aura fF²=FI×IE, &c.

Différens Problêmes sur les sections coniques.

881. PROBLEME I. *Une portion de section conique étant donnée, en déterminer l'espece & la position des axes.*

SOLUTION. Menez deux paralleles quelconques terminées de part & d'autre à la section, faites passer une droite par les points de leurs milieux, elle sera un diamétre de la section. Menez de même deux autres paralleles, mais qui soient obliques aux deux précédentes, & tirezpar leur milieu un autre diamétre. Si ces deux diamétres sont paralleles, la section est une parabole; s'ils se coupent en-dedans de la section, c'est une ellipse, s'ils se coupent en-dehors, c'est une hyperbole. Ce point d'intersection en sera le centre. C'est pourquoi si de ce centre on décrit un arc de cercle qui coupe la section donnée en deux points, la droite qui passera par ce centre & par le milieu entre les deux points sera l'axe: si la section est une parabole, on menera une droite quelconque perpendiculaire aux diamétres trouvés, & terminée de part & d'autre à la section, on la coupera en deux également & perpendiculairement par une droite qui sera l'axe.

882. PROBLEME II. *Etant donnés de position trois points* M, m, μ, *non en ligne droite & le foyer* F (Fig. 73) *y faire passer une section conique, & en déterminer l'espece & les axes.*

SOLUTION. Ayant tiré Mm, $m\mu$, faites FM : Fm :: ME : mE & Fm : $F\mu$ :: mH : μH. Ou ce qui revient au même, prenez $mE=\frac{Fm\times Mm}{Fm-FM}$, & $mH=\frac{Fm\times m\mu}{F\mu-Fm}$, & par les points E, H ainsi trouvés tirés de la droite indéfinie EH qui sera la directrice de la section. Car y ayant abbaissé les perpendiculaires MG, mg, $\mu\gamma$, à cause des triangles semblables gmE, GME, on a MG : mg :: ME : mE :: FM : Fm.

De même $mg : \mu\gamma :: mH : \mu H :: Fm : F\mu$. Donc ces perpendiculaires sont entre elles comme les droites MF, mF, μF. Donc (780) la droite EH est la directrice d'une section conique qui doit passer par les trois points M, m, μ, & dont l'espece dépend du rapport de FM à GM. Ainsi si on fait passer par F la droite FA perpendiculaire à la directrice, elle sera l'axe de la section; & si on fait MG : FM :: AS : SF :: As : sF; ou si on prend $SF = \frac{FA \times FM}{FM + GM}$, & $Fs = \frac{FA \times FM}{GM - FM}$, on aura les deux sommets S, s de l'axe.

883. PROBLEME III. *Trouver les asymptotes d'une hyperbole dont on a seulement deux diamétres conjugués* MO, DN (Fig. 74.)

I. SOLUTION. Par l'extrémité M du premier diamétre MO tirez eg parallelement au conjugué DN, faites Mg & Me égales à CD ou CN, & vous aurez les points g & e par où les asymptotes doivent passer.

884. II. SOLUTION. Joignez les extrémités M, D des deux diamétres, & par le centre C, & par le point R au milieu de MD tirez CR qui sera une des asymptotes; l'autre sera la parallele à DM menée du centre C.

885. SCOLIE. Réciproquement *étant données les asymptotes & un point* M *de l'hyperbole, on en trouve deux diamétres conjugués*, en tirant indéfiniment MD parallele à l'asymptote CB, & faisant DR=MR, & les droites MC, DC seront deux demi-diamétres conjugués. Ou bien en tirant par M la tangente eg terminée aux asymptotes, & faisant passer par C la droite CD parallele & égale à Me ou à Mg.

886. PROBLEME IV. *Déterminer le rayon de courbure en un point quelconque* M *d'une section conique* (Fig. 79 & 80.)

SOLUTION. Ayant tiré par le point donné le diamétre MO, & son conjugué DN avec les axes Ss, Ll; supposez que le point K pris sur MO, soit un point de la circonférence du cercle qui passe par les trois points infiniment proches $mM\mu$, alors on a (563) $\mu H \times Hm = MH \times HK$, ou $mH^2 = MH \times HK$: or (820) $mH^2 : MH \times HO :: CD^2 : CM^2$; donc $MH \times HK : MH \times HO :: CD^2 : CM^2$. Ou $HK : HO :: CD^2 : CM^2$. Et parce que MH est infiniment petit même par rapport à mH; on a $MK : MO$ ou $2CM :: CD^2 : CM^2$. Donc $MK = \frac{2CD^2}{CM}$. Soit maintenant MA le diamétre du cercle osculateur ou qui passe par $mM\mu$, ayant tiré la corde AK, le triangle AKM est rectangle en K, & semblable au triangle MCR rectang. en R à cause que MA est perpendiculaire à l'arc $m\mu$ ou à sa tangente MX, & par conséquent au diamétre conjugué ND. On a donc $MR : MC :: MK$ ou $\frac{2CD^2}{CM} : MA = \frac{2CD^2}{MR}$: donc $\frac{1}{2}MA = \frac{CD^2}{MR}$, c'est-à-dire, 1°. *le rayon de courbure en un point quelconque* M *d'une section conique, est égal au quarré du demi-diamétre conjugué à celui qui passe par le point donné, divisé par la perpendiculaire tirée de ce point sur le diamétre conjugué.*

887. Du foyer F & du centre C soient abbaissées sur la tangente en M, les perpendiculaires CI, FG: on a (863) $MR^2 : CS^2 :: CL^2$ ou $MR \times MN : CD^2 = \frac{CS^2 \times MN}{MR}$. Or $\frac{1}{2}MA = \frac{CD^2}{MR}$; donc $\frac{1}{2}MA = \frac{CS^2 \times MN}{MR^2}$. Mais le paramétre p de l'axe Ss, est $p = \frac{2CL^2}{CS}$, & $\frac{1}{2}p = \frac{CL^2}{CS}$; donc $\frac{1}{2}p \times CS = CL^2 = MR \times MN$, donc $MR = \frac{p \times CS}{2MN}$, & $MR^2 = \frac{pp \times CS^2}{4MN^2}$. Donc en substituant $\frac{1}{2}MA = \frac{4MN^3}{pp} = \frac{MN^3}{\frac{1}{4}pp}$. C'est-à-dire, II°. *Le rayon de courbure en un point quelconque* M *d'une section conique, est égal au cube de la normale divisé par le quart du quarré du paramétre de l'axe principal.*

888. PROBLEME V. *Trouver la quadrature des sections coniques.*

SOLUTION pour la parabole. Soit proposé de quarrer l'espace $SnMP$ (Fig. 78) l'origine des coupées étant au sommet S, on a $PM = y = \sqrt{px}$; soit $p = 1$, donc $y = \sqrt{x}$, ou $y = x^{\frac{1}{2}}$. Donc pour avoir la somme des ordonnées comprises entre S & MP, il ne s'agit que de sommer la suite $1^{\frac{1}{2}}. 2^{\frac{1}{2}}. 3^{\frac{1}{2}}. 4^{\frac{1}{2}} \ldots\ldots x^{\frac{1}{2}}$, la somme est (384) $\frac{x^{\frac{1}{2}+1}}{\frac{1}{2}+1} = \frac{x^{\frac{3}{2}}}{\frac{3}{2}} = \frac{2}{3}x^{\frac{3}{2}} = \frac{2}{3}\sqrt{x^3} = (194)\ \frac{2}{3}x\sqrt{x}$, & parce que $y = \sqrt{x}$, on a $\frac{2}{3}x\sqrt{x} = \frac{2}{3}xy$. Donc l'*espace parabolique* SMP *est les* $\frac{2}{3}$ *du produit de l'abscisse par l'ordonnée*, ou de l'aire du parallélogramme SPML.

889. COROLL. I. Si on tire la droite SM, le segment parabolique SMn est $\frac{1}{6}xy$; car son aire est égale à l'aire $SPMn$ moins l'aire du triangle rectangle SPM, c'est-à-dire, à $\frac{2}{3}xy - \frac{1}{2}xy = \frac{1}{6}xy$.

890. COROLL. II. L'aire du segment SMn est la moitié de l'aire du triligne $MnSL$, car ce triligne $= \frac{1}{3}xy$.

891. COROLL. III. Si le point P étoit au foyer, on auroit $y = \frac{1}{2}p$, & $x = \frac{1}{4}p$, donc $\frac{2}{3}xy = \frac{2}{3} \times \frac{1}{4}p \times \frac{1}{2}p = \frac{1}{12}pp$. C'est-à-dire, l'aire seroit $\frac{1}{12}$ du quarré du paramétre.

892. SOLUTION pour l'ellipse. En comptant les coupées du centre, l'équation à l'ellipse est $yy = \frac{aabb - bbxx}{aa}$; ou $yy = \frac{bb}{aa} \times (aa - xx)$; donc $y = \frac{b}{a} \times \sqrt{aa - xx}$. Donc (779) chacune de toutes les ordonnées possibles entre CL & PM (Fig. 81) est $\frac{b}{a} \times a - \frac{b}{a} \times \frac{xx}{2a} - \frac{b}{a} \times \frac{x^4}{8a^3} - \frac{b}{a} \times \frac{x^6}{16a^5} - \frac{b}{a} \times \frac{5x^8}{128a^7}$, &c. Ou $b - \frac{bxx}{2aa} - \frac{bx^4}{8a^4} - \frac{bx^6}{16a^6} -$

$\frac{5bx^8}{128a^8}$, &c. Donc cette ſuite ſommée autant de fois qu'il y a de coupées poſſibles depuis C juſqu'à P, donnera la ſomme de toutes ces ordonnées ou l'aire CLMP. Donc en ſuppoſant pour toutes ces coupées la ſuite infinie 1. 2. 3. 4. 5.......x, on voit, 1°. que $b \times x$ ou bx exprime la ſomme de tous les premiers termes b de la ſuite $b - \frac{bxx}{2aa} - \frac{bx^4}{8a^4}$, &c. 2°. Que la ſomme de tous les ſeconds termes $-\frac{bxx}{2aa}$ eſt égale à $-\frac{b}{2aa}$ multipliée par la ſomme de tous les quarrés des termes de la ſuite infinie 1. 2. 3. 4. 5.....x, laquelle eſt (383) $= \frac{x^3}{3}$, donc la ſomme de tous les ſeconds termes eſt $-\frac{bx^3}{6aa}$. 3°. Que la ſomme de tous les troiſiémes termes $-\frac{bx^4}{8a^4}$ eſt égale à $-\frac{b}{8a^4}$ multiplié par la ſomme de toutes les quatriémes puiſſances des termes de la ſuite 1.2.3.4.5......x, laquelle eſt $\frac{x^5}{5}$. Donc la ſomme de tous les troiſiémes termes eſt $-\frac{bx^5}{40a^4}$, on trouve de même que la ſomme de tous les quatriémes termes $-\frac{bx^6}{16a^6}$ eſt $-\frac{b}{16a^6} \times \frac{x^7}{7} = -\frac{bx^7}{112a^6}$, que celle de tous les cinquiémes eſt $-\frac{5bx^9}{1152a^8}$, &c. De ſorte que l'eſpace CLMP eſt exprimé par la ſuite infinie, $bx - \frac{bx^3}{6aa} - \frac{bx^5}{40a^4} - \frac{bx^7}{112a^6} - \frac{5bx^9}{1152a^8} - \frac{7bx^{11}}{2816a^{10}} - \frac{21bx^{13}}{13312a^{12}}$, &c. laquelle n'a pu juſqu'à préſent être ſommée en termes finis, ce qui fait que la quadrature abſolue de l'ellipſe eſt inconnue.

893. COROLL. I. Si on fait $x = a$, alors en ſubſtituant on aura $ab - \frac{1}{6}ab - \frac{1}{40}ab - \frac{1}{112}ab -$ &c. pour l'eſpace compris dans le quart d'ellipſe CLMS. Et ſi a & b expriment les deux axes entiers de l'ellipſe, cette ſuite donnera l'aire entiere de l'ellipſe.

894. COROLL. II. Si $a = b$ alors l'ellipſe eſt un cercle, & la ſuite $aa - \frac{1}{6}aa - \frac{1}{40}aa - \frac{1}{112}aa$, &c. donne la quadrature d'un quart de cercle, ou d'un cercle entier ſi a exprime le diamétre.

895. COROLL. III. Il ſuit de-là que *l'aire d'une ellipſe eſt à celle d'un cercle décrit ſur ſon grand axe, comme* $ab - \frac{1}{6}ab - \frac{1}{40}ab$, &c. à $aa - \frac{1}{6}aa - \frac{1}{40}aa$, &c. c'eſt-à-dire, comme ab à aa, ou comme b à a, & par conſéquent *comme le petit axe eſt au grand axe.* Et ſi le cercle avoit le petit axe pour diamétre, ſon aire ſeroit à celle de l'ellipſe, comme le petit axe au grand axe.

896. De même *la portion* CPNO *du cercle, est à la portion* CPML *de l'ellipse, comme le grand axe est au petit axe,* ou comme a a b. Car l'une est exprimée par $ax - \frac{ax^3}{6aa} - \frac{ax^5}{40a^4}$, &c. & l'autre par $bx - \frac{bx^3}{6aa} - \frac{bx^5}{40a^4}$, &c. On peut dire la même chose des aires PNS, PMS. Tout ceci est d'ailleurs évident, parce que ces sortes d'aires circulaires ne sont que des sommes d'ordonnées qui sont (843) toutes aux ordonnées correspondantes de l'ellipse (dont les sommes sont les aires elliptiques), comme le grand axe est au petit axe.

897. COROLL. IV. *Si d'un point* A *quelconque pris sur l'axe d'une ellipse inscrite ou circonscrite à un cercle, on tire aux extrémités* M, N *d'une ordonnée commune* PN *les droites* AM, AN, *l'aire du secteur circulaire* SAN, *est à celle du secteur elliptique* SAM, *comme l'axe qui est le diametre du cercle est à l'autre axe.* Car l'aire circulaire SPN est dans ce rapport avec l'aire elliptique SMP : & l'aire du triangle rectangle PAN est à celle du triangle PAM qui a une meme base PA, comme PN à PM (595), ou (843) comme CO à CL, c'est-à-dire, comme l'axe qui sert de diametre au cercle est à l'autre axe. Donc (309) les aires totales SAN, SAM sont dans ce rapport.

898. COROLL. V. *L'aire d'une ellipse est égale à celle d'un cercle dont le diametre est moyen proportionnel entre les axes de l'ellipse.* Soit $=d$ le diamétre de ce cercle, on a (316) $dd=ab$. L'aire du cercle est (894) $dd - \frac{1}{6}dd - \frac{1}{40}dd$, &c. $= ab - \frac{1}{6}ab - \frac{1}{40}ab$, &c.

899. COROLL. VI. *Les surfaces de deux ellipses quelconques sont entre elles comme les produits de leurs axes.* Car soient a, b les axes de l'une; c, d les axes de l'autre, leurs aires seront $ab - \frac{1}{6}ab - \frac{1}{40}ab$, &c. $cd - \frac{1}{6}cd - \frac{1}{40}cd$, &c. ces deux suites sont évidemment entre elles comme ab à cd.

SOLUTION pour l'hyperbole. En faisant $=b$ le premier demi-axe SC (Fig. 77) & $CL=a$, la coupée $CH=x$, l'ordonnée $MH=y$, on a (840) $yy = \frac{aabb+bbxx}{aa}$, ou $yy = \frac{bb}{aa}(aa+xx)$: donc $y = \frac{b}{a}\sqrt{aa+xx}$: donc chaque ordonnée comprise entre CS & HM, est $b + \frac{bxx}{2aa} - \frac{bx^4}{8a^4} + \frac{bx^6}{16a^6} - \frac{5bx^8}{128a^8} +$ &c. Et comme cette suite ne différe de celle de l'ellipse que dans les signes des termes pairs, en suivant le raisonnement fait pour l'ellipse, on trouve, 1°. que l'aire hyperbolique SCHM doit être exprimée par la suite $bx + \frac{bx^3}{6aa} - \frac{bx^5}{40a^4} + \frac{bx^7}{112a^6} - \frac{5bx^9}{1152a^8}$ + &c. 2°. Que si on en ôte l'aire du rectangle $SCHI=bx$, reste l'aire du triligne hyperbolique $SIM = \frac{bx^3}{6aa} - \frac{bx^5}{40a^4} + \frac{bx^7}{112a^6}$, &c. 3°. Que dans l'hyperbole équilatere, où $b=a$, si $a=x$ on a $aa + \frac{1}{6}aa - \frac{1}{40}aa + \frac{1}{112}aa$

— &c. Et on peut suivre l'analogie entre l'hyperbole équilatere & une hyperbole quelconque, comme on a fait celle qui est entre le cercle & l'ellipse.

900 Pour l'hyperbole entre ses asymptotes. Soit proposé de quarrer l'espace ARMZ (Fig 74) compris entre les deux ordonnées AZ, RM. Ayant mis l'origine des coupées en R, soit CΥ$=a$, CR$=b$, RA$=x$, AZ$=y$, on a (870) CA × AZ=CΥ², ou $by+xy=aa$. Donc $y=\frac{aa}{b+x}=\frac{aa}{b}-\frac{aax}{bb}+\frac{aaxx}{b^3}-\frac{aax^3}{b^4}+\frac{aax^4}{b^5}-$ &c. (370). Et la somme de chacun des termes de cette suite pris autant de fois qu'il y a de termes dans la suite infinie 1. 2. 3. 4. . . . . x, fera cette suite infinie $\frac{aax}{b}-\frac{aaxx}{2bb}+\frac{aax^3}{3b^3}-\frac{aax^4}{4b^4}+$ &c. égale à l'aire ARMZ. Cette suite sera d'autant plus convergente que x sera plus petit que b.

901. COROLL. Si on fait $b=a$, c'est-à-dire, si l'origine des coupées étoit en Υ, l'espace SΥAZ seroit $ax-\frac{1}{2}xx+\frac{1}{3}\frac{x^3}{a}-\frac{1}{4}\frac{x^4}{aa}+\frac{1}{5}\frac{x^5}{a^3}-$ &c. Et si on fait $a=1$, on aura $x-\frac{1}{2}xx+\frac{1}{3}x^3-\frac{1}{4}x^4$, &c.

902. SCHOLIE I. Si ayant fait CΥ$=1$, on prend les abscisses CR, CA, Ct en progression geométrique, soit CA$=f$, & A$t=z$, on aura donc $f=b+x$, & C$t=f+z$; donc la progression donnera $b:b+x::f:f+z$, & par conséquent $\frac{x}{b}=\frac{z}{f}$; d'où il est clair que l'aire RMZA, qui est $\frac{x}{b}-\frac{x^2}{2b^2}+\frac{x^3}{3b^3}-\frac{x^4}{4b^4}+$ &c. est égale à l'aire AZkt, qui est $\frac{z}{f}-\frac{z^2}{2f^2}+\frac{z^3}{3f^3}-\frac{z^4}{4f^4}+$ &c. Donc *les aires hyperboliques qui ont pour bases les différences des abscisses en progression geométrique, sont égales entre elles.* D'où on voit que si CΥ, CR, CA, Ct, sont des abscisses telles, qu'elles représentent la suite des quantités en progression geométrique $\div q^0 . q^1 . q^2 . q^3$, les aires dont ΥR, RA, At, sont les bases étant égales, les aires donc ΥR, ΥA, Υt sont les bases, sont entre elles comme la suite des nombres 1, 2, 3, Donc elles sont comme les exposans des quantités CR, CA; Ct; & par conséquent (337) comme les logarithmes de ces mêmes quantités. Donc *on peut calculer les logarithmes par le moyen des aires hyperboliques, & réciproquement.*

903. SCOLIE II. Si on vouloit l'expression de l'aire comprise entre l'asymptote CB, la partie CR de l'autre asymptote, l'ordonnée MR & la branche infinie MSi: à cause de l'équation $aa=xy$ (871), soit CΥ ou $a=1$, donc $y=\frac{1}{x}=x^{-1}$ (168); or (384) la somme de tous les x^{-1} est $\frac{x^{-1+1}}{-1+1}=\frac{x^0}{0}=\frac{1}{0}$. Donc parce que le quotient de 1 divisé par 0 est infini, cet espace est infini.

Reste à faire voir comment les courbes que nous avons considérées jusqu'ici, sont des *sections coniques*.

904. Si on veut couper par un plan un cone droit en deux parties, on ne le pourra faire que des quatre manieres suivantes.

1°. Ou le plan coupant sera parallele à la base du cone, & alors il est clair que la courbe qui terminera les plans des deux parties coupées, sera un cercle, puisqu'elle sera un des élémens du cone.

905. 2°. Ou le plan *Sp* (Fig. 82) sera parallele à un des côtés AB du cone, c'est-à-dire, fera sur le plan BC de la base un angle S*p*C égal à celui des côtés ou apothémes de ce cone, & alors la section sera terminée par une ligne courbe indéfinie *m*MSM*m*, puisque si le cone étoit prolongé à l'infini, le plan le couperoit toujours de la même maniere; cette courbe est *la Parabole*.

906. 3°. Ou le plan coupant S*p* (Fig. 83) n'étant parallele ni à un côté, ni à la base du cone, sera plus incliné sur le plan CB de la base, que ne le sont les côtés du cone, alors il est clair que le plan pourra couper tous les côtés du cone, & que la section sera terminée par une courbe finie, rentrante en elle-même, & c'est l'*Ellipse*.

907. 4°. Ou le plan coupant S*p* (Fig. 84) sera moins incliné sur la base du cone, que ne sont les côtes du cone, & alors on voit que ce plan ne peut couper de part en part tous les côtés du cone, qu'ainsi la section *m*MSM*m* est une courbe indéfinie, & que si on posoit au sommet A du cone, le sommet d'un autre cone semblable, le plan coupant étant prolongé, iroit couper cet autre cone en *s* de la même maniere: cette section est *l'Hyperbole*, & les deux ensemble sont les *hyperboles opposées*.

908. Il est clair que le plan coupant étant perpendiculaire au plan de la base du cone, fait aussi des sections hyperboliques; mais que s'il passe par le sommet & le long de l'axe du cone, ces hyperboles deviennent des triangles rectilignes isoscelès & semblables.

909. DEM. Pour la parabole, faites passer (Fig. 82) un plan parallele à celui de la base, la section sera un cercle EMD, parce que ce sera un des élémens du cone. Or comme les deux cercles EMD, B*m*C sont coupés en MM, & en *mm* par la section, puis en ED & en BC par le plan du triangle ABC ~~qui passe par le sommet A,~~ & par les apothèmes opposés AB, AC, il est clair (633) que les droites MM, *mm* sont paralleles entre elles, aussi-bien que les diamétres ED, BC. ~~Or on a~~ supposé *mm* perpendiculaire à BC, donc MM est perpendiculaire à ED. D'ailleurs les diamétres ED, BC étant coupés en P, & en *p* par l'axe S*p* de la section, cet axe est (623) dans le plan de ces diamétres ou du triangle ABC; donc MM, & *mm* sont aussi perpendiculaires à S*p*. Ainsi les droites *pm*, PM sont des ordonnées communes aux cercles B*m*C, EMD, & à la section *m*S*m*. Maintenant (562) $pm^2 = Bp \times pC$, & $PM^2 = EP \times PD$. Donc $pm^2 . PM^2 :: Bp \times pC : EP \times PD$. Mais à cause des paralleles AB, S*p*, on a $EP = Bp$; donc (296) $pm^2 : PM^2 :: pC : PD$. Et à cause des triangles semblables SPD, S*p*C on a $pC : PD :: Sp : SP$. Donc $pm^2 : PM^2 :: Sp : SP$. Donc la courbe *m*S*m* est telle que les quarrés de ses ordonnées sont entre eux

comme leurs abſciſſes, donc (821) cette courbe eſt une parabole.

910. DEM Pour l'ellipſe (Fig. 83). Ayant fait paſſer deux plans, paralleles à la baſe du cone, on aura deux cercles EmF, GMH qui couperont le plan de la ſection, & on verra comme ci-deſſus, que mp & MP ſont des ordonnées communes au cercle & à la ſection : & que par la propriété des cercles on a $mp^2 : MP^2 :: Ep \times pF : GP \times PH$. Mais à cauſe des triangles ſemblables SPH, SpF, & sEp, sGP, on a $pF : PH :: Sp : SP$. & $Ep : GP :: sp : sP$. Donc (307) $Ep \times pF : GP \times PH :: sp \times Sp : sP \times SP$. Donc $pm^2 : PM^2 :: sp \times Sp : sP \times SP$. Donc la ſection sMS eſt une courbe telle que les quarrés de ſes ordonnées ſont entre eux comme les produits des abſciſſes, donc c'eſt une ellipſe. (820)

911. DEM. Pour l'hyperbole (Fig. 84) A cauſe des cercles EMD, BmC on a, $pm^2 : PM^2 :: Bp \times pC : EP \times PD$. Or à cauſe des triangles ſemblables DPS, CpS, & psB, PsE, on a, $pC : PD :: pS : PS$. & $pB : PE :: ps : sP$. Donc $pC \times pB : PD \times EP :: pS \times ps : PS \times sP$. Donc en ſubſtituant $pm^2 : PM^2 :: pS \times ps : PS \times Ps$. c'eſt la propriété de l'hyperbole. (820)

912. COROLL. Il eſt clair que ſi on fait paſſer par le ſommet du cone un plan parallele à celui de la ſection, ce plan touchera le cone dans le cas de la parabole ; il ſera totalement en-dehors dans le cas de l'ellipſe, & il entrera dans le cone dans le cas de l'hyperbole : & ſi on applique deux plans qui touchent l'hyperbole le long des lignes droites, ſuivant leſquelles ce plan qui paſſe par le ſommet coupe la ſurface du cone, les interſections de ces deux plans avec le plan des hyperboles en ſeront les aſymptotes. Or il eſt clair que puiſque ces deux plans touchent chaque élément du cone dans celui de leurs points, qui eſt dans un plan parallele à celui de la ſection, ils ne pourront plus toucher aucun de ces élémens dans un autre point ; donc ils ne pourront pas rencontrer l'hyperbole, puiſque ſon plan eſt parallele à celui dans lequel ſont tous les points de contingence.

FIN.

FAUTES A CORRIGER.

PAge 14 ligne 21, *lisez* 8 : 4=2, *au lieu de* 8 : 4=1

Page 32 au quatriéme Exemple de la multiplication, *mettez*

74 37 148	*au lieu de*	74 37 148

Page 63 ligne 24, *lisez* $\frac{1}{b^{\frac{m}{p}}}$ *au lieu de* $\frac{1}{b^{mp}}$

Page 72 ligne 22, *lisez* $-2bxx$, *au lieu de* $+2bxx$

Page 105 ligne 4, *lisez* qui le précéde immédiatement sur la gauche; *au lieu de* qui le suit immédiatement sur la droite

Page 111 ligne 21, *lisez* $x=a^{\frac{n}{n+1}}\, b^{\frac{1}{n+1}}$ *au lieu de* $a^{\frac{1}{n+1}}\, b^{\frac{1}{n+1}}$

Page 112 ligne 14, *lisez* $q^3 \times q^4 = q^7$, *au lieu de* $q^3 \times q^4 = 7$

Page 125 ligne 23, *lisez* $\times = \frac{7}{10}$, au lieu de $\times = \frac{7}{9}$

Page 129 lignes 30 & 31, *lisez* $3\omega^2$, *au lieu de* ${}^3\omega^2$; lignes 32 & 33 *lisez* $4\omega^3$, *au lieu de* ${}^4\omega^3$; & ligne 36 *lisez* $-\frac{3}{2}\omega^2-\frac{1}{2}\omega-\frac{3}{2}a^2+\frac{1}{2}a$, *au lieu de* $-\frac{2}{3}\omega^2-\frac{1}{2}\omega-\frac{3}{2}a^2+\frac{1}{2}a$

Page 182 ligne 8, *lisez* 599, *au lieu de* 699

Page 237 ligne 11, *lisez* 6β, *au lieu de* bβ

EXTRAIT DES REGISTRES

DE L'ACADEMIE ROYALE DES SCIENCES,

Du 29 Juillet 1741.

MEssieurs Clairaut & de Montigni, ayant lû par ordre de l'Académie des Elémens d'Algebre & de Géométrie, composés par M. l'Abbé de la Caille, & ayant fait leur rapport, l'Académie a jugé cet Ouvrage digne de l'impression. En foi de quoi j'ai signé le présent Certificat. A Paris ce 31 Juillet 1741.

Signé, DORTOUS DE MAIRAN,
Sécrétaire perpétuel de l'Académie Royale des Sciences.

PRIVILEGE DU ROI.

LOUIS, par la grace de Dieu, Roi de France & de Navarre: A nos amés & féaux Conseillers, les Gens tenans nos Cours de Parlement, Maîtres des Requêtes ordinaires de notre Hôtel, grand Conseil, Prevôt de Paris, Baillifs, Sénéchaux, leurs Lieutenans Civils, & autres nos Justiciers qu'il appartiendra, SALUT. Notre ACADEMIE ROYALE DES SCIENCES Nous a très-humblement fait exposer, que depuis qu'il Nous a plû lui donner par un Réglement nouveau de nouvelles marques de notre affection, Elle s'est appliquée avec plus de soin à cultiver les Sciences, qui font l'objet de ses exercices; ensorte qu'outre les Ouvrages qu'elle a déja donnés au Public, Elle seroit en état d'en produire encore d'autres, s'il Nous plaisoit lui accorder de nouvelles Lettres de Privilége, attendu que celles que Nous lui avons accordées en date du six Avril 1693. n'ayant point eû de tems limité, ont été déclarées nulles par un Arrêt de notre Conseil d'Etat du 13. Août 1704. celles de 1713. & celles de 1717. étant aussi expirées; & désirant donner à notredite Académie en corps, & en particulier à chacun de ceux qui la composent, toutes les facilités & les moyens qui peuvent contribuer à rendre leurs travaux utiles au Public, Nous avons permis & permettons par ces présentes à notredite Académie, de faire vendre ou débiter dans tous les lieux de notre obéissance, par tel Imprimeur ou Libraire qu'elle voudra choisir, *Toutes les Recherches ou Observations journalieres, ou Relations annuelles de tout ce qui aura été fait dans les assemblées de notredite Académie Royale des Sciences; comme aussi les Ouvrages, Mémoires, ou Traités de chacun des Particuliers qui la composent, & généralement tout ce que ladite Académie voudra faire paroître, après avoir fait examiner lesdits Ouvrages, & jugé qu'ils sont dignes de l'impression*; & ce pendant le tems & espace de quinze années consécutives, à compter du jour de la date desdites Présentes. Faisons défenses à toutes sortes de personnes de quelque qualité & condition qu'elles soient, d'en introduire d'impression étrangére dans aucun lieu de notre obéissance: comme aussi à tous Imprimeurs, Libraires, & autres, d'imprimer, faire imprimer, vendre, faire vendre, débiter ni contrefaire aucun desdits Ouvrages ci-dessus spécifiés, en tout ni en partie, ni d'en faire aucuns extraits, sous quelque prétexte que ce soit, d'augmentation, correction, changement de titre, feuilles même séparées, ou autrement, sans la permission expresse & par écrit de notredite Académie, ou de ceux qui auront droit d'Elle, & ses ayans cause, à peine de confiscation des Exemplaires contrefaits, de dix mille livres d'amende contre chacun des Contrevenans, dont un tiers à Nous, un tiers à l'Hôtel-Dieu de Paris, l'autre tiers au Dénonciateur, & de tous dépens, dommages & intérêts: à la charge que ces Présentes seront enregistrées tout au long sur le Registre de la Communauté des Imprimeurs & Libraires de Paris, dans trois mois de la date d'icelles; que l'impression desdits Ouvrages sera faite dans notre Royaume & non ailleurs, & que notredite Académie se conformera en tout aux Réglemens de la Librairie, & notamment à celui du 10 Avril 1725. & qu'avant que de les exposer en vente, les Manuscrits ou Imprimés qui auront servi de copie à l'impression desdits Ouvrages, seront remis dans le même état, avec les Approbations & Certificats qui en auront été donnés, ès mains de notre très-cher & féal Chevalier Garde des Sceaux de France, le sieur Chauvelin: & qu'il en sera ensuite remis deux Exemplaires de chacun dans notre Bibliotheque publique, un dans celle de notre Château du Louvre, & un dans celle de notre très-cher & féal Chevalier Garde des Sceaux de France, le sieur Chauvelin, le tout à peine de nullité des Présentes: du contenu desquelles vous mandons & enjoignons de faire jouir notredite Académie, ou ceux qui auront droit d'Elle & ses ayans cause, pleinement & paisiblement, sans souffrir qu'il leur soit fait aucun trouble ou empêchement: Voulons que la Copie desdites Présentes qui sera imprimée tout au long au commencement ou à la fin desdits Ouvrages, soit tenue pour duement signifiée, & qu'aux Copies collationnées par l'un de nos amés & féaux Conseillers & Secrétaires, foi soit ajoutée comme à l'Original: Commandons au premier notre Huissier, ou Sergent de faire pour l'exécution d'icelles tous actes requis & nécessaires, sans demander autre permission; & nonobstant clameur de Haro, Charte Normande, & Lettres à ce contraires: Car tel est notre plaisir. Donné à Fontainebleau le douziéme jour du mois de Novembre, l'an de grace mil sept cent trente-quatre, & de notre Regne le vingtiéme. Par le Roi en son Conseil.

Signé, SAINSON.

Registré sur le Registre VIII. de la Chambre Royale & Syndicale des Libraires & Imprimeurs de Paris. Num. 792. fol. 775. conformément aux Réglemens de 1723. qui font défenses, art. IV. à toutes personnes de quelque qualité & condition qu'elles soient, autres que les Libraires & Imprimeurs, de vendre, débiter & faire distribuer aucuns Livres pour les vendre en leurs noms, soit qu'ils s'en disent les Auteurs ou autrement; à la charge de fournir les Exemplaires prescrits par l'art. CVIII. du même Réglement. A Paris le 15. Novembre 1734. G. MARTIN, *Syndic.*

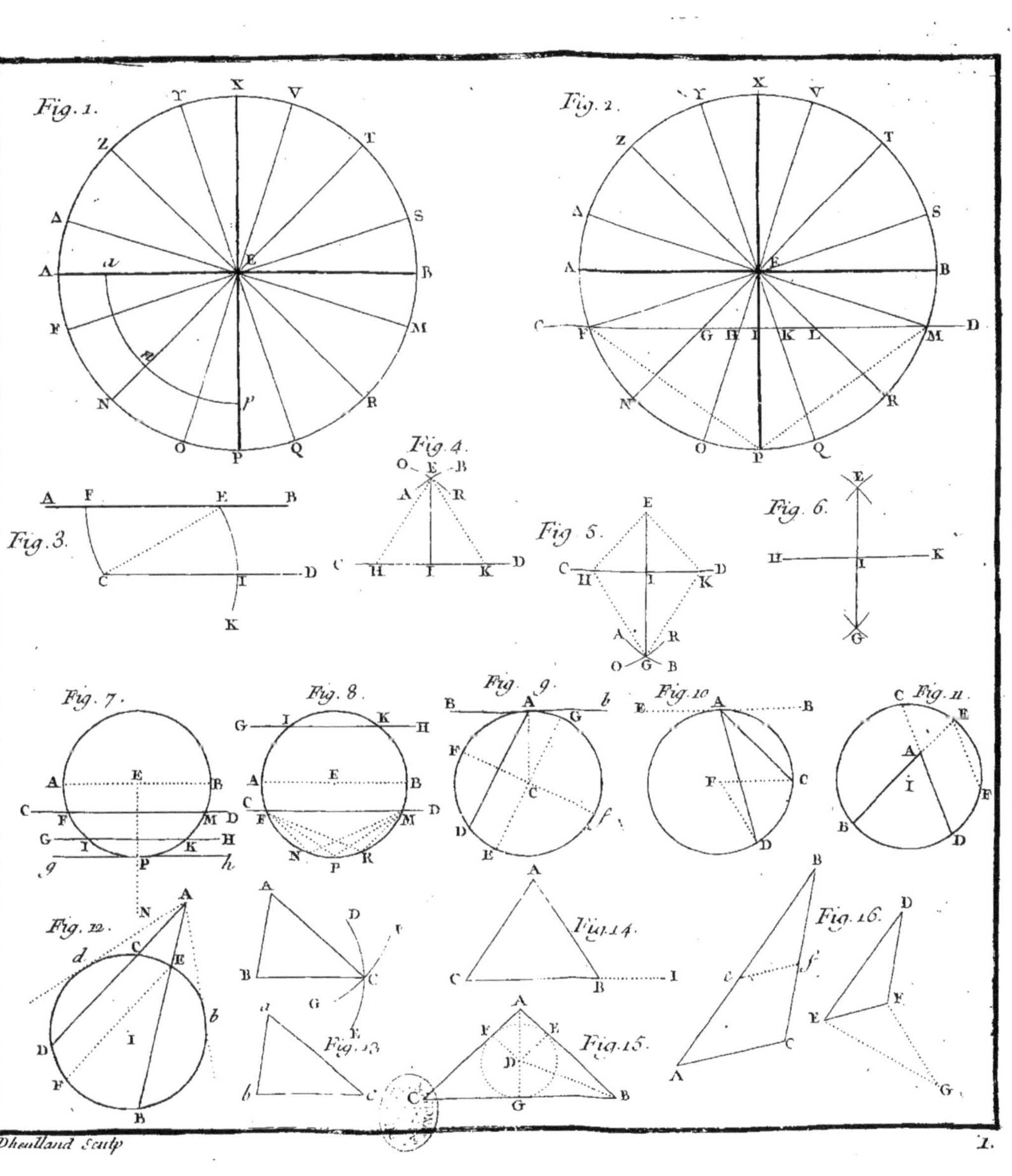
Fig. 1.
Fig. 2.
Fig. 3.
Fig. 4.
Fig. 5.
Fig. 6.
Fig. 7.
Fig. 8.
Fig. 9.
Fig. 10.
Fig. 11.
Fig. 12.
Fig. 13
Fig. 14.
Fig. 15.
Fig. 16.
Dheulland Sculp
I.

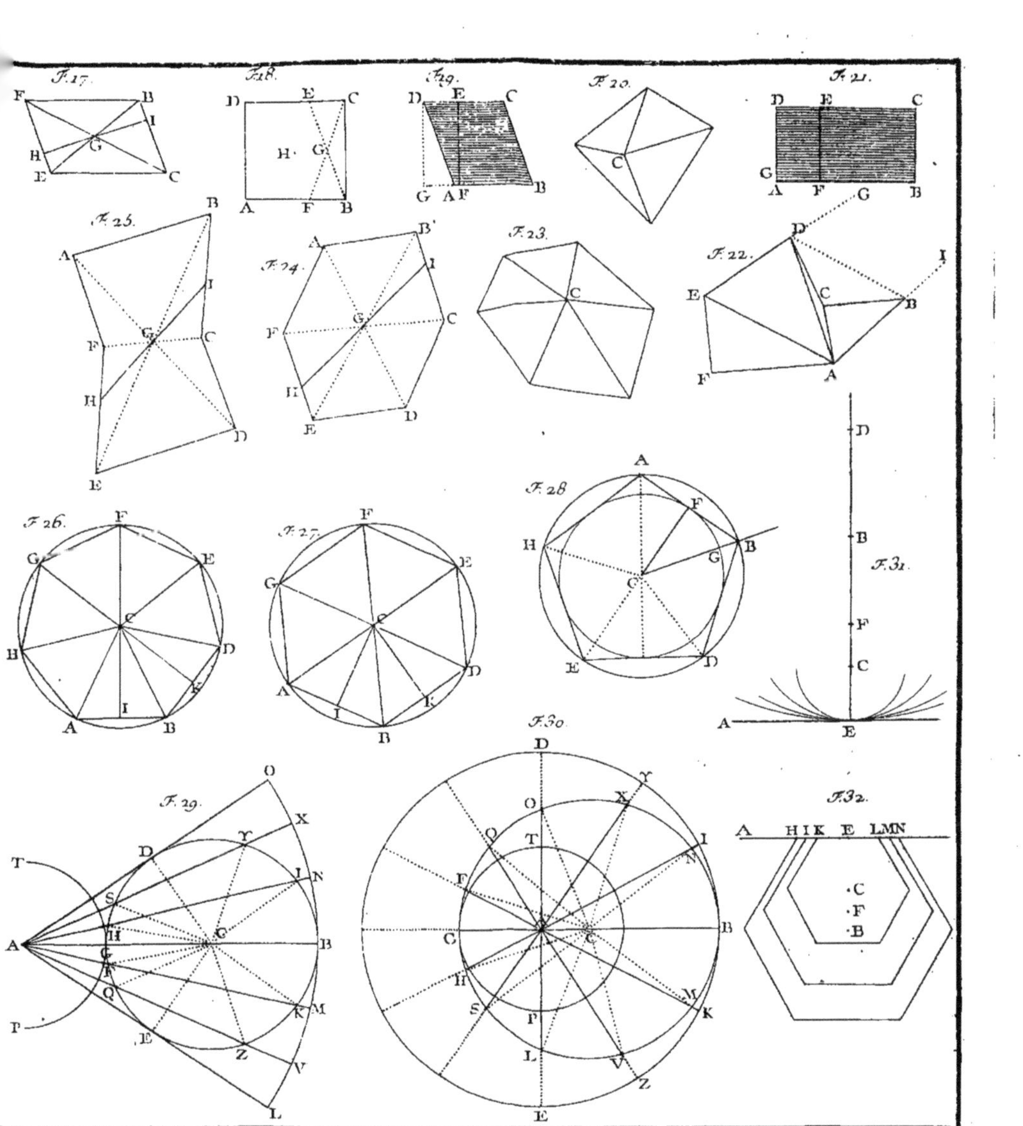

2.

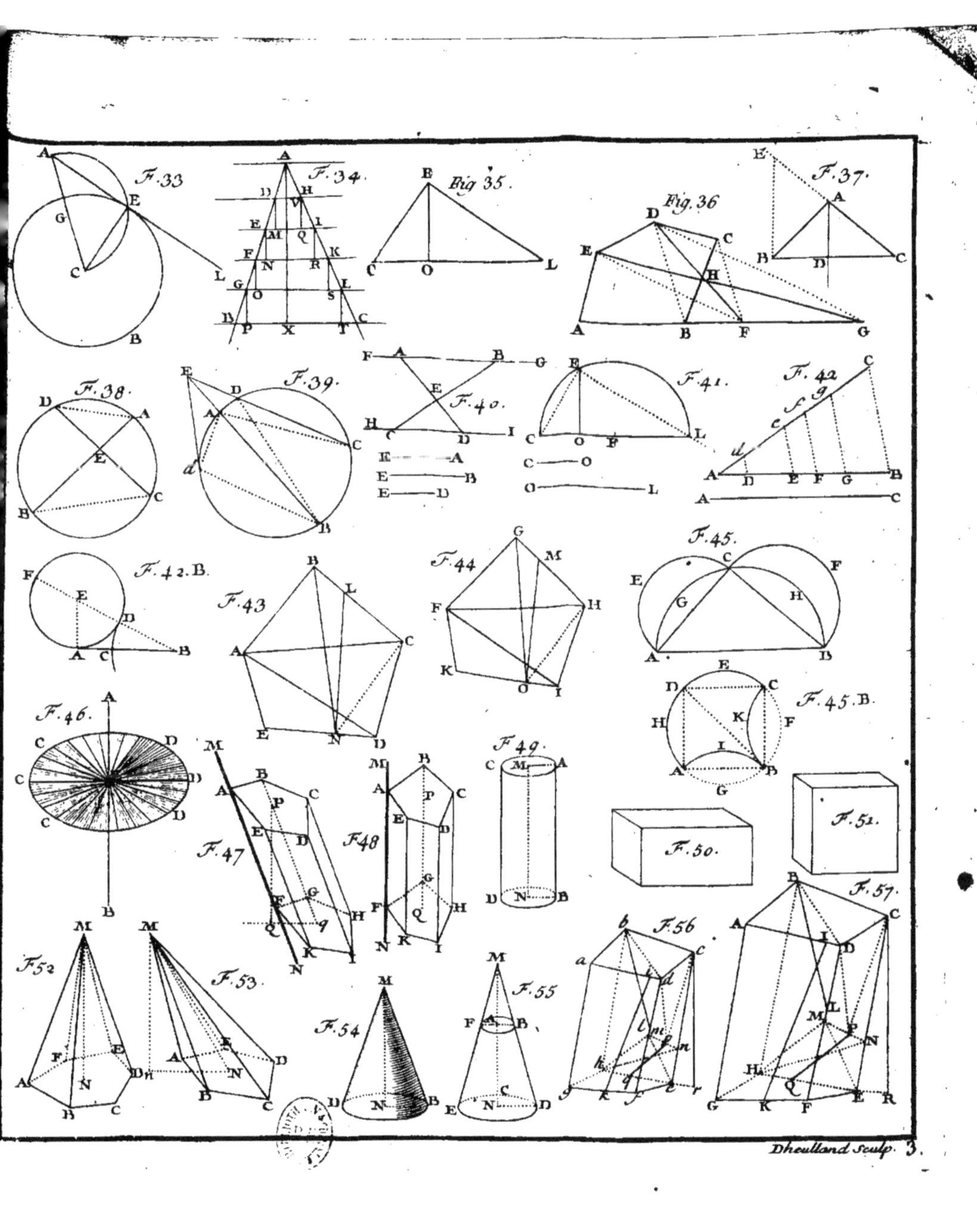
F.33
F.34
Fig 35.
Fig.36
F.37.
F.38.
F.39.
F.40.
F.41.
F.42
F.42.B.
F.43
F.44
F.45.
F.45.B.
F.46.
F.47
F48
F.49.
F.50.
F.51.
F52
F.53.
F.54
F.55
F.56
F.57.
Dheulland Sculp. 3.

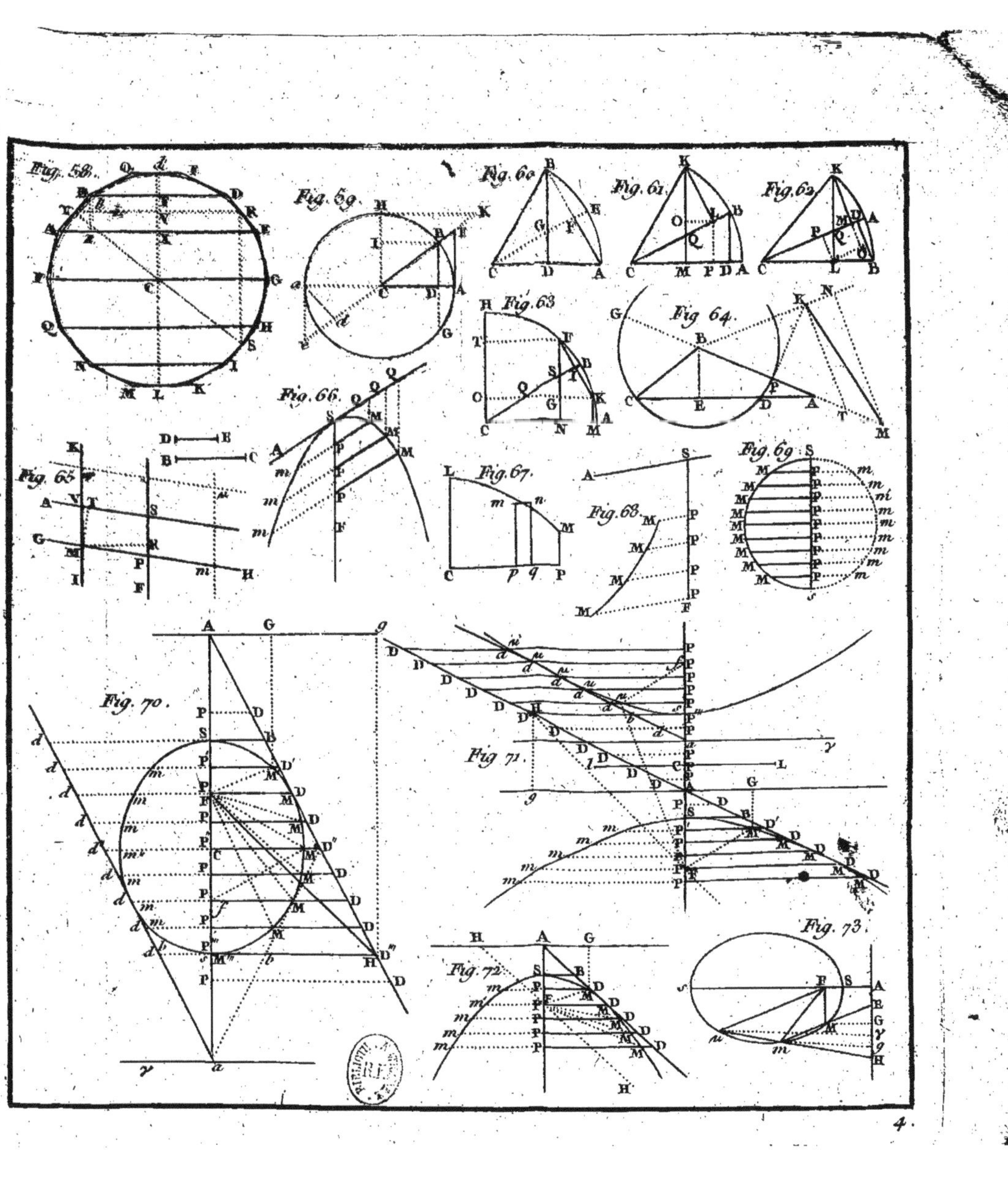
Fig. 58.
Fig. 59.
Fig. 60
Fig. 61
Fig. 62
Fig. 63
Fig. 64.
Fig. 65
Fig. 66.
Fig. 67.
Fig. 68.
Fig. 69
Fig. 70.
Fig. 71.
Fig. 72.
Fig. 73.

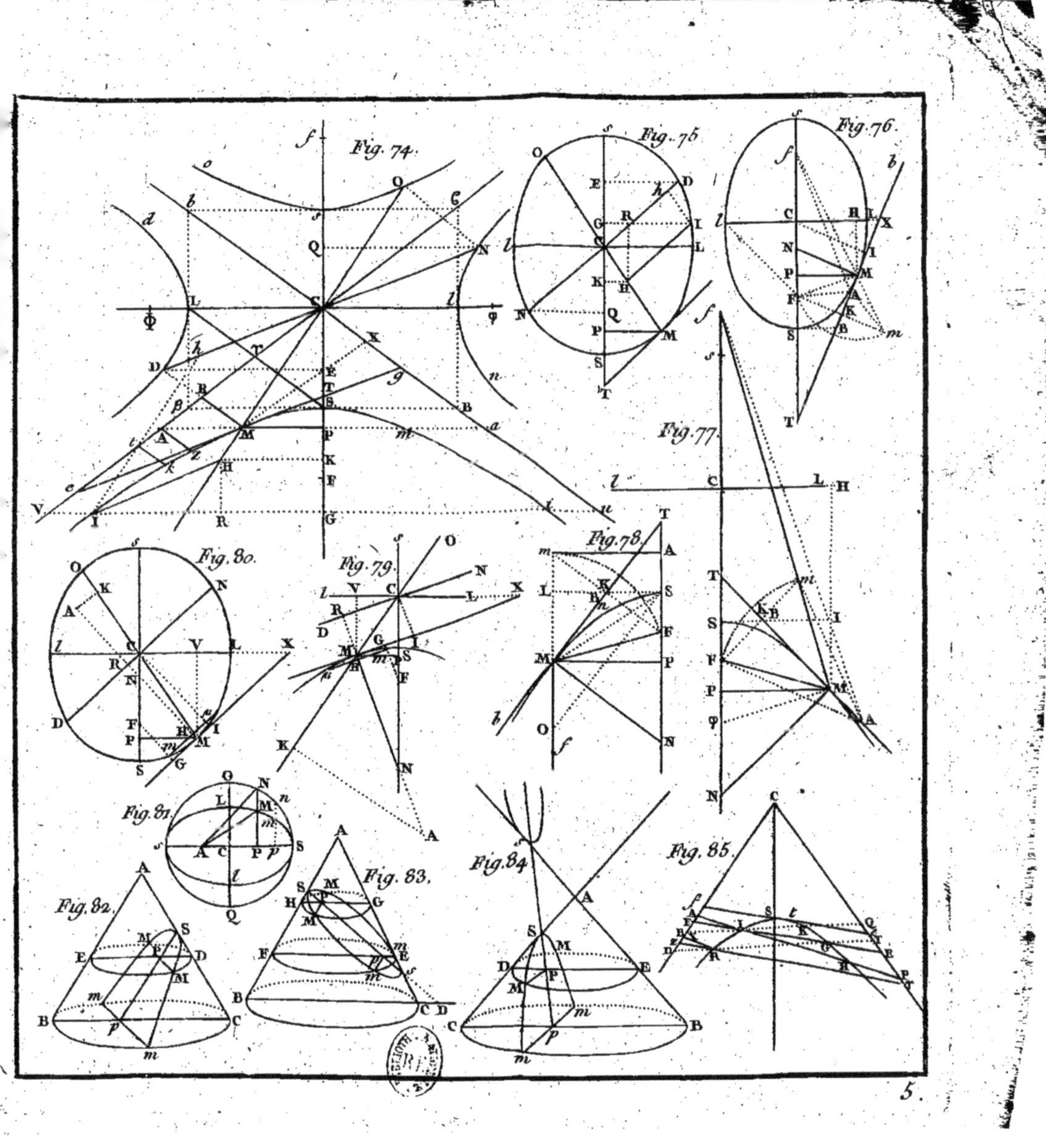
Fig. 74.
Fig. 75
Fig. 76.
Fig. 77.
Fig. 78.
Fig. 79.
Fig. 80.
Fig. 81.
Fig. 82.
Fig. 83.
Fig. 84.
Fig. 85.
5.

to
&
à
le
ce
en

Im
fon
au
vr
ch
de

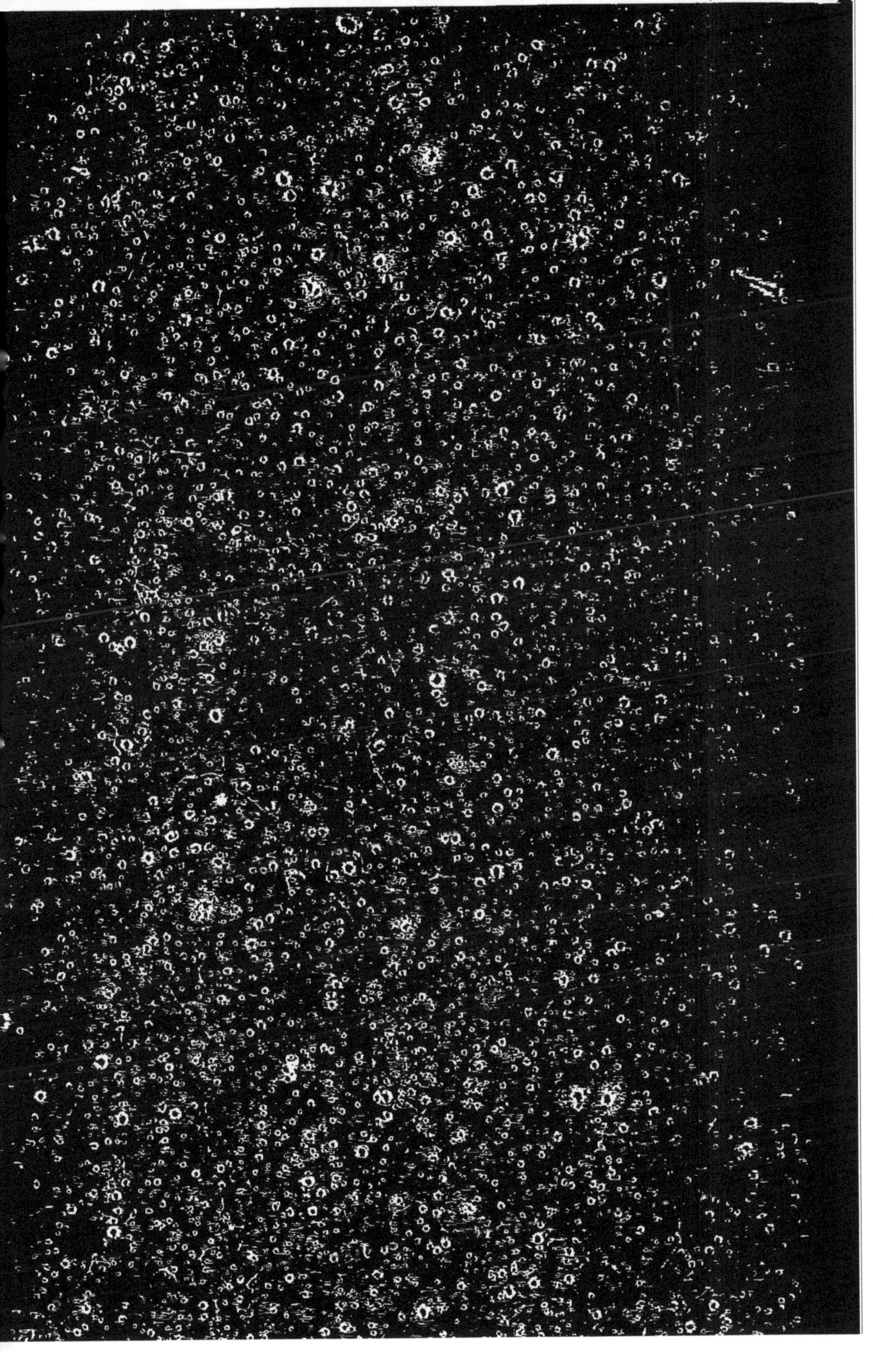

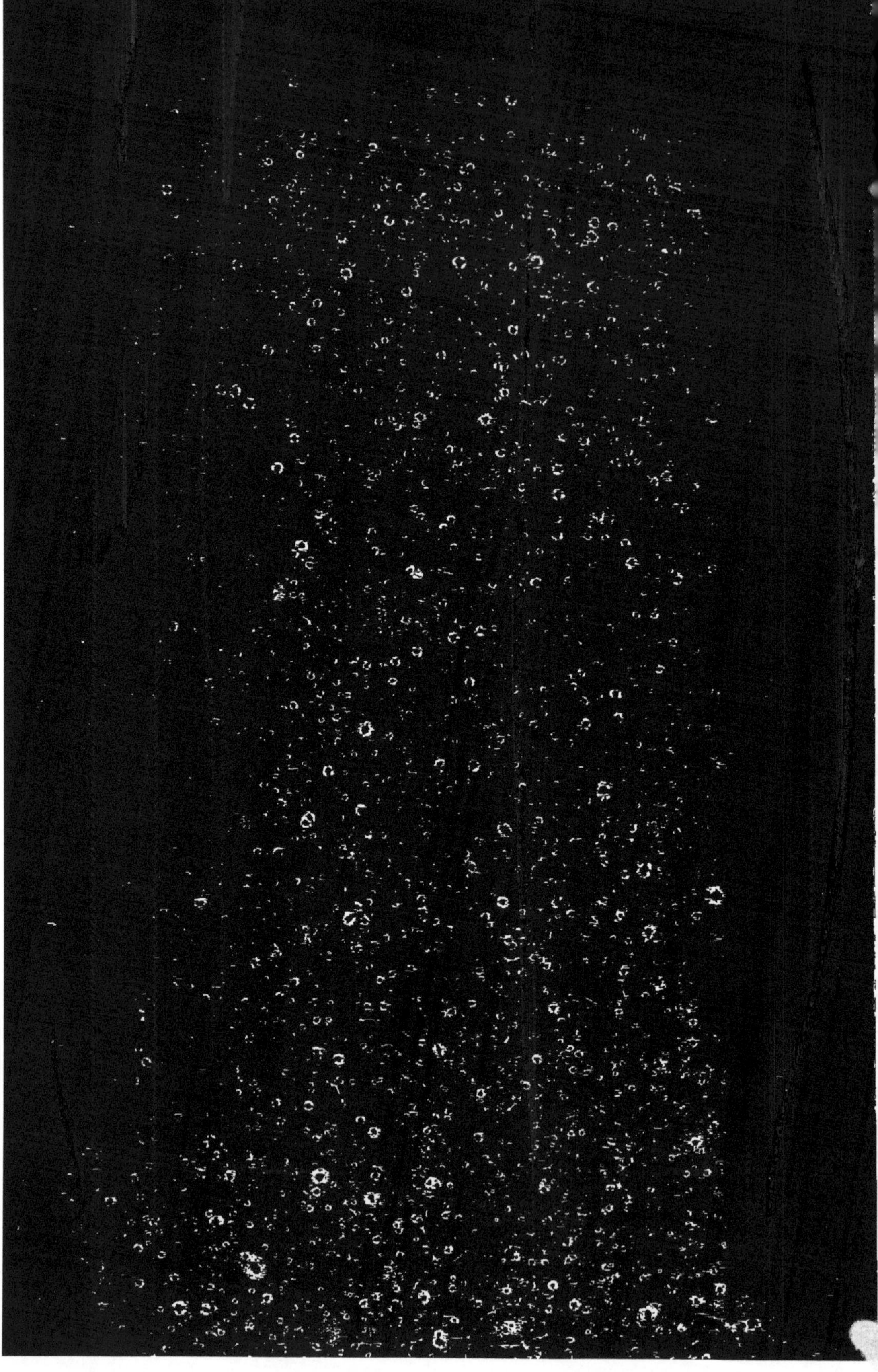

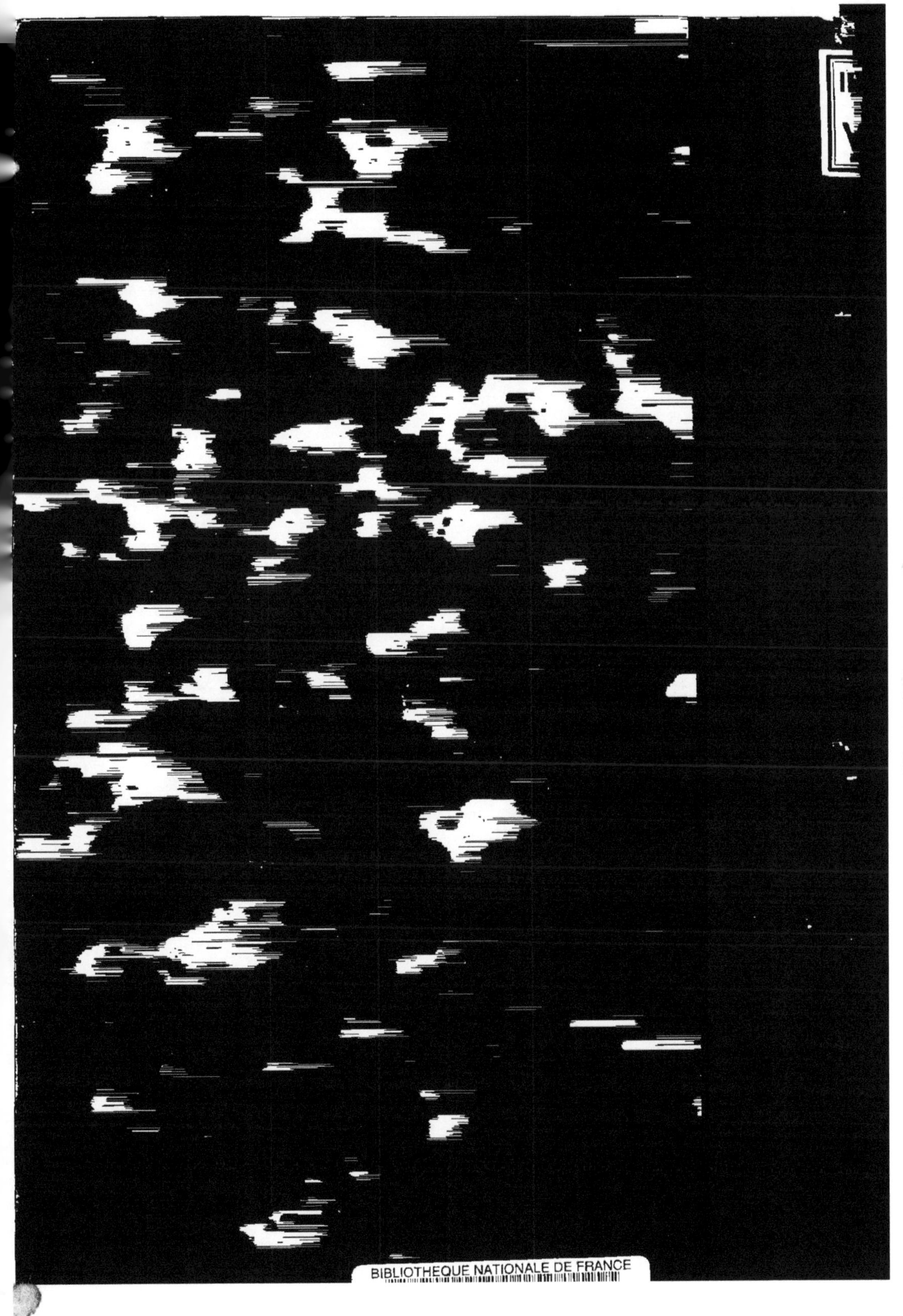

www.ingramcontent.com/pod-product-compliance
Ingram Content Group UK Ltd.
Pitfield, Milton Keynes, MK11 3LW, UK
UKHW020440200726
13857UKWH00002B/509